高等职业教育计算机类课程
新形态一体化教材

人工智能概论

主　编　刘　阳
副主编　崔　娟　赵春霞
夏　磊　赵　健

高等教育出版社·北京

内容提要

本书采用“理实一体化”的方式，利用人工智能领域现今最流行的编程语言 Python 编写程序，以案例形式引出人工智能领域中常遇到的问题，让读者在学习人工智能理论的同时，通过动手实训对人工智能有更深刻的认识。全书共 9 章，内容包括人工智能的前世今生、智能感知、机器学习、神经网络和深度学习、人脸识别与视觉图像、自然语言理解、大数据和云计算、智能机器人、人工智能与自然智能。本书生动形象地把目前在人工智能领域的热点问题，以科普性、技术性的形式进行展现，带领读者深入到人工智能的内核。

本书配套有微课视频、教学设计、授课用 PPT、案例源代码等数字化学习资源。与本书配套的数字课程在“智慧职教”平台（www.icve.com.cn）上线，学习者可以登录平台进行在线课程的学习，授课教师可以调用本课程构建符合自身教学特色的 SPOC 课程，详见“智慧职教使用指南”。读者也可发邮件至编辑邮箱 1548103297@qq.com 获取相关资源。

本书适合作为高职高专院校各专业通识课程的教材，也可作为电子信息、计算机相关专业的人工智能入门教材。

图书在版编目（CIP）数据

人工智能概论 / 刘阳主编 . --北京：高等教育出版社，2020.7（2024.1 重印）

ISBN 978-7-04-054156-4

Ⅰ. ①人… Ⅱ. ①刘… Ⅲ. ①人工智能-高等职业教育-教材 Ⅳ. ①TP18

中国版本图书馆 CIP 数据核字（2020）第 102464 号

Rengong Zhineng Gailun

策划编辑 吴鸣飞　责任编辑 刘子峰　封面设计 王凌波　版式设计 于 婕
插图绘制 邓 超　责任校对 任 纳 陈 杨　责任印制 耿 轩

出版发行	高等教育出版社	网　址	http://www.hep.edu.cn
社　址	北京市西城区德外大街 4 号		http://www.hep.com.cn
邮政编码	100120	网上订购	http://www.hepmall.com.cn
印　刷	鸿博昊天科技有限公司		http://www.hepmall.com
开　本	787 mm × 1092 mm 1/16		http://www.hepmall.cn
印　张	13.75		
字　数	290 千字	版　次	2020 年 7 月第 1 版
购书热线	010-58581118	印　次	2024 年 1 月第 3 次印刷
咨询电话	400-810-0598	定　价	39.80 元

物 料 号 54156-00

基于“智慧职教”开发和应用的新形态一体化教材，素材丰富、资源立体，教师在备课中不断创造，学生在学习中享受过程，新旧媒体的融合生动演绎了教学内容，线上线下的平台支撑创新了教学方法，可完美打造优化教学流程、提高教学效果的“智慧课堂”。

“智慧职教”是由高等教育出版社建设和运营的职业教育数字教学资源共建共享平台和在线教学服务平台，包括职业教育数字化学习中心（www.icve.com.cn）、MOOC学院（mooc.icve.com.cn）、职教云2.0（zjy2.icve.com.cn）和云课堂（APP）四个组件。其中：

- 职业教育数字化学习中心为学习者提供了包括“职业教育专业教学资源库”项目建设成果在内的优质数字化教学资源。
- MOOC学院为学习者提供了大规模在线开放课程的展示学习。
- 职教云实现学习中心资源的共享，可构建适合学校和班级的小规模专属在线课程（SPOC）教学平台。
- 云课堂是对职教云的教学应用，可开展混合式教学，是以课堂互动性、参与感为重点贯穿课前、课中、课后的移动学习APP工具。

“智慧课堂”具体实现路径如下：

1. 基本教学资源的便捷获取及MOOC课程的在线学习

职业教育数字化学习中心为教师提供了丰富的数字化课程教学资源，包括与本书配套的电子课件（PPT）、微课、动画、教学案例、实验视频、习题及答案等。未在www.icve.com.cn网站注册的用户，请先注册。用户登录后，在首页或“课程”频道搜索本书对应课程“人工智能概论”，即可进入课程进行教学或资源下载。注册用户同时可登录“智慧职教MOOC学院”（https://mooc.icve.com.cn/），搜索“人工智能概论”，点击“加入课程”，即可进行与本书配套的在线开放课程的学习。

2. 个性化 SPOC 的重构

教师若想开通职教云 SPOC 空间，可将院校名称、姓名、院系、手机号码、课程信息、书号等发至 1548103297@ qq. com（邮件标题格式：课程名+学校+姓名+SPOC 申请），审核通过后，即可开通专属云空间。教师可根据本校的教学需求，通过示范课程调用及个性化改造，快捷构建自己的 SPOC，也可灵活调用资源库资源和自有资源新建课程。

3. 云课堂 APP 的移动应用

云课堂 APP 无缝对接职教云，是“互联网+”时代的课堂互动教学工具，支持无线投屏、手势签到、随堂测验、课堂提问、讨论答疑、头脑风暴、电子白板、课业分享等，帮助激活课堂，教学相长。

前 言

课程介绍

近年来，人工智能技术飞速发展，作为引领未来的战略性技术，人工智能是新一轮产业变革的核心驱动力，正在改变着社会和人们的生活。从某种程度上讲，谁在人工智能领域抢得先机，谁就会赢得未来。因此，无论从国家的宏观战略，还是企业的微观运营，如何发展人工智能、运用人工智能，成为全球共同关注的新命题。在我国，人工智能已经被纳入基础教育范畴，作为培养技能型人才的职业教育更是责无旁贷，亟须转型升级。人工智能学科交叉，涵盖多个研究领域，实践性强，传统的单学科理论性教材已经远远不能满足人工智能职业教育的需要。当前，针对高职类院校学科需求的人工智能教材并不多，内容也不全面。在这样的背景下，具有职业教育特色的《人工智能概论》应运而生。

作为计算机科学的一个分支，人工智能主要研究、开发用于模拟、延伸和扩展人类智能的理论、方法、技术及应用系统，涉及机器人、语音识别、图像识别、自然语言处理等方面。本书属于高职高专类各专业的通识性教材，意在让读者能够对人工智能技术有一个全面了解，对人工智能行业有一个初步的认识。本书按照人工智能技术必备的知识领域进行划分，共9章，内容包括人工智能的前世今生、智能感知、机器学习、神经网络和深度学习、人脸识别与视觉图像、自然语言理解、大数据和云计算、智能机器人、人工智能与自然智能，生动形象地把目前在人工智能领域的热点问题，以科普性、技术性的形式进行展现，带领读者深入到人工智能的内核。

本书的特色是把握“通识”二字，深入浅出地讲解人工智能技术必备的知识领域，每章利用“小标题”，例如“让人工智能感知世界”“让人工智能学会思考”等让学生更好地理解目前在人工智能领域的热点问题。全书采用“理实一体化”的方式，利用人工智能领域现今最流行的编程语言 Python 编写程序，以案例形式解决人工智能领域中常遇到的问题，例如“智能感知数据的提取”“鸢尾花种类识别”“鲍鱼的年龄分类”“爬取大数据信息”等。让读者在学习人工智能理论的同时，通过动手实操对人工智能有更深刻的认识。

本书由刘阳任主编，崔娟、赵春霞、夏磊和赵健任副主编，参加编写的还有王星博、李文超、高金雷、胡浩、隋淼、刘志敏、陈静、李能能和尚蕊。感谢烟台艾氪森数字科技有限公司在本书编写中给予的大力支持。

由于编者水平有限，书中错误或不妥之处在所难免，恳请广大读者批评指正。

编　者

2020 年 5 月

目 录

第1章　人工智能的前世今生
——从AlphaGo说起

学习目标

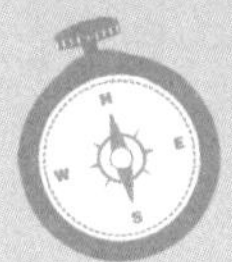

- 理解什么是人工智能，它与人类社会的关系是怎样的。
- 了解人工智能的发展历史及现状。
- 能够讲述人工智能发展过程中的一到两个重要事件或人物。
- 了解人工智能在各行各业中的应用情况。

2016年3月，人工智能围棋程序AlphaGo（阿尔法围棋）以4∶1击败了韩国的世界职业围棋冠军李世石。2017年5月，升级后的AlphaGo与世界职业围棋冠军、中国围棋选手柯洁九段进行了3番棋对垒，并最终取得了胜利。这是人工智能与人类智慧的直接较量，标志着人工智能发展到了一个新的高度。

2017年10月26日，沙特阿拉伯授予美国汉森机器人公司生产的机器人索菲亚（Sophia）公民身份，索菲亚也成为首个获得公民身份的机器人。索菲亚看起来就像人类女性，见图1-1。她拥有人造橡胶皮肤，身上安置了多个摄像机和一台3D感应器，其“大脑”采用了人工智能和语音识别技术，能识别人类面部表情、理解人类语言、记住与人类的互动等。

图1-1　世界首位机器人公民索菲亚

2018 年 7 月 15 日，中央电视台 CCTV2 的《对话》栏目做过一期节目《索菲亚：机器还是人?》。索菲亚的出现提醒了人类，人工智能的时代已经到来。

1.1 何谓人工智能

微课 1-1
什么是人工智能

继“互联网+”被写入中国政府工作报告之后，2018 年人工智能被写入中国政府工作报告。人工智能已迈入了将机器的智能与人的自然智能相结合的“人工智能 2.0”时代。各国政府和企业纷纷投入或转入该领域。那么，到底何谓人工智能呢?

人工智能，顾名思义，就是通过把人类的思想赋予机器，使之具备智慧与能力。对人工智能的理解可以分为两部分，即“人工”和“智能”。“人工”即人造的、人为的，如人工湖、人工降雨、人工取火、人工心脏等。

那么，何谓“智能”呢?

从感觉到记忆再到思维这一过程，称为“智慧”，智慧的结果就产生了行为和语言，行为和语言的表达过程称为“能力”，两者合称“智能”，将感觉、记忆、回忆、思维、语言、行为的整个过程称为智能过程，它是智慧和能力的表现。

人工智能（Artificial Intelligence，AI）是研究、开发用于模拟、延伸和扩展人的智能的理论、方法、技术及应用系统的一门新的技术科学，是一门由计算机科学、控制论、信息论、语言学、神经生理学、心理学、数学、哲学等多种学科相互渗透而发展起来的综合性的新学科。拥有智能的计算机可以代替人类实现识别、认知、分析和决策等多种功能。智能计算机可以替代人脑的功能，如图 1-2 所示。

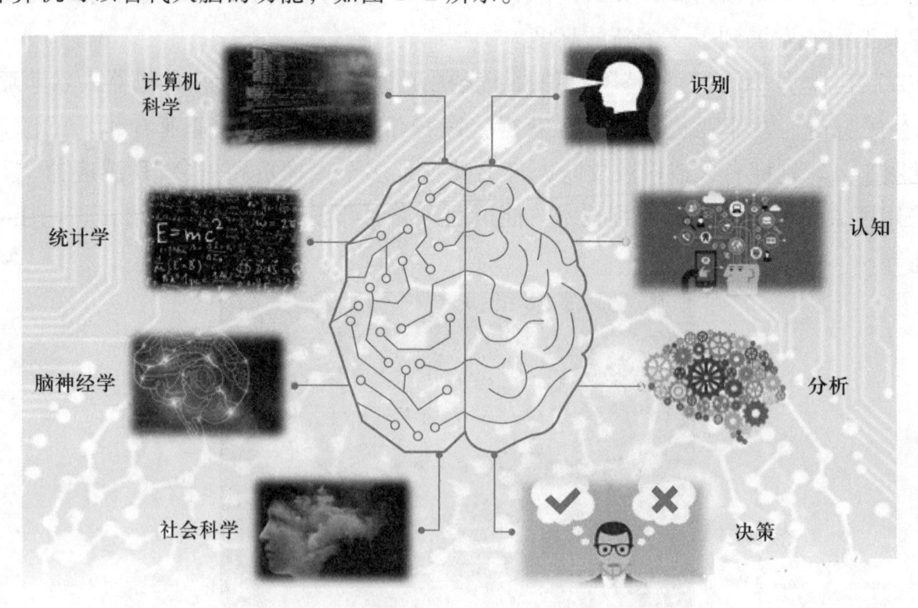

图 1-2 智能计算机替代人脑的功能

1.2 人工智能的起源与发展

微课 1-2
人工智能的起源与发展（1）

1.2.1 人工智能的起源

早在20世纪四五十年代，数学家和计算机工程师已经开始探讨用机器模拟智能的可能。

1950年，艾伦·图灵（Alan Turing，图1-3）在他的论文《计算机器与智能》（*Computing Machinery and Intelligence*）中提出了著名的图灵测试（Turing Test）。在该测试中，一位人类测试员会通过文字与密室里的一台机器和一个人自由对话。如果测试员无法分辨与之对话的两个实体谁是人谁是机器，则参与对话的机器就被认为通过测试。虽然图灵测试的科学性受到过质疑，但是它在过去数十年一直被广泛认为是测试机器智能的重要标准，对人工智能的发展产生了极为深远的影响。

1951年夏天，当时普林斯顿大学数学系的一位24岁的研究生马文·明斯基（Marvin Minsky，图1-4），建立了世界上第一个神经元网络模拟器SNARC（Stochastic Neural Analog Reinforcement Calculator）。在这个只有40个神经元的小网络里，人们第一次模拟了神经信号的传递。这项开创性的工作为人工智能奠定了基础。由于明斯基在人工智能领域的一系列奠基性的贡献，在1969年获得计算机科学领域的最高奖——图灵奖（Turing Award）。

图1-3 艾伦·图灵

图1-4 马文·明斯基

1956年，马文·明斯基、约翰·麦卡锡（John McCarthy，图1-5）和克劳德·香农（Claude Shannon，图1-6）等在美国的达特茅斯学院组织了一次讨论会。这次会议为致力于通过机器来模拟人类智能的新领域定下了名字——人工智能。达特茅斯会议被广泛认为是人工智能诞生的标志。同年，麦卡锡与明斯基共同创建了世界上第一个人工智能实验室——MIT AI LAB，人工智能进入到了快速发展时期。

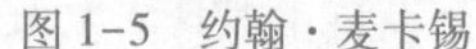

图 1-5 约翰·麦卡锡

图 1-6 克劳德·香农

1.2.2 人工智能的第一次浪潮（1956—1976）

达特茅斯学院会议后，在长达十余年的时间里，计算机被广泛应用于数学和自然语言领域解决代数、几何和英语等问题，这让人们看到了智慧通过机器产生的可能。甚至在当时，有很多学者认为：“20 年内，机器将能完成人能做到的一切。”

1963 年，美国高级研究计划局（Adranced Research Projects Agency，ARPA）投入了 200 万美元给麻省理工学院，开启了新项目 Project MAC（The Project on Mathematics and Computation）。不久后，当时最著名的人工智能科学家明斯基和麦卡锡加入了这个项目，并推动了在视觉和语言理解等领域的一系列研究。Project MAC 培养了一大批最早期的计算机科学和人工智能人才，对人工智能领域的发展产生了非常深远的影响。

在巨大的热情和投资的驱动下，一系列新成果在这个时期应运而生。

- 1964—1966 年，麻省理工学院的约瑟夫·维森鲍姆（Joseph Weizenbaum）教授建立了世界上第一个自然语言对话程序 ELIZA。ELIZA 能够通过简单的模式匹配和对话规律与人聊天。
- 1965 年，专家系统首次亮相。专家系统是一种基于一组特定规则来回答特定领域问题的程序系统。美国科学家爱德华·费根鲍姆等研制出化学分析专家系统程序 DENDRAL。它能够通过分析实验数据来判断未知化合物的分子结构。
- 1968 年，首台人工智能机器人诞生。美国斯坦福研究所（SRI）研发的机器人 Shakey，能够自主感知、分析环境、规划行为并执行任务，可以根据人的指令发现并抓取积木。Shakey 机器人拥有类似人的感觉，如触觉、听觉等。
- 1970 年，能够分析语义、理解语言的系统诞生。美国斯坦福大学计算机教授维诺格拉德开发的人机对话系统 SHRDLU，能够分析指令，比如理解语义、解释不明确的句子，并通过虚拟方块操作完成任务。由于它能够正确理解语言，被视为人工智能研究的一次巨大成功。

- 1976年，专家系统广泛使用。美国斯坦福大学肖特里夫等人发布的医疗咨询系统MYCIN，可用于对传染性血液病患诊断。这一时期还陆续研制出了用于生产制造、财务会计、金融等各领域的专家系统。

20世纪70年代后期，人工智能的发展进入了低谷期。由于科研人员在人工智能的研究中对项目难度预估不足，导致美国国防高级研究计划部署的合作计划失败。这一事件的发生，让人们对人工智能的可持续性和可行性产生了质疑。与此同时，社会舆论对人工智能的压力也越来越大，导致很多研究经费被转移到了其他项目上。

在当时，人工智能面临的技术瓶颈主要有三方面：第一，计算机性能不足，导致早期很多程序无法在人工智能领域得到应用；第二，早期人工智能程序主要是解决复杂性低的特定问题，可一旦问题上升维度，程序立马就不堪重负了；第三，数据量的严重不足，无法支撑程序进行深度学习，导致机器无法实现智能化。随着公众热情的消退和投资的大幅度削减，人工智能在20世纪70年代后期进入了第一个冬天。

1.2.3 人工智能的第二次浪潮（1980—1987）

微课 1-3
人工智能的起源与发展（2）

20世纪80年代，由于专家系统（expert system）和人工神经网络（artificial network）等技术的新进展，人工智能的浪潮再度兴起。

1980年，卡内基梅隆大学为数字设备公司设计了一套名为XCON的“专家系统”，它可以帮助该公司根据客户需求自动选择计算机部件的组合。这套系统当时每年可以为公司节省4000万美元。XCON的巨大商业价值极大地激发了工业界对人工智能，尤其是专家系统的热情。专家系统的成功在某种程度上改变了人工智能的发展方向。科学家们开始专注于通过智能系统来解决具体领域中的实际问题。

与此同时，人工神经网络的研究也取得了重大进展。1982年，约翰·霍普菲尔德（John Hopfield）提出了一种新型的网络格式，即霍普菲尔德神经网络（Hopfield network），在其中引入了相联存储（associative memory）机制。1986年，“神经网络之父”杰弗里·辛顿（图1-7）、大卫·鲁梅尔哈特（David Runlhaun）和罗纳德·威廉姆斯（Ronald Wlliams）联合发表了具有里程碑意义的经典论文《通过误差反向传播学习表示》（*Learning Representations by Back-propagating Errors*）。在这篇论文中，他们通过实验展示，证明了反向传播算法（backpropagation）可以在神经网络的隐藏层中学习到对输入数据的有效

图1-7 “神经网络之父”杰弗里·辛顿

表达。从此，反向传播算法被广泛用于人工神经网络的训练。关于神经网络的知识将在第3章介绍。

随着第二次人工智能浪潮的到来，1981年，日本率先拨款支持第五代计算机项目研发，目标是制造出能够与人对话、翻译语言、解释图像，并能像人一样推理的机器。遗憾的是，经过10年的研发，耗费了500亿日元，这个项目未能达成预期的目标。

到了20世纪80年代后期，产业界对专家系统的巨大投入和过高期望开始显现出负面效果。人们发现这类系统的开发与维护成本高昂，而商业价值有限。在失望情绪的影响下，对人工智能的投入被大幅度削减，其发展再度步入冬天。

1.2.4 人工智能的第三次浪潮（1997年至今）

20世纪90年代中期，随着人工智能技术，尤其是神经网络技术的逐步发展，以及人们对其开始抱有客观理性的认知，人工智能也开始进入平稳发展时期。1997年5月11日，IBM公司的计算机系统"深蓝"战胜了国际象棋世界冠军卡斯帕罗夫。它的运算速度为2亿步棋每秒，并存有70万份大师对战的棋局数据，可搜寻并估计随后的12步棋。这是人工智能发展的一个重要里程。图1-8所示为"深蓝计算机"和卡斯帕罗夫的人机大战现场。

图1-8 "深蓝计算机"和卡斯帕罗夫的人机大战

同期，研究人工智能的学者开始引入不同学科的数学工具，比如高等代数、概率统计与优化理论，这为人工智能打造了更坚实的数学基础。数学语言的广泛运用，打开了人工智能和其他学科交流合作的渠道，也使得研究成果得到了更为严谨的检验。

在数学的驱动下，一大批新的数学模型和算法被发展起来，例如，统计学习理论（statistical learning theory）、支持向量机（suport vector machine）、概率图模型（probabilistic graphical model）等。新发展的智能算法被逐步应用于解决实际问题，例如安防监控、语音识别、网页搜索、购物推荐、自动化算法等。

新算法在具体场景的成功应用，让科学家们看到了人工智能再度兴起的曙光。

进入21世纪，全球化的加速以及互联网的蓬勃发展带来了全球范围电子数据的爆炸性增长，人类迈入了"大数据"时代。文本、图像、视频、语音等不同类型的数据迅猛发展；在通信领域，互联网和智能终端彻底改变了人们的生活方式；在计算领域，计算方式发展至云计算，各种算法和数学模型应运而生，计算能力呈指数增长。我国“神威·太湖之光”浮点运算速度为9.3亿亿次每秒，这一切预示着人工智能即将迎来产业应用新时代。

在2012年全球范围的大规模视觉识别挑战赛（ILSVRC，也称为Image Net）中，加拿大多伦多大学参赛团队首次使用深度神经网络，将图片分类的错误率一举降低了10个百分点，3年后，机器图片识别的正确率超过了人类，进入了产业化的应用。各产业开始竞相追逐深度学习。

这一系列让世人震惊的成就再一次点燃了全世界对人工智能的热情，世界各国的政府和商业机构都纷纷把人工智能列为未来发展战略的重要部分。由此，人工智能的发展迎来了第三次热潮。

1.3 人工智能的现在与未来

微课1-4
人工智能的现在与未来

在移动互联网时代，“互联网+”的出现给经济发展带来了重大影响。随着专用人工智能（面向特定领域的人工智能技术）的发展，作为一个庞大的高新技术合集，“人工智能+”（人工智能+传统行业）这种新经济业态已经开始萌芽，越来越多的行业开始拥抱人工智能，用“人工智能+”助力技术和产业的进一步发展。

【相关链接】“互联网+”就是“互联网+各个传统行业”，但这并不是简单的两者相加，而是利用信息通信技术以及互联网平台，让互联网与传统行业进行深度融合，创造新的发展生态。它代表一种新的社会形态，即充分发挥互联网在社会资源配置中的优化和集成作用，将互联网的创新成果深度融合于经济和社会的各领域之中，提升全社会的创新力和生产力，形成更广泛的以互联网为基础设施和实现工具的经济发展新形态。

1.3.1 人工智能2.0时代

2017年，我国发布的《新一代人工智能发展规划》指出，现在社会已经进入了人工智能2.0时代，除以往的教育、医疗、无人驾驶、电商零售、个人助理、家居、安防七大应用领域外，人工智能将在大数据智能、群体智能、跨媒体智能、人机协同智能、自主系统智能五大领域迎来全新发展。

人工智能2.0时代是指在信息新环境下，基于新需求和发展新目标的新一代人工智能。其中，“新环境”是指快速发展的移动互联网、大数据、物联网等新技术为人工智能的发展带来了全新的信息环境；“新需求”是指社会经济变化对人工智能提出了大量新的需求，人工智能不再是少数人的智慧，而是一批人和物集合的智能化运行，例如在智能城市、智能医疗、智能交通等领域的应用；“新目标”是指人工智能将实现智能城市、智能经济、智能制造、智能医疗、智能家居、智能驾驶等从宏观到微观的智能化目标。

在人工智能飞速发展的今天，人脸识别、指纹认证、语音助手、智能手环等产品越来越多地涌入人们的生活，不但使人们的生活变得更为快捷、简便，还可以为人们提供远程医疗、远程法庭等生活服务。相信随着科技、经济、文化的不断发展，人工智能会给世界带来更多的色彩。

1.3.2 人工智能的未来

在未来智能增强的时代，社会将发生更加智能化的变化。未来社会可以用“智慧、惠普、颠覆”这六个字来概括，而且智慧的特征将更加明显，惠普的价值将更加显著，颠覆的意义将更加凸显。

第一，未来人工智能会越来越显示出它的智慧特征。随着人类脑科学、认知科学、类脑计算及其相关技术的发展，将弥补人工智能在感知、记忆、推理等方面的短板，使得人与智能机器在物理空间、虚拟空间都可以高度的互动。

第二，未来人工智能会越来越具备惠普的价值。换句话说，智能设备的价格将越来越接近普通老百姓的消费水平。随着人工智能的应用，未来人工智能将不断地从物理空间到虚拟空间，再从虚拟空间到物理空间，将人类智能和机器智能连接为有机整体，重塑未来的社会结构、行业模式以及产业格局。

第三，未来人工智能将越来越彰显其颠覆意义。人工智能发展将产生超级智能，通过融合新的智能形态，人工智能将形成物理世界和虚拟世界的全新生产力，对生产结构和生产关系产生颠覆性的改变和影响。同时也会引发智能机器给社会带来一些问题，例如法律规范、道德伦理等问题。因此，人工智能的发展对人们既是机遇，同时也有很多的挑战。

1.4 人工智能在各行各业的应用

微课 1-5
人工智能在各行各业的应用

近年来，人工智能主要在智能家居、智能医疗、智能交通、智能制造、智能金融、智能教育、智能零售、智能安防、智能物流等行业有广泛的应用，为各行各业的发展升级注入了新的动力。下面介绍人工智能在各行各业的应用。

1. 智能家居

智能家居是在互联网影响下基于物联网技术，通过智能硬件与软件系统、云计算平台构成一套完整的家居生态圈，如图 1-9 所示。智能家居通过物联网技术将家中的各种设备（如照明系统、窗帘控制、安防系统、影音服务、网络家电等）连接到一起，提供家电控制、照明控制、电话远程控制、室内外遥控、防盗报警、环境监测、暖通控制、红外转发以及可编程定时控制等多种功能和手段。

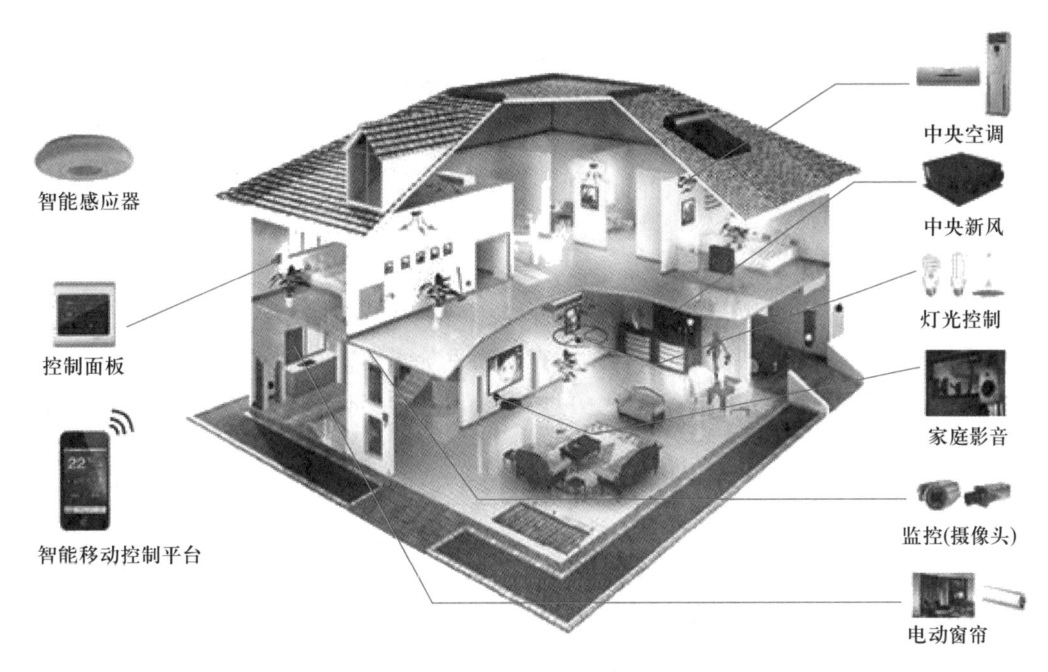

图 1-9 智能家居

与普通家居相比，智能家居不仅具有传统的居住功能，兼备建筑、网络通信、信息家电、设备自动化，提供全方位的信息交互功能，甚至为各种能源费用节约资金。

2. 智能医疗

随着人均寿命的延长、出生率的下降和人们对健康的关注，在现代社会人们需要更好的医疗系统。通过智能医疗打造健康档案区域医疗信息平台，实现患者与医务人员、医疗机构、医疗设备之间的互动，逐步达到信息智能化。

近年来，世界各国的诸多研究机构投入了很大力量来研究医学影像自动分析技术。这些技术可以自动找到医学影像中的重点部位，并进行对比分析。人工智能分析的结果可以为医生诊断提供参考信息，从而有效减少误诊或者漏诊。除此以外，3D 打印技术可以通过多张医疗影像重建出人体内器官的三维模型，帮助医生设计手术，确保手术更加精准。图 1-10 所示为人工智能在智能医疗中的应用场景。

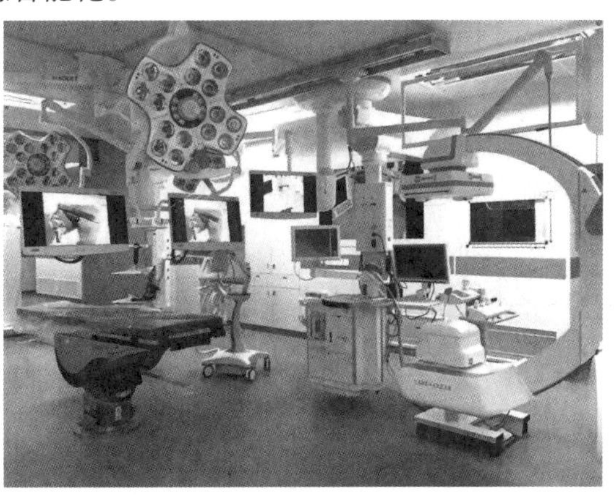

图 1-10 人工智能在智能医疗中的应用

- 2019 年 1 月 14 日，美国加州大学圣迭戈分校首次利用快速 3D 打印技术，制造出模仿中枢神经系统结构的脊髓支架，成功帮助大鼠恢复了运动功能。
- 2019 年 4 月 15 日，以色列特拉维夫大学研究人员以病人自身的组织为原材料，3D 打印出全球首颗拥有细胞、血管、心室和心房的“完整”心脏，这在全球尚属首例。

3. 智能交通

大数据和人工智能可以让交通更智慧。智能交通系统是通信技术、数据通信传输技术、电子传感技术、控制技术及计算机技术在交通系统中集成应用的产物。通过对交通中的车辆流量、行车速度进行采集和分析，可以对交通进行实时监控和调度，有效提高通行能力，简化交通管理，降低环境污染等。人工智能还可以为人们的安全保驾护航。人长时间开车会感觉到疲劳，容易引发交通事故，而无人驾驶则很好地解决了这些问题。无人驾驶系统还能对交通信号灯、汽车导航地图和道路汽车数量进行整合分析，规划出最优交通线路，提高道路利用率，减少堵车情况，节约交通出行时间。图 1–11 所示为无人驾驶车辆通过各种智能传感器探测路况，进行无人自动驾驶。

图 1–11 无人驾驶车辆

4. 智能制造

智能制造技术是在现代传感技术、网络技术、自动化技术、拟人化智能技术等先进技术的基础上，通过智能化的感知、人机交互、决策和执行技术，实现产品从设计过程到制造过程全生命周期的智能化。智能制造技术把制造自动化的概念更新扩展到柔性化、智能化和高度集成化，是信息技术、智能技术与装备制造技术的深度融合与集成。图 1–12 所示为产品全生命周期的智能化生产流水线。

人工智能在制造业的应用主要有以下 3 方面。

- 智能装备。包括自动识别设备、人机交互系统、工业机器人以及数控机床等具体设备。
- 智能工厂。包括智能设计、智能生产、智能管理以及集成优化等具体内容。
- 智能服务。包括大规模个性化定制、远程运维以及预测性维护等具体服务模式。

目前，虽然人工智能的解决方案尚不能完全满足制造业的要求，但作为一项通用性技术，人工智能与制造业融合是大势所趋。

图 1-12 产品全生命周期的智能化生产流水线

5. 智能金融

过去，在银行办理业务时，排队是常见的现象，因为那时所有的业务都是通过人工来办理的。现在人们可以通过手机银行 App 或者网上银行办理银行的大部分业务，无须排队。银行也提供了各种业务办理智能设备，给客户提供更优质的服务。

人工智能的产生和发展，不仅促进了金融机构服务的主动性、智慧性，有效提升了金融服务的效率，而且提高了金融机构的风险管控能力，为金融产业的创新发展带来了积极的影响。

人工智能在金融领域的应用主要包括智能获客、身份识别、大数据风控、智能投顾、智能客服、金融云等。金融行业是人工智能渗透最早、最全面的行业。未来人工智能将持续带动金融行业的智能应用升级和效率提升。

6. 智能教育

大数据技术在智能教育方面得到了广泛应用，通过大数据技术可以收集和分析学生日常学习和完成作业过程中产生的数据，精确地告诉老师每个学生的知识点掌握情况。老师便可以针对每一位学生的学习情况有针对性地布置作业，达到因材施教的效果。

同时，通过图像识别，可以进行机器批改试卷、识题答题；通过语音识别，可以纠正、改进发音；通过人机交互，可以进行在线答疑解惑等。人工智能和教育的结合在一定程度上可以改善教育行业师资分布不均衡、费用高昂等问题，从工具层面给师生提供更有效率的学习方式。

7. 智能零售

人工智能在零售领域的应用已十分广泛，正在改变人们购物的方式。无人便利店、智慧供应链、客流统计、无人仓储等都是热门方向。通过大数据与业务流程的密切配合，人工智能可以优化整个零售产业链的资源配置，为企业创造更多效益，让消费者体验更好。在设计环节，智能机器可以提供设计方案；在生产制造环节，智能设备可以进行全自动制造；在供应链环节，由计算机管理的无人仓库可以对销量以及库存需求进行预测，合理进行补货、调货。

8. 智能安防

伴随着城市化的进程和社会经济的高速发展，安全逐步成为全社会共同关心的问题。从平安城市建设到居民社区守护，从公共场所的监控到个人电子设备的保护，都离不开一个高效可靠的安全体系。近年来，人工智能技术被大量运用在安防领域，如图 1-13 所示为公安系统使用的“天眼系统”，通过人脸识别可以把过往行人与在逃犯进行比对。

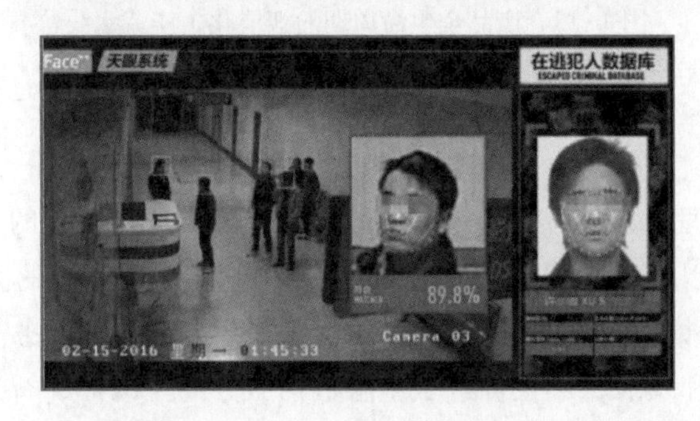

图 1-13　人脸识别系统

从 2015 年开始，全国多个城市都在加速推进平安城市的建设，积极部署公共安全视频监控体系，希望实现对城市主要道路和重点区域的全覆盖。面对海量的监控视频，传统的依赖公安民警通过观看视频找出重要片段的方式显然已经不可行了。于是，基于人工智能的视频分析技术被普遍采用。新的智能视频分析技术可以代替民警做很多事情，例如：

- 实时从视频中检测出行人和车辆。
- 自动找到视频中异常的行为（例如醉酒的行人或者逆行的车辆），并及时发出带有具体地点方位信息的警报。
- 自动判断人群的密度和人流的方向，提前发现过密人群带来的潜在危险，帮助工作人员引导和管理人流。

这些技术能把城市管理者从繁重的监控工作中解放出来，更高效地为市民大众服务。

9. 智能物流

物流行业通过智能搜索、推理规划、计算机视觉以及智能机器人等技术在运输、仓储、配送装卸等流程上进行了自动化改造，能够基本实现无人操作。利用大数据技术可以对商品进行智能配送规划，优化配置物流供给、需求匹配等。目前，物流行业大部分人力分布在“最后一千米”的配送环节。

2018 年，京东智能派送机器人正式进入大众视野。这也是全球首创，第一次将机器人配送带入到日常物流配送中。图 1-14 所示为京东智能配送机器人。

图 1-14 京东智能配送机器人

这些机器人不但可以智能识别障碍物，还可以辨别红绿灯、路线和车位，实现真正的自动驾驶。当机器人即将到达收件人地址时，后台系统会自动通知收件人，并有语音提示：“我是京东智能配送机器人，已顺利到达您指定的楼下，请凭提货码提取商品”。然后，机器人便在约好的地点，等待收件人前来取件。收件人到达时，还可以有多种取件方式选择，例如刷人脸、取件码、手机 App 等，非常人性化，完全不输给真正的快递员。

1.5 案例开发语言及环境安装

微课 1-6
Python 及其集成开发环境 PyCharm 介绍

本书中的所有案例采用 Python 程序设计语言，使用 PyCharm 集成开发环境。

1.5.1 Python 简介

Python 是一种面向对象的计算机程序设计语言，最初被设计用于编写自动化脚本（shell）。随着版本的不断更新和语言新功能的添加，越来越多地被用于独立的、大型项目的开发。

人工智能是一个很广阔的领域，很多编程语言都可以用于人工智能开发。人工智能技术人员常用的开发编程语言有 Python、Java、Lisp、C++等。近几年，由于 Python 的简单易用，以及可以无缝地与数据结构和其他常用的 AI 算法一起使用，使其成为了人工智能领域中使用最广泛的编程语言。对比其他编程语言，Python 具有如下优点。

- 易于学习。Python 有相对较少的关键字，结构简单，有明确定义的语法，学习起来更加简单。
- 易于阅读。Python 的代码定义更清晰。
- 易于维护。Python 的成功在于它的源代码相当容易维护。
- 广泛的标准库。Python 的最大的优势是具有丰富的库，而且能跨平台使用，在 UNIX、Windows 和 Macintosh 操作系统下具有很好的兼容性。
- 可移植。基于其开放源代码的特性，Python 已经被移植到许多平台上运行。
- 可扩展。如果需要一段运行很快的关键代码，抑或想要编写一些不愿开放的算法，可以使用 C 或 C++完成那部分程序，然后从 Python 程序中调用。
- 数据库。Python 提供所有主要的商业数据库的接口。

- 可嵌入：可以将 Python 嵌入到 C/C++程序，让程序的用户获得“脚本化”的能力。

1.5.2 Python 集成开发环境 PyCharm

Python 只是一种计算机程序设计语言，需要在一定的集成开发环境（Integrated Development Environment，IDE）中进行程序代码的编写与调试。常用的 Python 集成开发环境有 PyCharm、Spyder 和 LiClipse 等。

PyCharm 具有一整套可以帮助用户在使用 Python 语言开发时提高其效率的工具，例如调试、语法高亮、Project 管理、代码跳转、智能提示、自动完成、单元测试、版本控制等。图 1-15 所示为 PyCharm 集成开发界面。

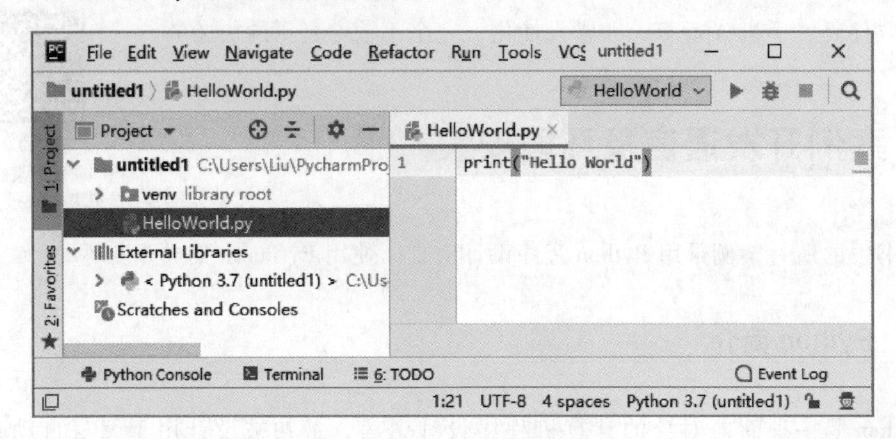

图 1-15 PyCharm 集成开发界面

1.5.3 Python 及其集成开发环境 PyCharm 的安装

微课 1-7
Python 及其集成开发环境 PyCharm 安装

本书中第 2~8 章所有案例均在 PyCharm 的开发环境下，使用 Python 语言进行程序的编写。本节将完成 Python 及其集成开发环境 PyCharm 的安装，具体步骤如下。

1. 安装 Python

（1）在 Python 官网下载 Python 3.7.4 安装包，图 1-16 所示为 Python 3.7.4 安装包下载页面。

（2）在图 1-16 中单击 Download Python 3.7.4 按钮，弹出如图 1-17 所示的“新建下载任务”对话框。

（3）在图 1-17 中单击“下载”按钮，下载 python-3.7.4.exe 文件，需要耐心等待一段时间。当文件下载结束后，将弹出如图 1-18 所示的窗口，选中“1”中的 Add Python 3.7 to PATH 复选框，将会自动为用户配置好环境变量。如果想手动个性化配置环境变量

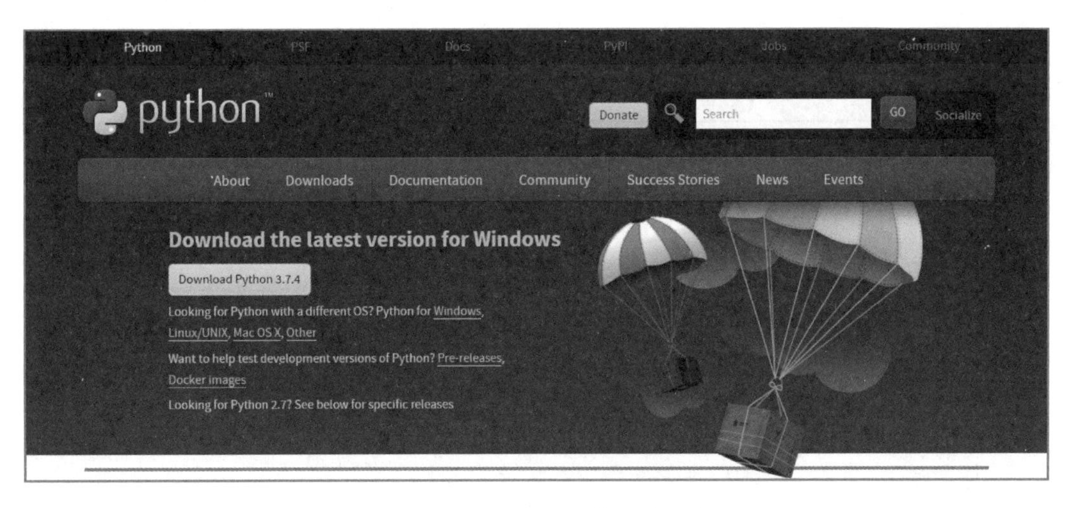

图 1-16　Python 3.7.4 安装包下载页面

新建下载任务
网址： https://www.python.org/ftp/python/3.7.4/python-3.7.4.exe
名称： python-3.7.4.exe　软件 24.47 MB
下载到： 学院\教材\参考材料\人工智能概论 剩: 48.40 GB　浏览
使用迅雷下载　直接打开　下载　取消

图 1-17　“新建下载任务”对话框

就不要选中此复选框，单击图 1-18 中的“2”部分，开始 Python 的安装。

图 1-18　Python 开始安装窗口

（4）单击开始安装后，将弹出如图 1-19 所示的窗口，通过进度条提示程序安装的进度。

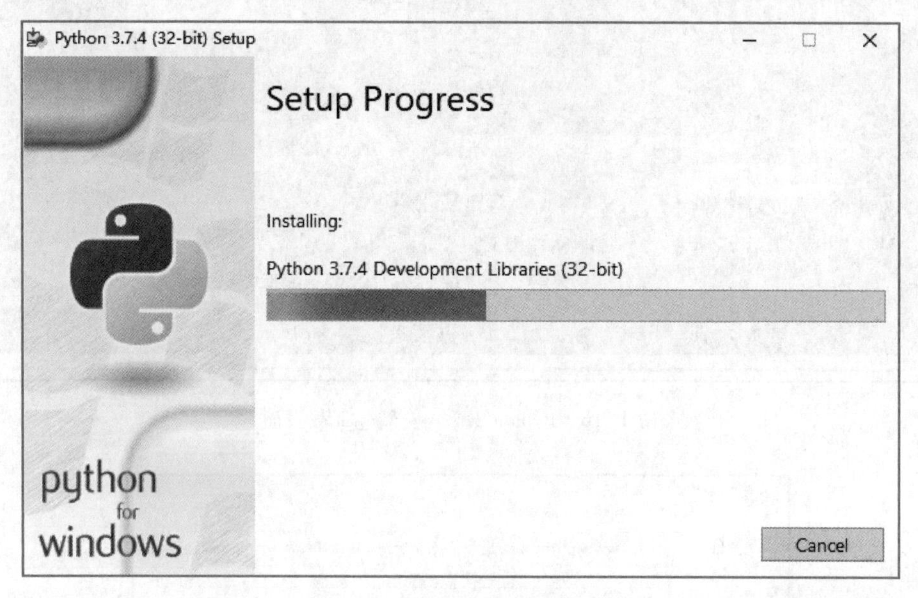

图 1-19 程序安装进度提示窗口

（5）Python 安装结束后，将弹出如图 1-20 所示的窗口，提示程序已经安装成功。单击 Close 按钮退出此窗口。

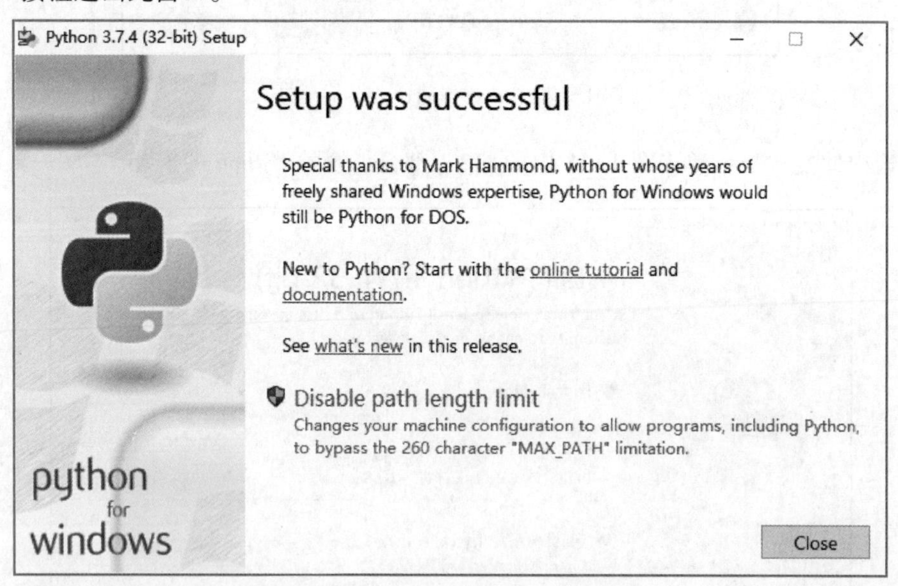

图 1-20 Python 安装成功提示窗口

（6）通过命令测试 Python 是否安装成功。单击工具栏左下角的“开始”图标按钮，弹出如图 1-21 所示的窗口，在“搜索程序”位置输入“cmd”，如图 1-22 所示。单击命令提示符图标，打开命令提示符窗口。

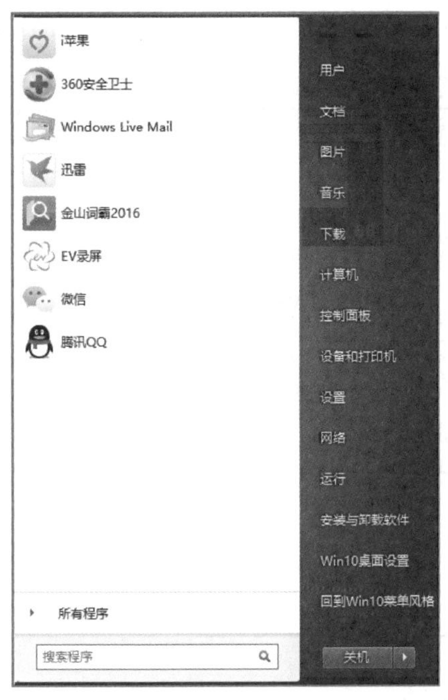

图 1-21 “开始”程序窗口

图 1-22 输入“cmd”打开命令提示符窗口

（7）进入命令提示符窗口，输入“Python”，按回车键，如图 1-23 所示，如果可以看到版本信息，则代表安装成功。

图 1-23 测试 Python 程序是否安装成功

2. 集成开发环境 PyCharm 的安装

（1）在 PyCharm 的官网下载 PyCharm，图 1-24 所示为 PyCharm 的官网主页。

图 1-24 PyCharm 的官网主页

（2）在图 1-24 页面上选择 DOWNLOAD NOW 按钮，弹出如图 1-25 所示的版本选择窗口，进行 PyCharm 版本的选择，此处选择下载 Community（共享）版本。

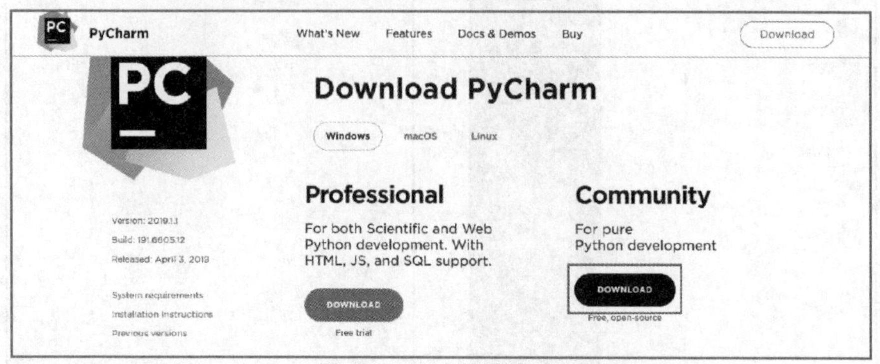

图 1-25 选择下载版本

（3）单击图 1-25 中 Community 下的 DOWNLOAD 按钮，弹出如图 1-26 所示的“新建下载任务”对话框，对文件进行保存安装。

图 1-26 “新建下载任务”对话框

（4）PyCharm 文件下载后，将弹出如图 1-27 所示的 PyCharm 安装窗口。单击图中的 Next 按钮，弹出如图 1-28 所示的窗口，为 PyCharm 安装文件选择一个存储路径，然后单击 Next 按钮。

图 1-27 PyCharm 安装窗口

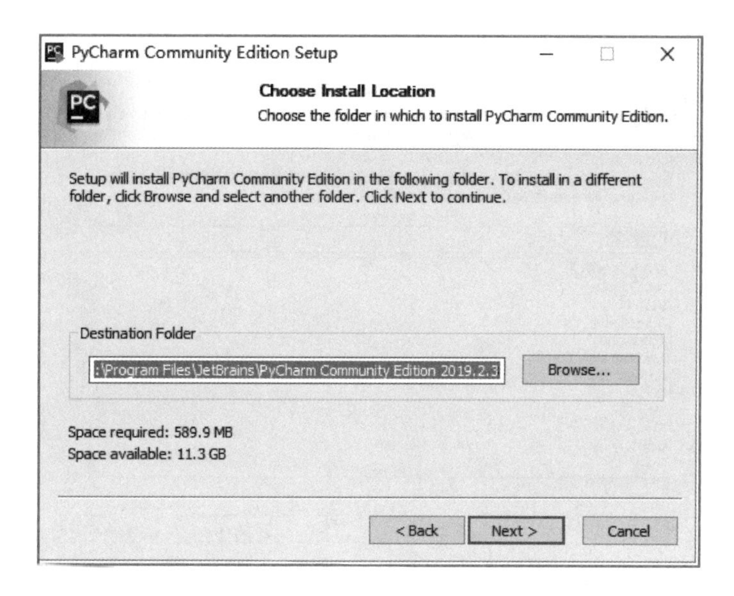

图 1-28　PyCharm 安装文件存储路径窗口

（5）弹出安装配置选项窗口如图 1-29 所示，保持默认配置，单击 Next 按钮，弹出如图 1-30 所示的窗口。选择 PyCharm 安装完之后其在开始菜单中的位置。可以让 PyCharm 出现在开始菜单上的所有应用上，也可以把它放在某个开始菜单中已存在的文件夹下。在图 1-30 所示的窗口中可以选择开始菜单下文件夹的名字，也可以创建一个新的文件夹保存 PyCharm，作为 PyCharm 在开始菜单中的位置。然后单击 Install 按钮，弹出如图 1-31 所示的窗口，开始 PyCharm 的安装。

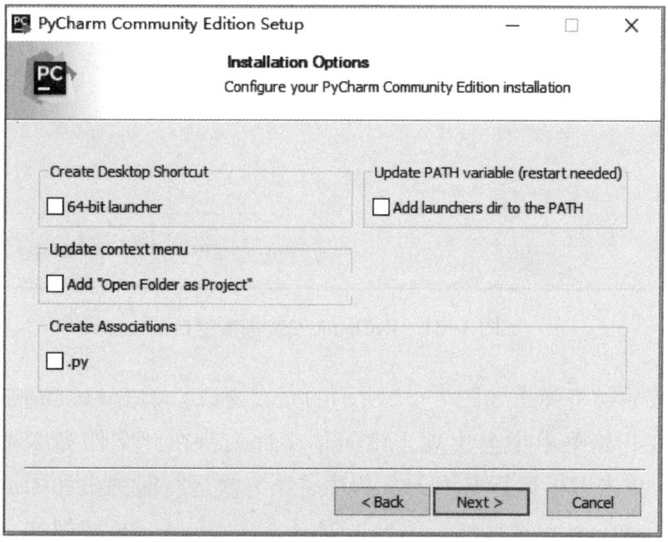

图 1-29　安装配置选项窗口

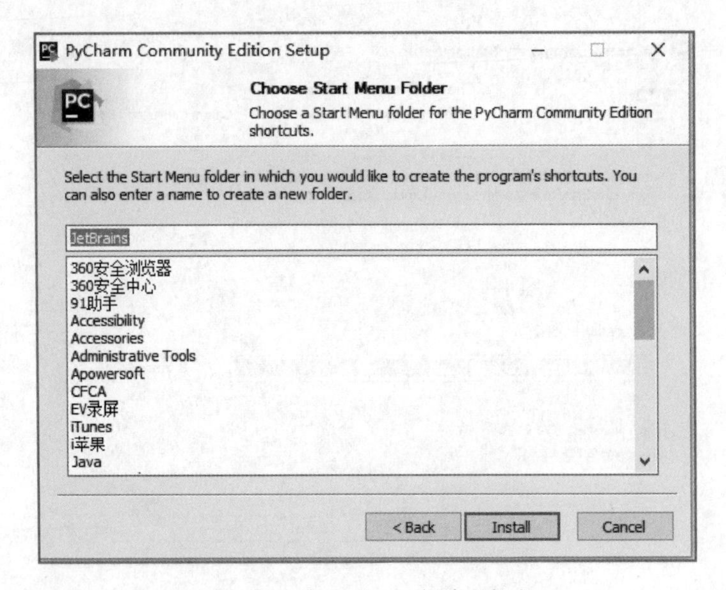

图 1-30 为 PyCharm 创建文件夹

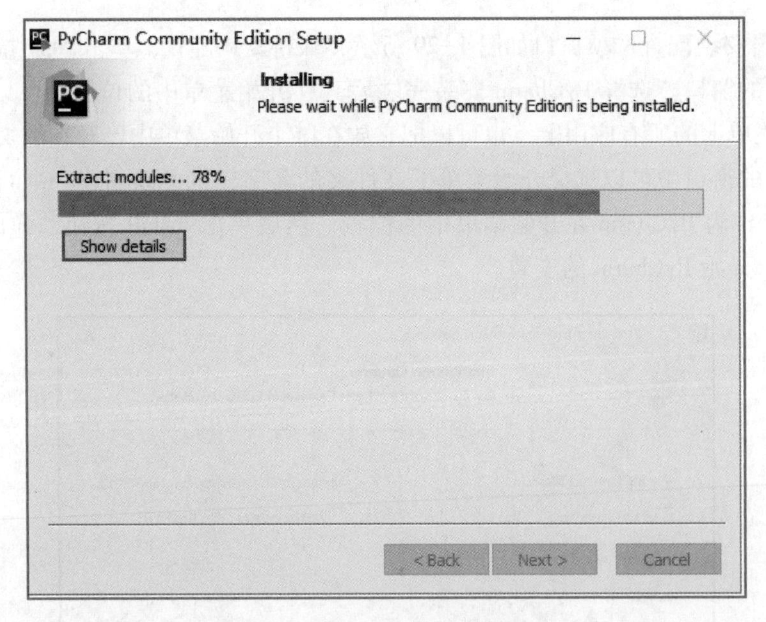

图 1-31 PyCharm 安装进度窗口

（6）安装完成后，将弹出如图 1-32 所示的完成窗口，单击 Finish 按钮。

（7）此时，在开始菜单中会出现 JetBrains 文件夹，在此文件夹中可以看到 PyCharm 应用程序的图标。单击图标运行 PyCharm 程序，第一次运行时弹出如图 1-33 所示的窗口，选择 Do not import settings 单选按钮，不导入配置，然后单击 OK 按钮。

（8）弹出如图 1-34 所示的窗口，对 PyCharm 设置界面风格，可以选择黑色背景，也可以选择白色背景。此处选择白色背景，然后单击 Next Featured plugins 按钮，进入如图 1-35

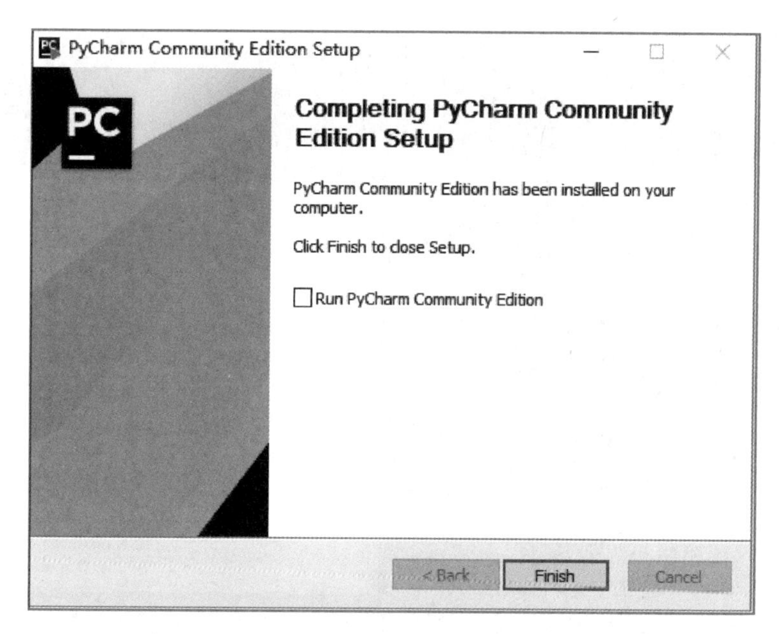

图 1-32 完成 PyCharm 的安装

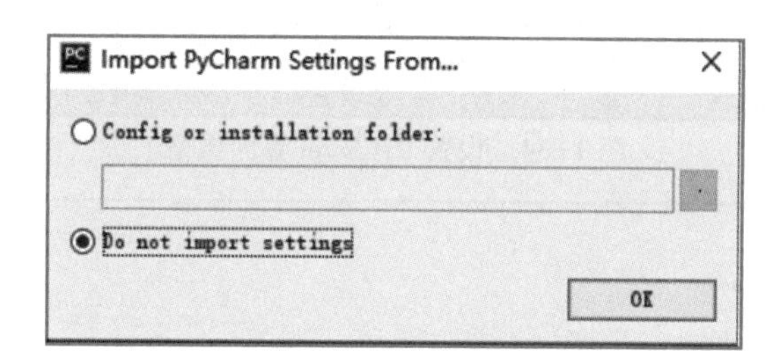

图 1-33 是否导入 PyCharm 配置窗口

所示的窗口。

（9）在图 1-35 所示的窗口中可以进行 PyCharm 文本编辑插件的安装，此处选择暂时不安装，单击窗口右下角的按钮，开始使用 PyCharm，弹出如图 1-36 所示的 PyCharm 启动界面。

（10）PyCharm 启动后，首先弹出如图 1-37 所示的新建工程窗口。单击+ Create New Project 按钮，弹出如图 1-38 所示的窗口，为所创建的项目工程指定存储路径。

（11）单击图 1-38 中的 Create 按钮，弹出如图 1-39 所示的窗口，开始为 PyCharm 创建虚拟环境，很快将继续弹出如图 1-40 所示的欢迎界面。单击 Close 按钮，关闭欢迎界面。

（12）此时，就可以在 PyCharm 中编辑 Python 代码和运行程序。如图 1-41 所示，在 PyCharm 中右击工程，新建一个 Python 文件。

（13）弹出如图 1-42 所示的窗口，为此 Python 文件命名，此时在 PyCharm 工程中就出现了对应的 Python 文件，如图 1-43 所示。

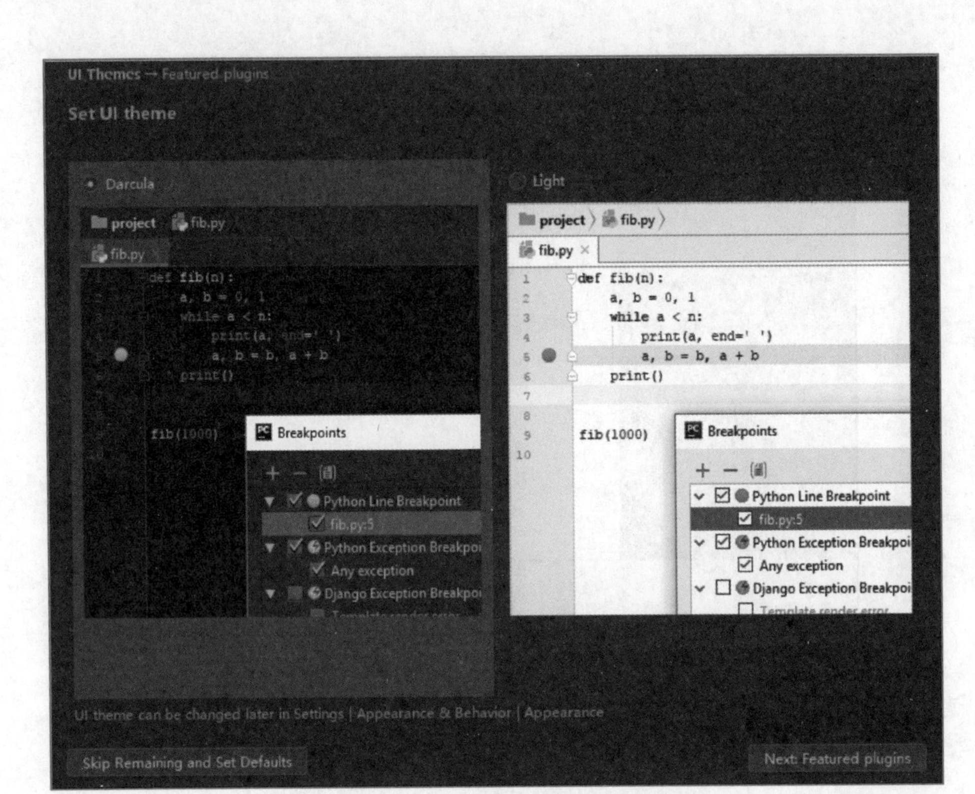

图 1-34　设置 PyCharm 界面风格

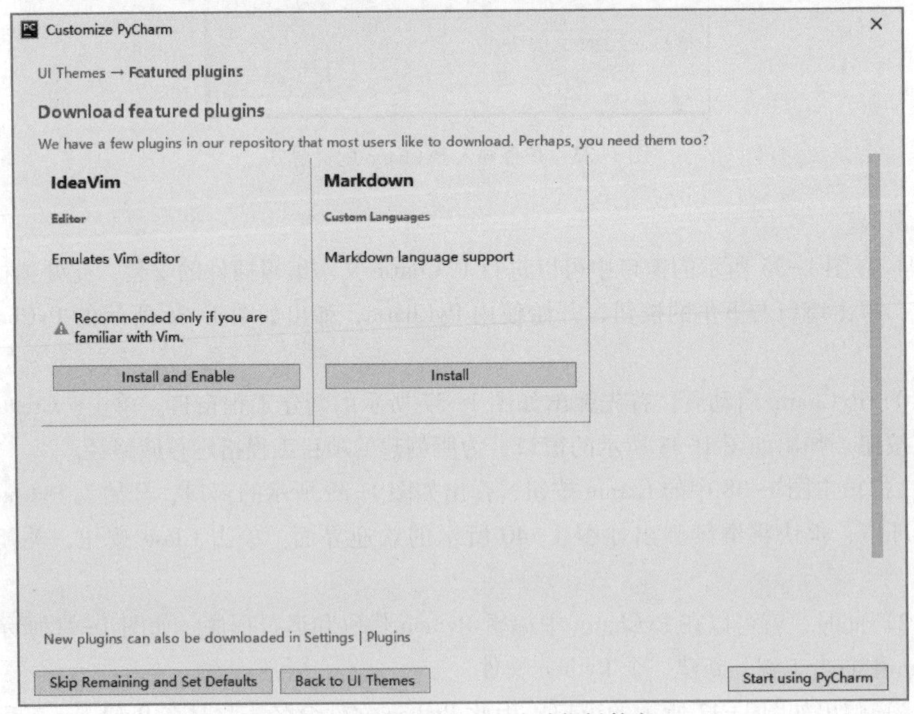

图 1-35　安装 PyCharm 文本编辑插件窗口

图 1-36 PyCharm 启动界面

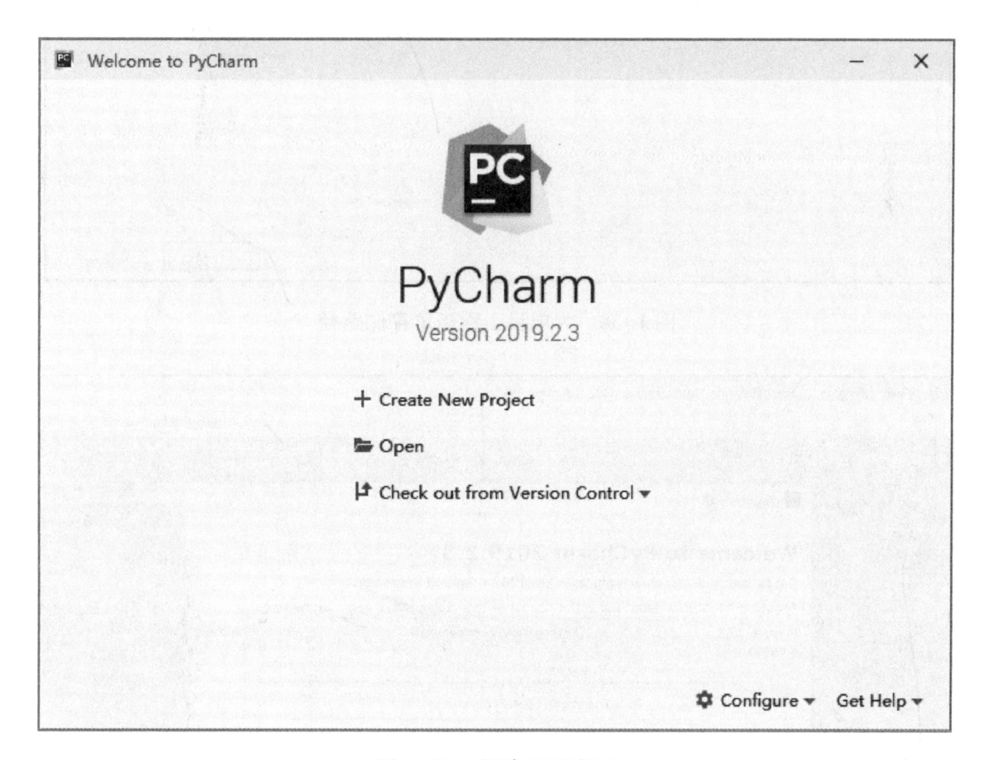

图 1-37 新建工程窗口

（14）在图 1-43 中，选中左侧窗口中的 Python 文件，在右侧的窗口中可以输入 Python 程序代码，如图 1-44 所示，编写程序输出一个"Hello World"字符串。

（15）Python 程序编写完成后，单击菜单栏中的 Run 命令运行程序，如图 1-45 所示。

（16）此时，在图 1-44 所示的窗口下端将弹出结果控制台，显示此程序的运行结果，如图 1-46 所示。

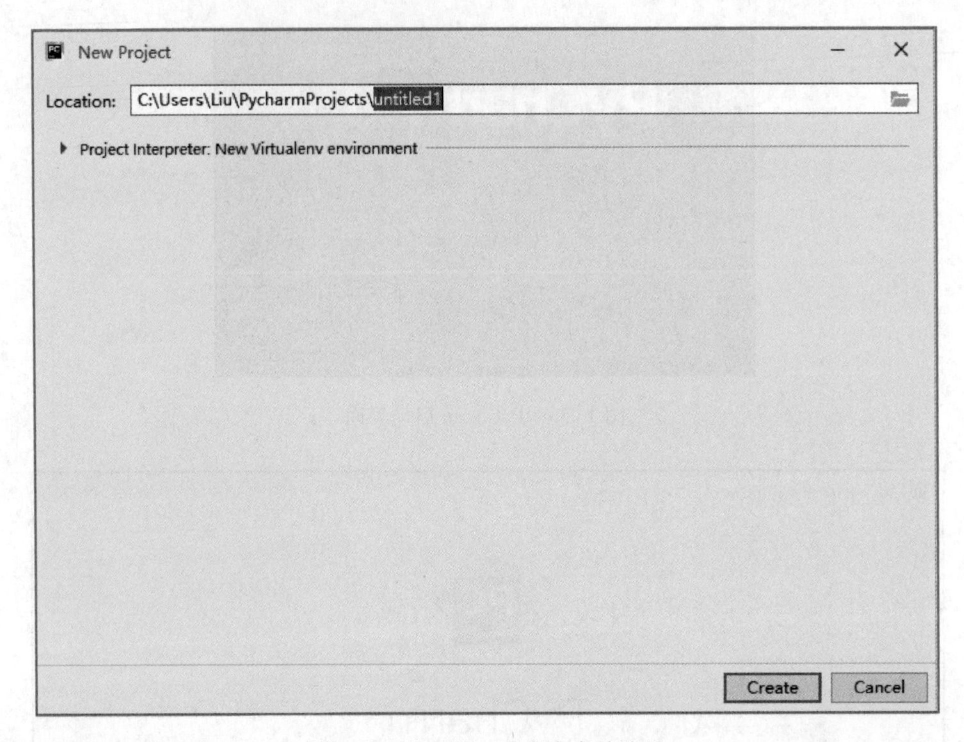

图1-38 为项目工程指定存储路径

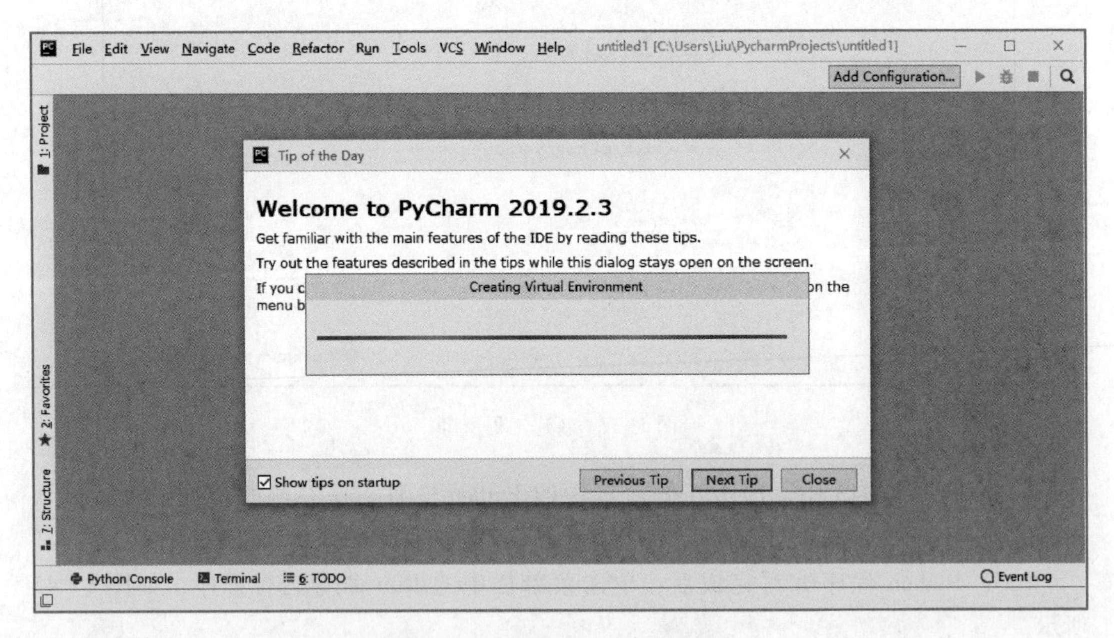

图1-39 为PyCharm创建虚拟环境

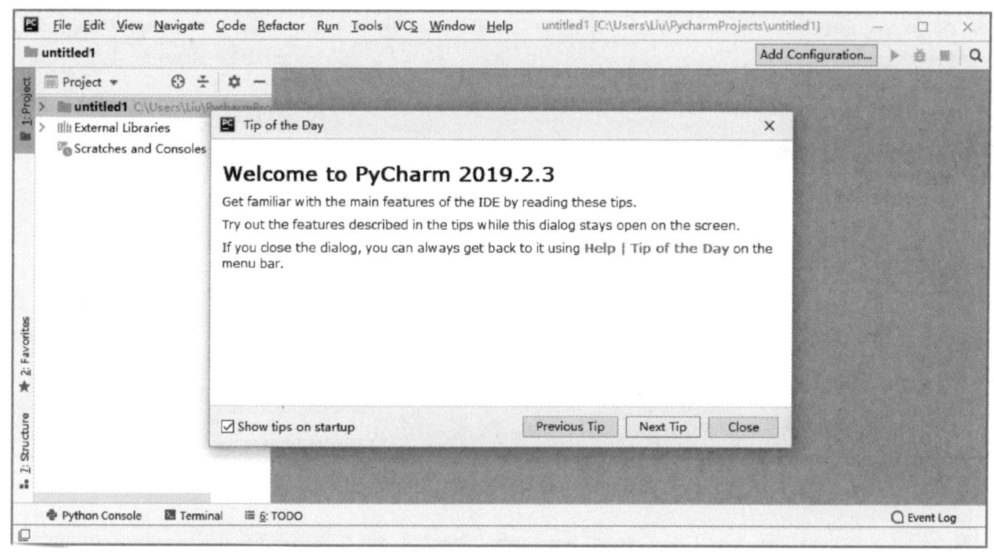

图 1-40　欢迎界面

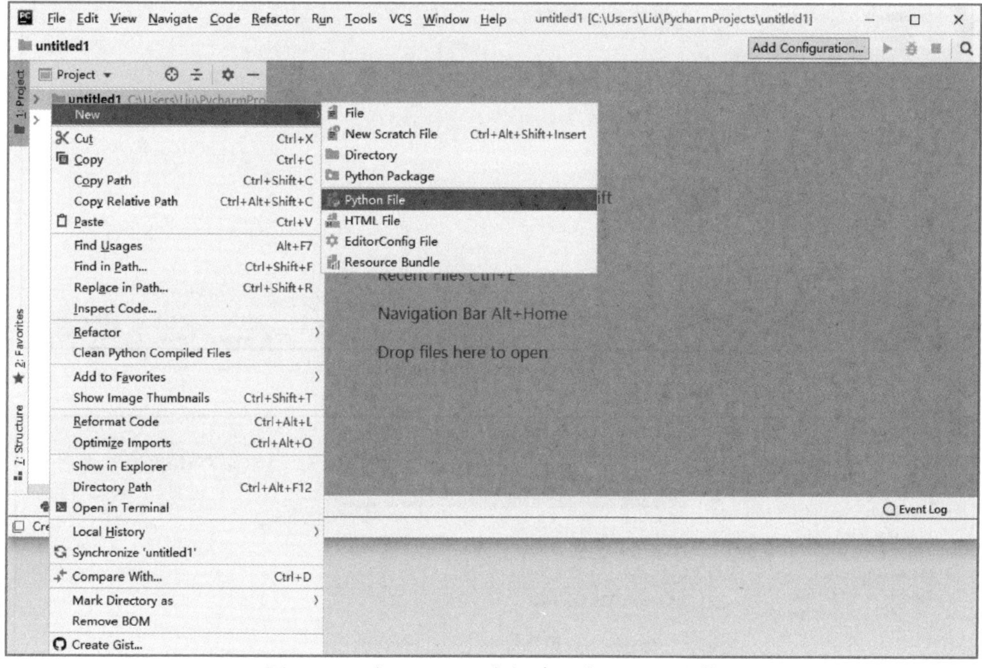

图 1-41　在 PyCharm 中新建一个 Python 文件

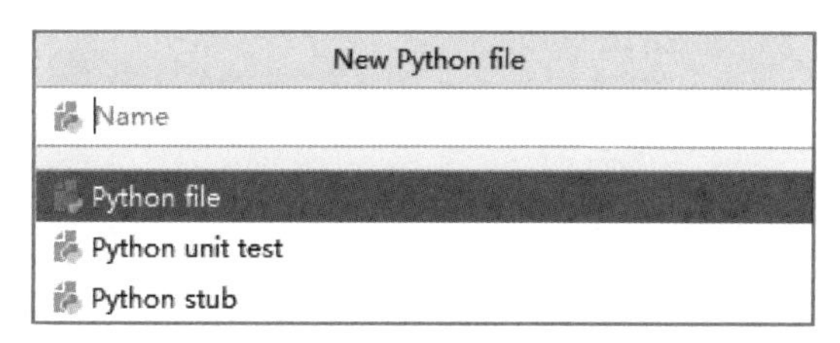

图 1-42　为 Python 文件命名

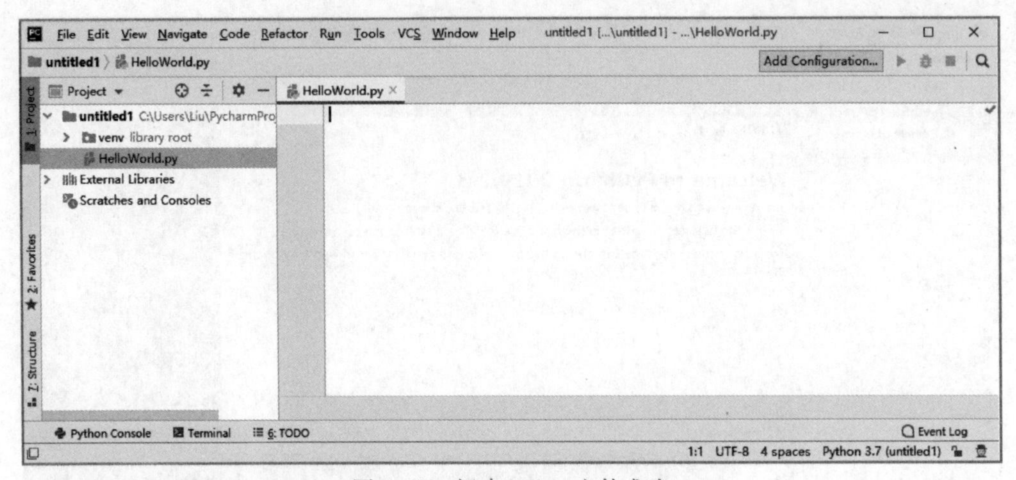

图 1-43　新建 Python 文件成功

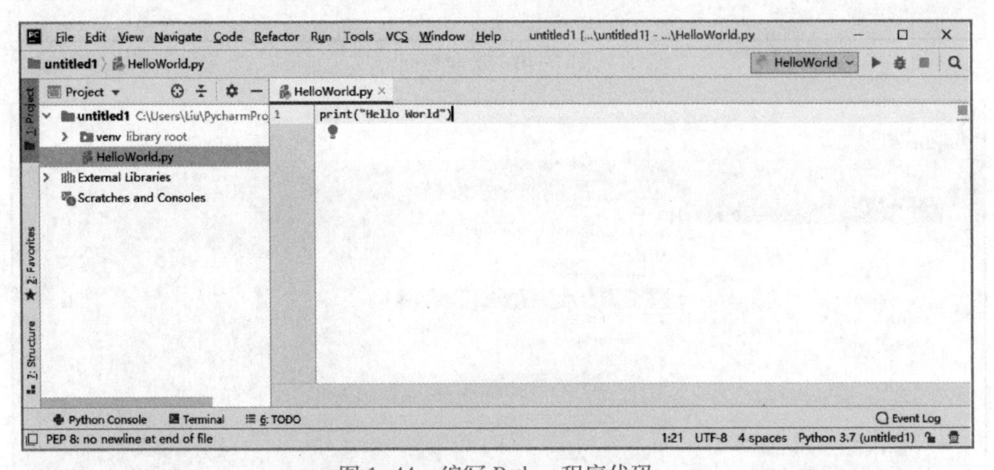

图 1-44　编写 Python 程序代码

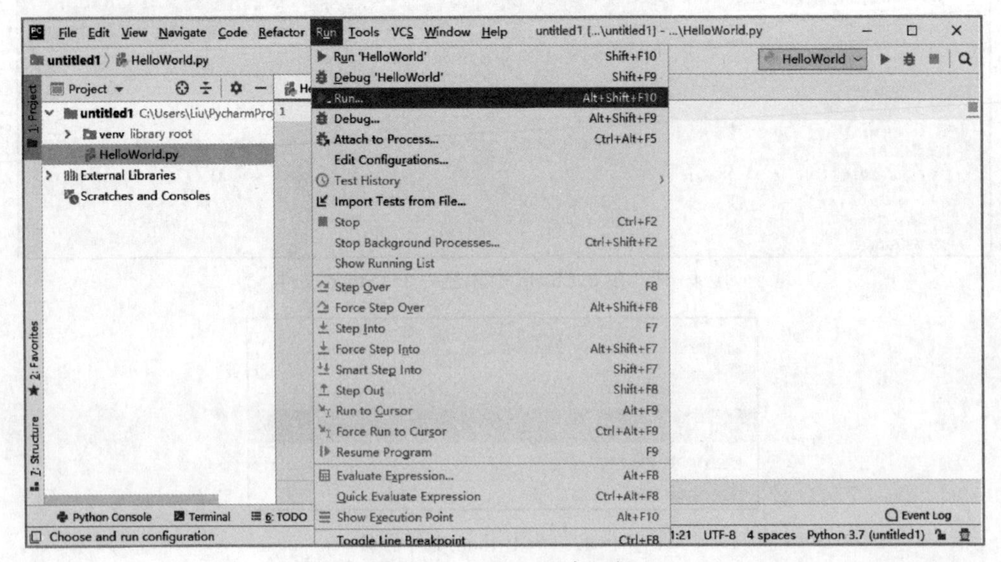

图 1-45　Python 程序运行

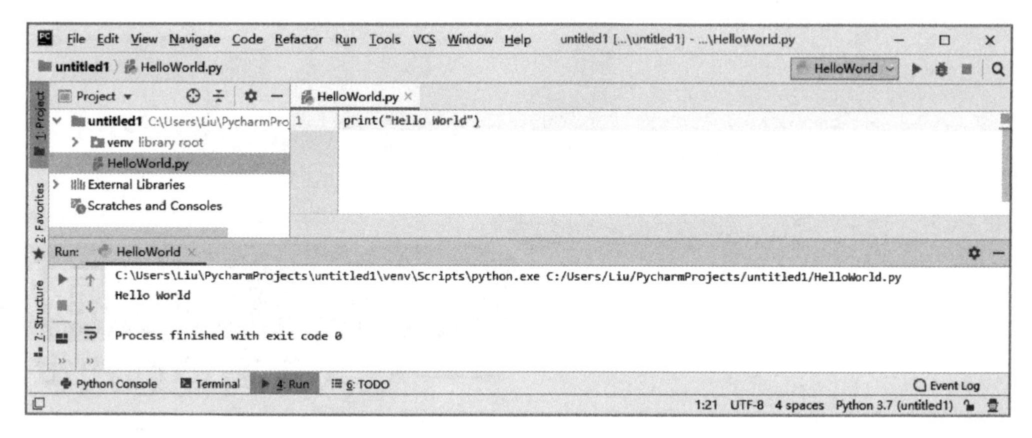

图 1-46　Python 程序运行结果

课后思考题

1. 什么是人工智能？它与人类社会的关系是怎样的？
2. 简单叙述人工智能的发展历史。
3. 讲述人工智能发展过程中的一到两个重要事件或人物。
4. 列举 3 个以上人工智能在各行各业的应用情况。

第2章 智能感知
——让人工智能感知世界

学习目标

- 了解什么是传感器，什么是智能感知。
- 了解传感器的分类。
- 了解传感器在各行各业的应用情况。
- 通过传感器的数据采集过程，理解传感器的工作原理。

1876年，亚历山大·贝尔发明了电话，于是人类借助电线就把听觉能力延伸到了千里之外，再到后来的互联网革命和远程机器人、无人机、水下航拍器等技术的迅速发展，科技在一定程度上延伸了人类的感知能力，让人们感受到了三维的广阔空间。

2018年4月，意大利的科学家们制作了一个人形机器人iCub，如图2-1所示。这是一个人工智能机器人。它的头部采用了塑料材质，有一双水汪汪的大眼睛，面部表情非常逼真，四肢活动范围可达53°，具有触觉和肢体协调能力，能抓东西、捉迷藏，还能跟着音乐跳舞。更重要的是，iCub能够自我学习。例如学习如何使用弓箭射击目标，它能够通过复杂的计算机算法，从没有命中目标的射击失败中不断汲取教训和经验，从而进行改进，直到一箭命中靶心。这在机器人技术的发展史上具有开创意义。

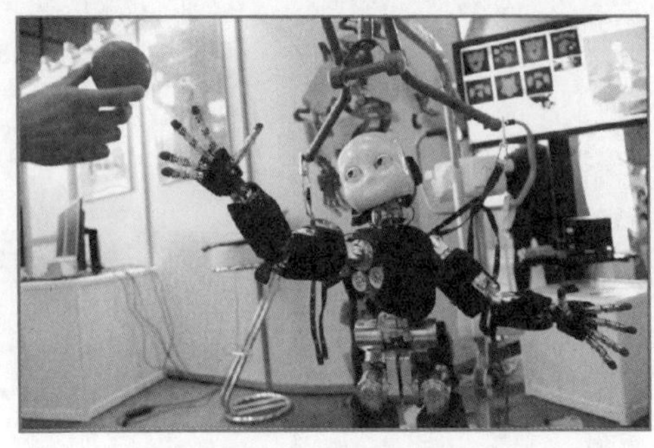

图2-1 iCub机器人

机器人能够出色地完成这些任务，离不开智能感知。感知就是具有能够感觉内部、外部的状态和变化，以及理解这些状态和变化的内在含义的能力。智能感知包括听觉、视觉、触觉等感知能力。要想让智能机器人感知这个世界，就必须依赖一定的信息获取手段和信息处理方法。也就是说，需要通过各种不同功能的传感器来收集各种不同性质的信息，然后通过对这些信息的处理来获得对信息的理解。

2.1 丰富多彩的传感器

微课 2-1
传感器介绍(1)

2.1.1 什么是传感器

人类靠感觉器官感知世界。人的五官具有视、听、嗅、味、触觉等功能，能够直接感受周围事物的变化并获取信息，对感受到的信息进行加工、处理，从而来调节人类的行为活动。新技术革命的到来，让世界进入了信息时代。有时需要进行大量的测量实验，以确定被测量对象的精确数据量值。这时候，单靠人类的感觉功能是远远不够的，需要借助某种仪器设备的帮助来完成，它就是传感器。

可以说，传感器的产生和发展，让机器有了触觉、味觉、嗅觉等感官。传感器好比人类感觉器官的延伸，人们可以通过传感器进行信息的采集。其实，传感器就在人们身边。比如，烟雾报警器，也叫作烟雾传感器，当它感知到烟雾参数处于危险范围时，就会发出报警信号；又如，蔬菜大棚里的温/湿度传感器，能够实时感知大棚内部的温度和湿度，帮助人们更好地进行环境管理；等等。

在基础学科研究中，传感器具有更加突出和重要的地位。现代科学技术的发展，进入了许多新的领域。例如，宏观上要观察上千光年的茫茫宇宙，观察长达数十万年的天体演化；微观上要观察小到飞米（10^{-15}米）的粒子世界。另外，还出现了对深化物质认识、开拓新能源、新材料等具有重要作用的各种极端技术研究，如超高温、超低温、超高压、超高真空、超强磁场、超弱磁场等。显然，要获取大量人类感官无法直接获取的信息，没有相适应的传感器是不可能实现的。许多基础科学研究的障碍来自于获取研究对象信息的困难，而一些新机理和高灵敏度的检测传感器的出现，往往会促进该领域的突破。一些传感器的发展，往往是一些边缘学科发展的先驱。

那么，什么是传感器呢？按照 GB 7665—1987，传感器的定义为：能感受规定的被测量并按照一定的规律转换成可用信号的器件或装置，通常由敏感元件、转换元件、变换电路和辅助电源组成。

通俗地讲，传感器是通过敏感元件来感知物体的某种信息，并转换为计算机或其他电子设备能识别的电子信息。

传感器的组成如图 2-2 所示。其中，敏感元件是指传感器中能够直接感受和响应被测量的部分；转换元件的作用是将敏感元件感受或响应的被测量转换成适于传输和测量的电信号；变换电路的作用是把转换元件输出的电信号转换成便于处理、控制、记录和显示的有用电信号，如放大、滤波、电桥和阻抗变换电路等；被测量是输入量，可能是物理量、化学量或者生物量等。输出量通常是电信号，如模拟量的电压、电流信号和离散量的电平变换的开关信号或者脉冲信号。

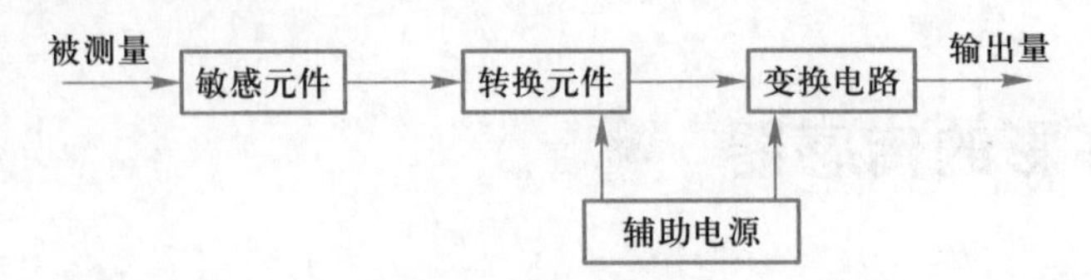

图 2-2 传感器的组成

传感器是智能感知的基础，能够帮助人类获取外部环境和自身状态的信息。生活中，护眼灯通过传感器智能感知环境的光线来调节护眼灯的亮度；工厂里，通过各种传感器技术来控制机床设备；道路上，交通警察通过智能感知技术来检测交通拥堵状况。由于受到传感器的测量精度、检测对象等因素的影响，一般采用多种传感器来确定不同来源的数据的一致性和信息的完整性，才能达到智能感知的目的。

2.1.2 传感器的分类

微课 2-2
传感器介绍（2）

传感器的分类方法很多，而且相互交叉，一般按被测量参数进行分类，或者按被测量原理进行分类。如果按被测量参数分类，可以将传感器分为温度传感器、湿度传感器、速度传感器等；如果按被测量原理分类，可以将传感器分为应变式传感器、电涡流式传感器、热敏传感器等。

传感器按工作原理和测量参数进行分类，如表 2-1 所示。

表 2-1 传感器的分类

分类方法	型式	特性	应用案例	图示
按工作原理分类	电阻式	利用电阻参数的变化实现信号转换	电阻应变片	
	电容式	利用电容参数的变化实现信号转换	电容传感器	
	电感式	利用电感参数的变化实现信号转换	电感传感器	

续表

分类方法	型式	特性	应用案例	图示
按工作原理分类	热电式	利用热电效应实现信号转换	热敏电阻	
	压电式	利用压电效应实现信号转换	压电式传感器	
	磁电式	利用电磁感应原理实现信号转换	磁电式传感器	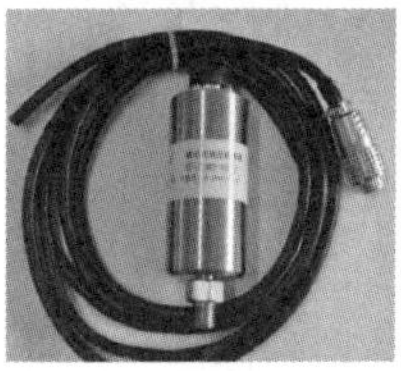
	光电式	利用光电效应实现信号转换	光敏电阻	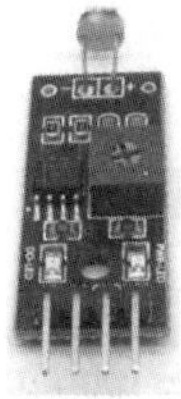
	光纤式	利用光纤特性参数的变化实现信号转换	光纤传感器	
按测量参数分类	温度	按照用途进行分类	温度传感器	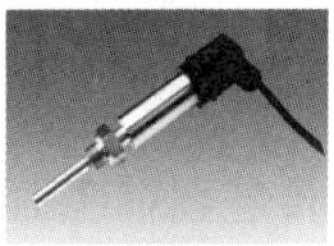
	压力		压力传感器	
	流量		流量传感器	
	位移		位移传感器	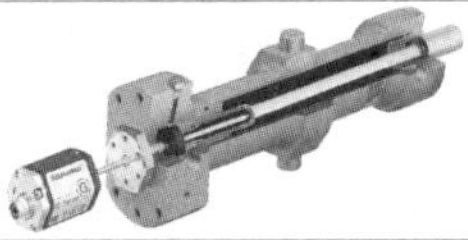

续表

分类方法	型式	特性	应用案例	图示
按测量参数分类	角度	按照用途进行分类	角度传感器	
	加速度		加速度传感器	
	气体		氧气传感器	
	⋮		⋮	

2.2 传感器的应用——各行各业的小帮手

微课 2-3
传感器的应用

随着计算机、现代通信、生产自动化、化学、环保、遥感、宇航等科学技术的发展，各行各业对传感器的需求量与日俱增，其应用已渗入到人们的日常生活中以及国民经济的各个领域。下面来了解一下传感器在行业中的实际应用。

1. 传感器在工业控制中的应用

传感器在工业中的应用非常广泛，是当今科技产业、新技术革命和信息社会的重要技术基础，一切现代化仪器、设备几乎都离不开传感器。在化工、机械、电子等加工工业中，传感器在各自的工位上担负着相当于人类感觉器官的作用，它们能够根据需要完成对各种信息的检测，再把测得的大量信息传输给计算机进行处理，用以进行生产过程、产品质量、工艺管理等方面的控制。图 2-3 的自动化生产线在现代工业生产中发挥着重要作用。图 2-4 中的传感器正在为现代物流业提供服务。

2. 传感器在环境监测中的应用

环境问题越来越受到重视，利用传感器制作的各种环境检测仪器在环境检测方面也发挥着越来越大的作用。图 2-5 所示的气体检测仪可以检测某种气体的泄漏。如图 2-6 所示的粉尘检测仪可以检测空气中的粉尘浓度。

图 2-3 自动化控制生产线图

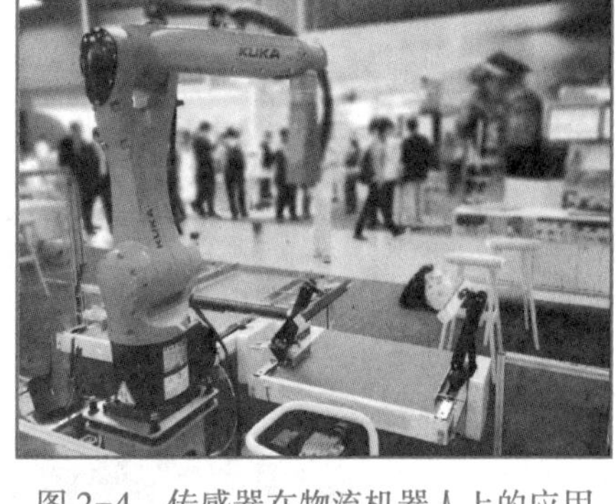

图 2-4 传感器在物流机器人上的应用

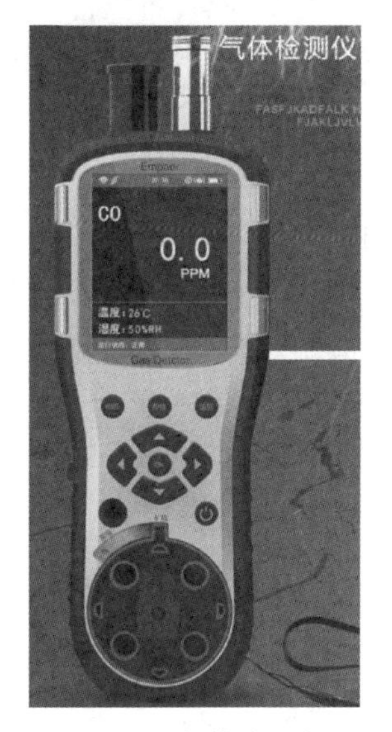

图 2-5 气体检测仪

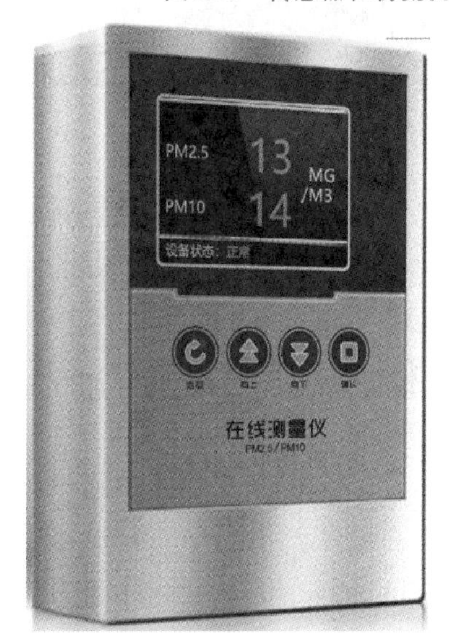

图 2-6 粉尘检测仪

3. 传感器在汽车行业中的应用

汽车的电子化和智能化离不开各种各样传感器的应用。在汽车发动机控制系统中，分别安装有温度传感器、压力传感器、冷却水传感器、燃油温度传感器、车速传感器等；电子稳定性控制系统中包括轮速传感器、陀螺仪以及刹车处理器；车道偏离警告系统和盲点探测系统包括雷达、红外线以及光学传感器等；汽车安全气囊系统、防盗装置等新设施上也都应用到了传感器。图 2-7 是水温传感器在汽车上的应用。

近几年，随着科学技术的进步与发展，智能化辅助驾驶和无人驾驶技术获得重大突破，对传感器技术的应用也相应提出了更高的要求。传感器是环境感知硬件，无人驾驶各阶段都不可或缺，未来传感器在汽车领域的应用将会更加广泛。

4. 传感器在医疗医学中的应用

医用传感器是应用于生物医学领域的传感器。它可以帮助医务人员对人体的体表及体内温度、血压、血液及呼吸流量、脉搏、心脑电波等进行高度准确的检测。另外，基于

RFID（Radio Frequency Identification，射频识别）的跟踪技术也应用到了病人的监护和管理中。医生可以利用医用传感器为病人进行健康检测，如图 2-8 所示。

图 2-7 传感器在汽车上的应用

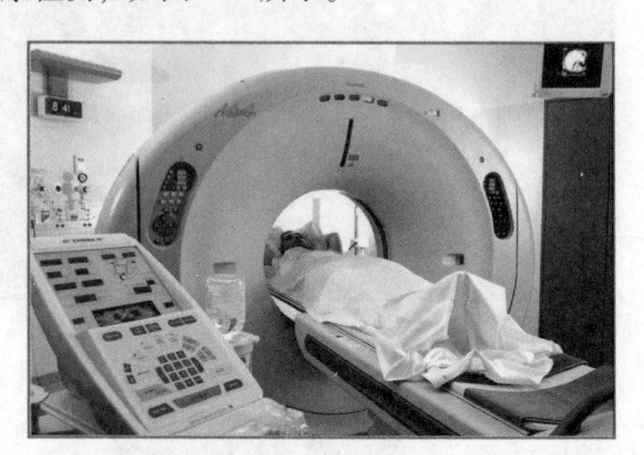

图 2-8 医疗传感器的应用

【相关链接】 RFID 技术是一种无线通信技术，利用这种技术可以通过无线电信号识别特定目标并进行相关数据的读写操作，而不需要在识别系统和特定目标之间建立机械的或光学的接触。许多行业都用到了 RFID 技术，例如将标签附着在一辆正在生产中的汽车上，厂方便可以追踪这辆车在生产线上的进度。

5. 传感器在智能家居中的应用

传感器已经在现代家用电器中得到普遍应用。例如，湿度传感器被广泛应用到洗衣机、空调等家用电器中；温度传感器被应用到电饭锅、空调、微波炉等家用电器中。

随着物联网技术的发展，智能家居系统也越来越普遍，而这离不开传感器的使用。图 2-9 展示了一个智能家居中各类传感器的安装分布图，这让人们的生活变得更加智能和现代化。

6. 传感器在农业生产中的应用

智慧农业是集移动互联网、云计算和物联网技术为一体，依托部署在农业生产现场的各种传感结点和无线通信网络，来实现农业生产环境的智能感知、智能预警、智能决策、智能分析等功能，为农业生产提供精准化种植、可视化管理和智能化决策。

环境检测是农业物联网的核心。在环境监测系统中，根据农作物的不同，使用丰富多样的传感器，主要用来测量包括空气温度、空气湿度、土壤湿度、光照、风力、二氧化碳浓度等多种农业生产指标。如图 2-10 所示，人们利用温湿度传感器等实时监测农作物的生长环境。

7. 传感器在机器人中的应用

机器人具有类似于人类的视觉功能、触觉反馈和运动协调能力，能够在极端环境中工

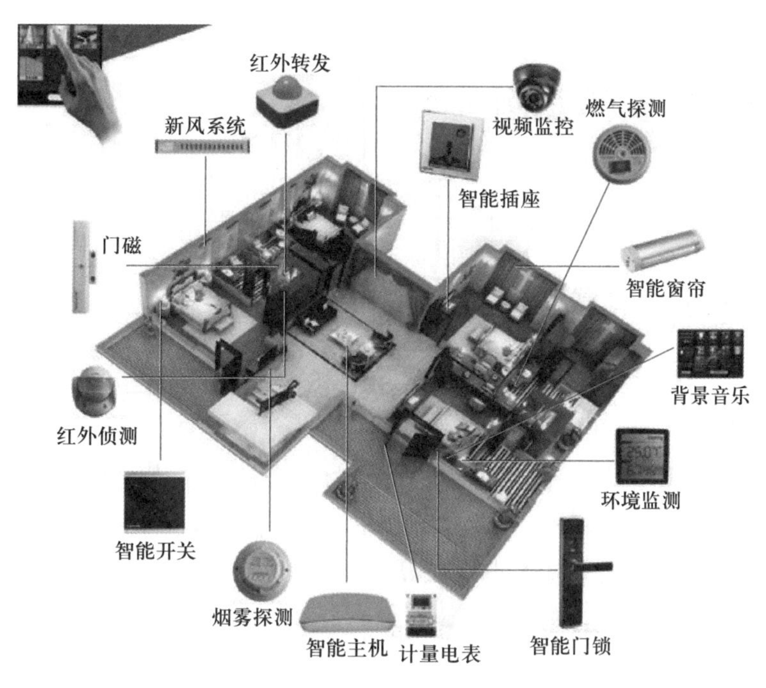

图 2-9 智能家居

作，能够对工作对象进行检测，等等。这主要是因为机器人身上安装了视觉传感器、光敏传感器、力觉传感器、触觉传感器、声学传感器等。这些传感器可以协调工作，为机器人提供详细的外界环境信息，使得机器人能够对外界环境的变化作出实时、准确、灵活的响应，如图 2-11 所示的智能机器人。

图 2-10 智慧农业

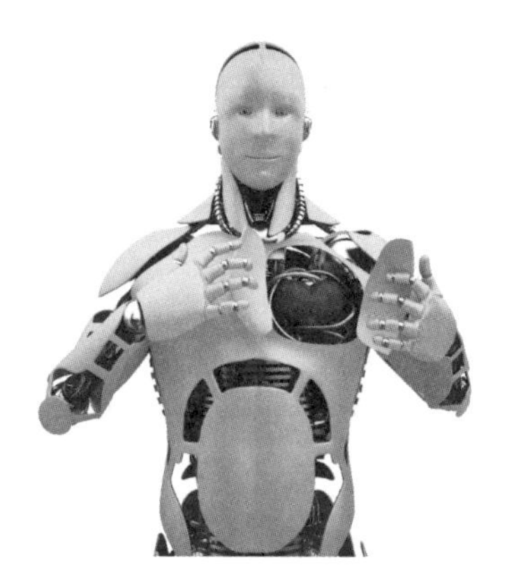

图 2-11 智能机器人

随着“工业 4.0”与“互联网+”的持续推进，要实现中国制造，加快推进新一代信息技术与制造技术的融合发展，必须依靠传感器在各个环节的数据采集，而传感器采集的大量数据使得机器学习成为可能。在未来，传感器发展的重点方向主要集中在可穿戴式应用、无人驾驶、医护与健康监测、工业控制等多个方面。

2.3 传感器的实验案例

下面通过两个模拟实验案例，讲解传感器的数据采集和数据读取的过程。

2.3.1 实验案例1：传感器数据的生成和采集

微课 2-4
传感器实验案例 1

1. 实验环境准备

本实验案例需要 Python 3. x（如 Python 3. 7. 4）编程环境及传感模拟器 SensorTraffic-Generator。SensorTrafficGenerator 是托管在 GitHub 上的开源项目，该项目可以模拟传感器采集温度、设备开关、位置、摄像头等数据信息。

【相关链接】 GitHub 是一个面向开源及私有软件项目的托管平台，因为只支持 Git 作为唯一的版本库格式进行托管，故名为 GitHub。GitHub 于 2008 年 4 月 10 日正式上线，除了 Git 代码仓库托管及基本的 Web 管理界面以外，还提供了订阅、讨论组、文本渲染、在线文件编辑器、协作图谱（报表）、代码片段分享（Gist）等功能。目前，其注册用户已经超过 350 万，托管版本数量也是非常之多，其中不乏知名开源项目 Ruby on Rails、jQuery、Python 等。

Python 3. 7. 4 及其配置环境在第 1 章已经安装成功。接下来，需要从 GitHub 平台下载 SensorTrafficGenerator 项目。

（1）在 GitHub 官网搜索相关内容，将弹出如图 2-12 所示的网站。

图 2-12 下载 SensorTrafficGenerator 的网站

（2）在图 2-12 中单击 Clone or download 按钮，弹出如图 2-13 所示的小窗口，这里选择下载 SensorTrafficGenerator 的压缩文件，单击 Download ZIP，此时弹出文件保存路径，本案例文件下载路径为 D:\sensor_lab\SensorTrafficGenerator，单击“下载”按钮后，就可以将 SensorTrafficGenerator 项目下载到本地了。

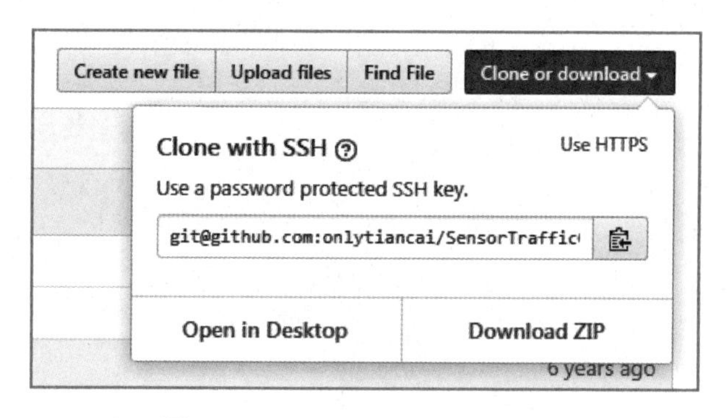

图 2-13 SensorTrafficGenerator 项目下载

2. 模拟传感器产生数据

（1）在 SensorTrafficGenerator 项目下载并解压缩后，在 PyCharm 中就已经建立了工程 SensorTrafficGenerator，并且在工程中生成了其主文件 sensor. py，其程序已经编写完成，直接使用即可。先来学习一下利用 SensorTrafficGenerator 生成传感器温度、位置等数据的语法结构，具体的语法格式如下：

```
python sensor. py <sensor_type> <ip> <port> <id>
```

- sensor_type：传感器类型，目前支持的传感器包括 temp（温度）、device（设备开关）、camera（摄像头）、GPS 等。
- ip：数据发送的目标 IP 地址。
- port：数据发送的主机目标端口。
- id：传感器编号。

（2）打开命令符提示窗口，通过命令行进入 SensorTrafficGenerator 所在的目录，前面把 SensorTrafficGenerator 下载到 D:\sensor_lab\SensorTrafficGenerator 路径下，所以对应的命令为：

```
D:
cd D:\sensor_lab\SensorTrafficGenerator
```

如图 2-14 所示，此时已经进入 SensorTrafficGenerator 所在的路径。这里注意，要根据 SensorTrafficGenerato 所在的实际安装路径来进行路径的选择。

（3）采用 Python 命令生成模拟的温度数据、设备开关状态数据、GPS 地理位置信息、摄像头等数据（这些都是模拟数据，可以是任何环境的温度，如可以是锅炉的温度也可以是室内的温度。设备开关数据，可表示某个灯是打开还是关闭状态，某个机器是运行还是

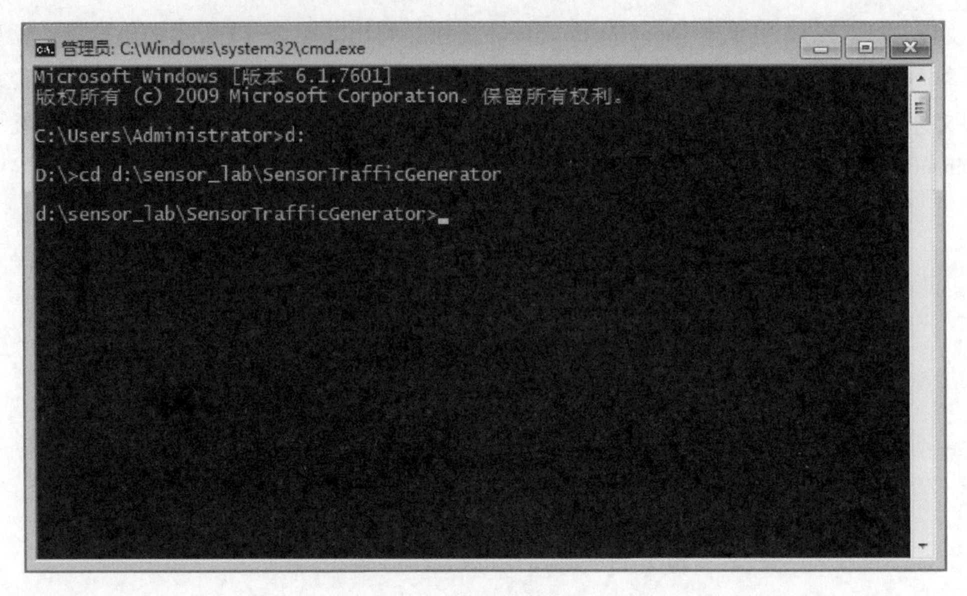

图 2-14　进入 SensorTrafficGenerator 所在的路径

停止状态。GPS 信息可表示为机器人所处的位置。摄像头数据可以表示为通过红外探头发现某个异常后用摄像头采集到的数据等)。

下面，生成模拟的随机温度数据命令为：

```
python sensor. py temp localhost 5003 1
```

在命令符提示窗口中输入以上命令，如图 2-15 所示，表示把生产的随机温度数据在本机的 5003 端口输出。

图 2-15　生成模拟的随机温度数据命令

重新启动一个命令符提示窗口，在 SensorTrafficGenerator 项目路径下，键入如下代码，此时可生成设备开关数据，此数据也从本机的 5003 端口输出。

```
python sensor. py device localhost 5003 1
```

再次启动一个命令符提示窗口，在 SensorTrafficGenerator 项目路径下，键入如下代码可生成 GPS 数据。

```
python sensor. py gps localhost 5003 1
```

同样，再次启动一个命令符提示窗口，在 SensorTrafficGenerator 项目路径下，键入如下代码可生成摄像头数据。

```
python sensor. py camera localhost 5003 1
```

执行完以上所有代码后，SensorTrafficGenerator 会向本机的 5003 端口先后发送模拟的传感器数据，包括温度、设备开关、GPS、摄像头等数据。

3. 读取传感器数据

下面通过编写 Python 代码来读取 5003 端口数据，在 PyCharm 中创建 Python 文件 receive. py，其所在的路径为 D:\sensor_lab\SensorTrafficGenerator。

（1）新建 Python 文件 receive. py。进入 Project 工程窗口后，单击 SensorTrafficGenerator 工程，弹出操作菜单。如图 2-16 所示，移动鼠标到 New，出现下级菜单，单击 Python Flie 选项，弹出 New Python File 对话框，自定义输入 Python 文件名字“receive. py”，单击 OK 按钮，完成 Python 文件的创建。

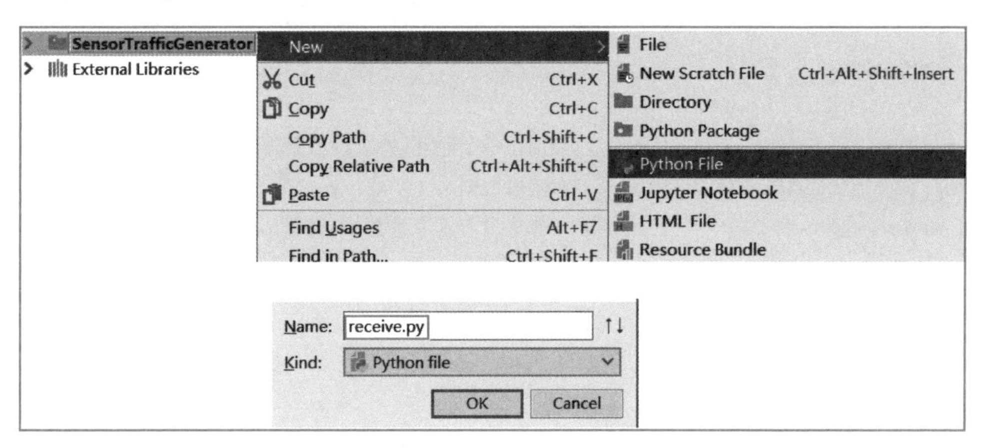

图 2-16 新建 Python 文件

（2）为 receive. py 文件编写程序代码。编写 receive. py 程序代码的目的是用来从 5003 端口上接收传感器发送的数据的，如图 2-17 所示。

receive. py 程序代码以及讲解如下：

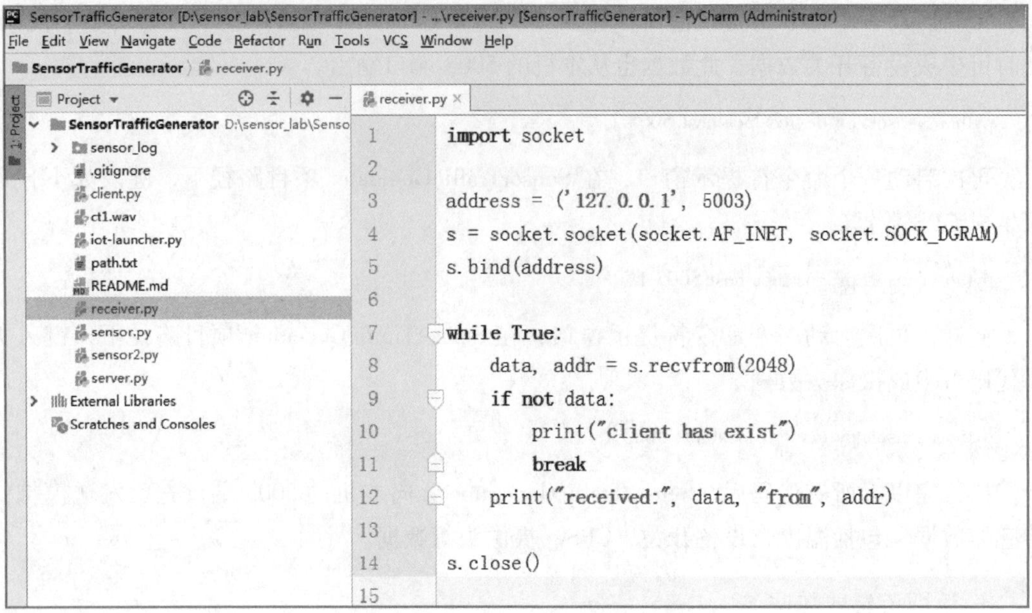

图 2-17 编写 receive. py 程序代码

```
#导入 socket 包
import socket

#创建一个 UDP Socket 连接,并绑定监听 127.0.0.1 的 5003 端口
address = ('127.0.0.1', 5003)
s = socket.socket(socket.AF_INET, socket.SOCK_DGRAM)
s.bind(address)

while True:                              #创建一个循环,持续读取数据
data, addr = s.recvfrom(2048)            #读取数据
if not data:                             #如果没有读取到数据,则退出
    print("client has exist")
    break
print("received:", data, "from", addr)
s.close()                                #关闭连接
```

（3）程序代码编写成功后，再次打开一个命令符提示窗口，进入到 D:\sensor_lab\SensorTrafficGenerator 目录，输入如下指令，执行 receive. py 程序，并查看其执行结果。

```
python receiver.py
```

此时，可以看到已经显示出来收到了传感器数据，如图 2-18 所示。

数据输出完成后可以同时按住 Ctrl+C 组合键，结束接收程序。

```
管理员: C:\Windows\system32\cmd.exe
D:\sensor_lab\SensorTrafficGenerator>python receiver.py
received: b"{'dev_id': 'temp_1', 'ts': '1566989636.36511', 'seq_no': '855', 'dat
a_size': '6', 'sensor_data': '31.1 C'}" from ('127.0.0.1', 58623)
received: b"{'dev_id': 'camera_1', 'ts': '1566989637.61718', 'seq_no': '873', 'd
ata_size': '9', 'sensor_data': 'NO_MOTION'}" from ('127.0.0.1', 58624)
received: b"{'dev_id': 'temp_1', 'ts': '1566989637.83019', 'seq_no': '856', 'dat
a_size': '6', 'sensor_data': '22.9 C'}" from ('127.0.0.1', 58625)
received: b"{'dev_id': 'temp_1', 'ts': '1566989638.98826', 'seq_no': '857', 'dat
a_size': '6', 'sensor_data': '14.9 C'}" from ('127.0.0.1', 58626)
received: b"{'dev_id': 'device_1', 'ts': '1566989639.17727', 'seq_no': '181', 'd
ata_size': '3', 'sensor_data': 'OFF'}" from ('127.0.0.1', 58627)
received: b"{'dev_id': 'temp_1', 'ts': '1566989640.17332', 'seq_no': '858', 'dat
a_size': '6', 'sensor_data': '22.3 C'}" from ('127.0.0.1', 58628)
received: b"{'dev_id': 'temp_1', 'ts': '1566989641.28139', 'seq_no': '859', 'dat
a_size': '6', 'sensor_data': '22.9 C'}" from ('127.0.0.1', 58629)
received: b"{'dev_id': 'device_1', 'ts': '1566989641.4224', 'seq_no': '182', 'da
ta_size': '3', 'sensor_data': 'OFF'}" from ('127.0.0.1', 58630)
received: b"{'dev_id': 'gps_1', 'ts': '1566989641.80142', 'seq_no': '46', 'data_
size': '22', 'sensor_data': '[60.182689, 24.795778]'}" from ('127.0.0.1', 58631)

received: b"{'dev_id': 'temp_1', 'ts': '1566989642.29345', 'seq_no': '860', 'dat
a_size': '6', 'sensor_data': '17.5 C'}" from ('127.0.0.1', 58632)
received: b"{'dev_id': 'device_1', 'ts': '1566989643.1525', 'seq_no': '183', 'da
ta_size': '2', 'sensor_data': 'ON'}" from ('127.0.0.1', 58633)
```

图 2-18 显示传感器数据

2.3.2 实验案例 2：读取 MQTT Broker 中的传感器数据

微课 2-5
传感器实验案例 2

MQTT（Message Queuing Telemetry Transport，消息队列遥测传输）是由 IBM 公司发布的一种基于发布/订阅范式的“轻量级”消息协议，是物联网的一个标准传输协议。该协议支持所有平台，目前很多公有云平台都已经对 MQTT 协议有了很好的支持，如阿里的 LMQ、腾讯的 IoT-MQ 等。MQTT Broker 是 MQTT 协议的代理，相当于一个消息队列，各种传感器都可以在上面进行数据的发布，供上层应用进行订阅消费。

Mosquitto 是一款实现了消息推送协议 MQTT 的开源消息代理软件，提供轻量级的、支持可发布/可订阅的消息推送模式，使设备与设备之间的短消息通信变得简单。例如现在应用广泛的低功耗传感器、手机、嵌入式计算机、微型控制器等移动设备之间传输的消息。

Mosquitto 用 C 语言实现了 MQTT 协议的 Broker，本实验案例就是通过 Mosquitto 来发布订阅传感器的数据。

1. 实验环境准备

在实验案例 1 的基础之上，下载并安装 Mosquitto 软件。首先打开如图 2-19 所示的 Mosquitto 官网页面。

根据计算机的操作系统情况，选择合适的平台版本进行下载，本实验平台环境为 64 位的 Windows，故选择图 2-19 中框中的版本，进行 Mosquitto 的保存和下载，双击 64 位的

Windows 后，按照向导提示进行安装即可。完成安装后，需要启动 Mosquitto Broker 服务，具体步骤如下。

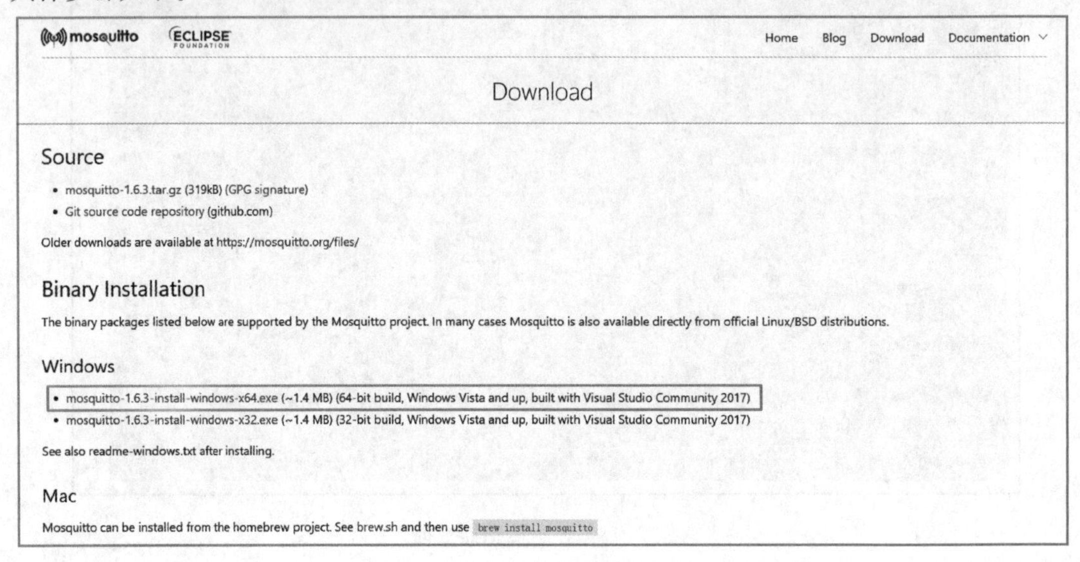

图 2-19　下载安装 Mosquitto 网站

（1）右击桌面中的“我的电脑”图标，在弹出的快捷菜单中单击“管理”命令，如图 2-20 所示。此时，将弹出“计算机管理”窗口，如图 2-21 所示。

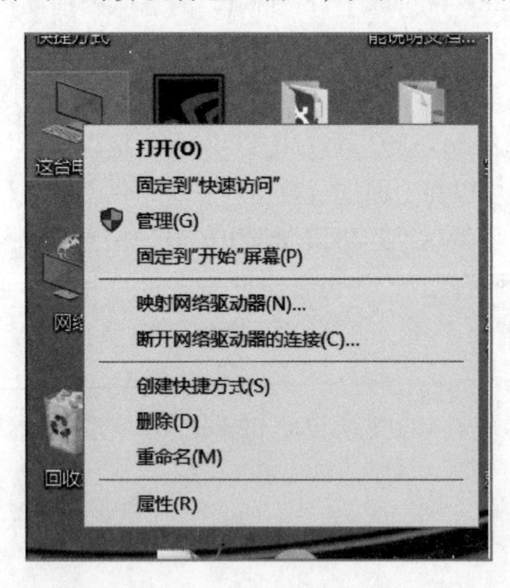

图 2-20　打开“计算机管理”窗口操作

（2）单击图 2-21 中左侧树结构中的“服务”选项，将在右侧的服务列表中列出所有的“服务”，找到 Mosquitto Broker 服务，如图 2-22 所示。双击此服务，将弹出如图 2-23 所示的“Mosquitto Broker 的属性”对话框，单击“启动”按钮，即可完成 Mosquitto Broker 服务的启动。

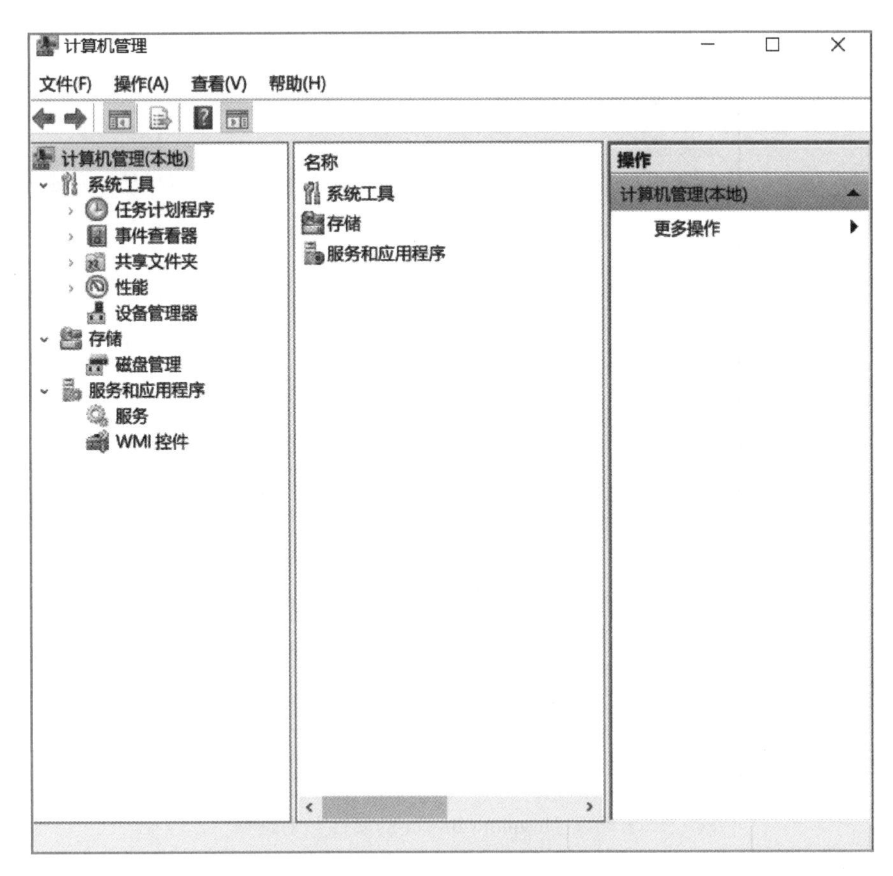

图 2-21 “计算机管理”窗口

)(H)

服务

Mosquitto Broker

启动此服务

描述:
MQTT v3.1.1 broker

名称	描述	状态	启动类型	登录为
MessagingService_ebeb625	支持短信及相关功能的服务。		手动(触发...	本地系统
MessagingService_ecf8c81	支持短信及相关功能的服务。		手动(触发...	本地系统
Microsoft (R) 诊断中心标准收...	诊断中心标准收集器服务。运行时，...		手动	本地系统
Microsoft Account Sign-in As...	支持用户通过 Microsoft 帐户标识服...	正在...	手动(触发...	本地系统
Microsoft iSCSI Initiator Service	管理从这台计算机到远程 iSCSI 目标...		手动	本地系统
Microsoft Passport	为用于对用户关联的标识提供者进行...		手动(触发...	本地系统
Microsoft Passport Container	管理用于针对标识提供者及 TPM 虚...		手动(触发...	本地服务
Microsoft Software Shadow C...	管理卷影复制服务制作的基于软件的...		手动	本地系统
Microsoft Storage Spaces SMP	Microsoft 存储空间管理提供程序的...		手动	网络服务
Microsoft Store 安装服务	为 Microsoft Store 提供基础结构支...		手动	本地系统
Microsoft Windows SMS 路由...	根据规则将消息路由到相应客户端。		手动(触发...	本地服务
Mosquitto Broker	MQTT v3.1.1 broker		自动	本地系统
MySQL		正在...	自动	本地系统
Net.Tcp Port Sharing Service	提供通过 net.tcp 协议共享 TCP 端口...		禁用	本地服务
Netlogon	为用户和服务身份验证维护此计算机...		手动	本地系统
Network Connected Devices ...	网络连接设备自动安装服务会监视和...	正在...	手动(触发...	本地服务
Network Connection Broker	允许 Windows 应用商店应用从 Inter...	正在...	手动(触发...	本地系统
Network Connections	管理“网络和拨号连接”文件夹中对象...		手动	本地系统

图 2-22 “服务”管理窗口中的 Mosquitto Broker 服务

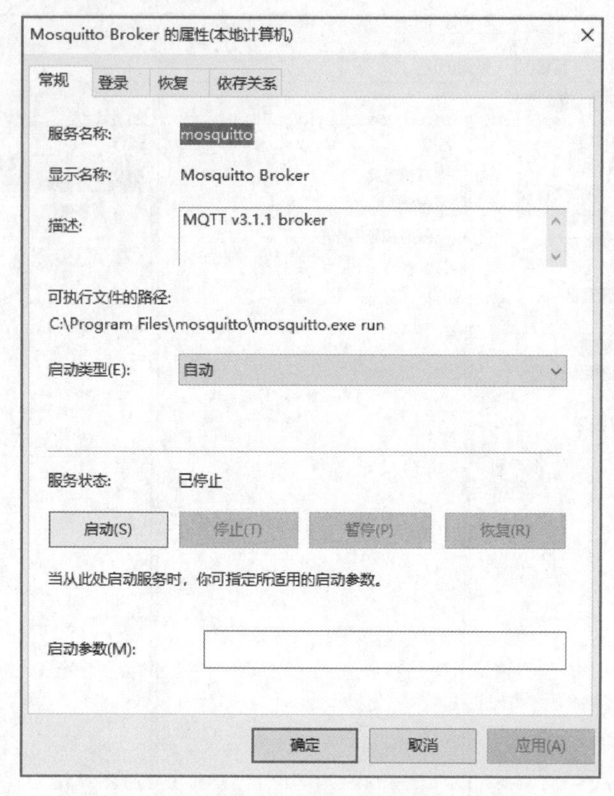

图 2-23 “Mosquitto Broker 的属性”对话框

（3）Mosquitto Broker 服务启动后，会监听本机的 1883 端口。打开命令符提示窗口，使用 netstat 命令查看本机端口的状况，输入“netstat -a”，这里参数-a 是 all 的意思，表示查看本机端口，并且把端口信息全部列出来。图 2-24 所示为查看本机端口情况。

```
C:\Users\Gjl>netstat -a

活动连接

  协议  本地地址              外部地址              状态
  TCP    0.0.0.0:135            LAPTOP-LNBKMO60:0      LISTENING
  TCP    0.0.0.0:445            LAPTOP-LNBKMO60:0      LISTENING
  TCP    0.0.0.0:902            LAPTOP-LNBKMO60:0      LISTENING
  TCP    0.0.0.0:912            LAPTOP-LNBKMO60:0      LISTENING
  TCP    0.0.0.0:1536           LAPTOP-LNBKMO60:0      LISTENING
  TCP    0.0.0.0:1537           LAPTOP-LNBKMO60:0      LISTENING
  TCP    0.0.0.0:1538           LAPTOP-LNBKMO60:0      LISTENING
  TCP    0.0.0.0:1539           LAPTOP-LNBKMO60:0      LISTENING
  TCP    0.0.0.0:1540           LAPTOP-LNBKMO60:0      LISTENING
  TCP    0.0.0.0:1549           LAPTOP-LNBKMO60:0      LISTENING
  TCP    0.0.0.0:1883           LAPTOP-LNBKMO60:0      LISTENING
  TCP    0.0.0.0:3306           LAPTOP-LNBKMO60:0      LISTENING
  TCP    0.0.0.0:5040           LAPTOP-LNBKMO60:0      LISTENING
  TCP    0.0.0.0:7680           LAPTOP-LNBKMO60:0      LISTENING
  TCP    127.0.0.1:1337         LAPTOP-LNBKMO60:0      LISTENING
  TCP    127.0.0.1:1414         LAPTOP-LNBKMO60:0      LISTENING
  TCP    127.0.0.1:1460         LAPTOP-LNBKMO60:1461   ESTABLISHED
  TCP    127.0.0.1:1461         LAPTOP-LNBKMO60:1460   ESTABLISHED
  TCP    127.0.0.1:4300         LAPTOP-LNBKMO60:0      LISTENING
  TCP    127.0.0.1:4301         LAPTOP-LNBKMO60:0      LISTENING
  TCP    127.0.0.1:10000        LAPTOP-LNBKMO60:0      LISTENING
  TCP    127.0.0.1:28317        LAPTOP-LNBKMO60:0      LISTENING
  TCP    192.168.1.24:139       LAPTOP-LNBKMO60:0      LISTENING
  TCP    192.168.1.24:3175      TECHACTION:microsoft-ds  ESTABLISHED
  TCP    192.168.1.24:7861      203.119.204.187:https  ESTABLISHED
```

图 2-24 查看本机端口情况

此时，可以查看到1883端口已经处于开放且被监听状态，说明Mosquitto Broker服务已经正常启动。

2. 向MQTT Broker发送传感器数据

MQTT是ISO标准（ISO/IEC PRF 20922）下基于发布/订阅范式的消息协议。它工作在TCP/IP协议族上，是为硬件性能低下的远程设备以及网络状况糟糕的情况下而设计的发布/订阅型消息协议。为此，它需要一个消息中间件，也就是数据中转站。MQTT Broker在本次案例中就相当于MQTT的数据中转站。

SensorTrafficGenerator启动后，默认情况下只向UDP端口发送数据。平台工程师在此基础上已经使用Python语言编写了sensor2.py程序代码，使模拟器可以向MQTT Broker发送数据。接下来，通过以下操作来实现SensorTrafficGenerator向MQTT Broker发送传感器数据，具体操作步骤如下。

（1）在Python下要使用MQTT协议，就要用到paho-mqtt模块工具包，因此需要把paho-mqtt工具包引入到Python中。可以在命令行里采用pip命令进行安装。pip是Python自带的模块工具包安装命令，具体命令为：

```
pip install paho-mqtt
```

（2）启动模拟器生成传感器数据。在命令符提示窗口下执行如下命令：

```
python sensor2.py temp localhost 5003 1
```

生成模拟的随机温度数据，并发送给MQTT Broker，如图2-25所示。

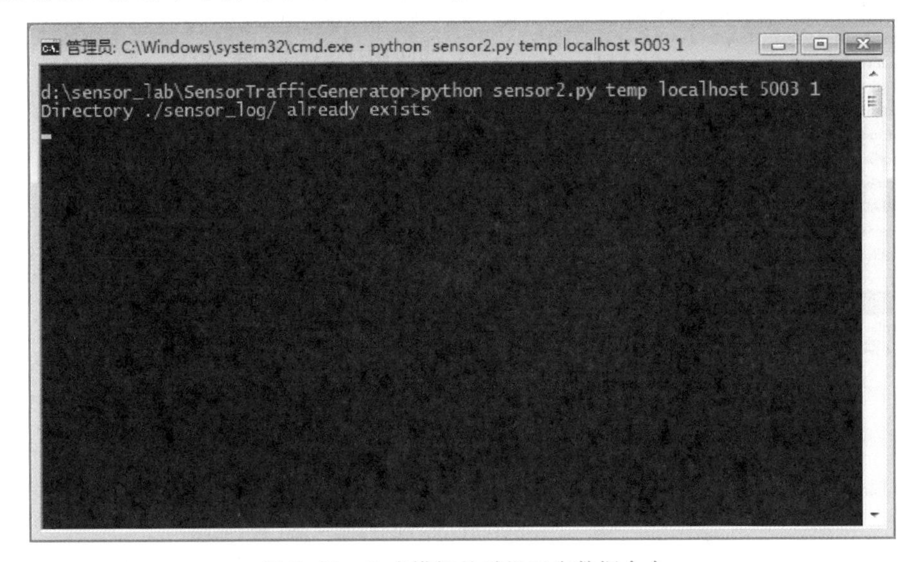

图2-25 生成模拟的随机温度数据命令

重新启动一个命令符提示窗口，在SensorTrafficGenerator项目路径下，输入如下代码可生成设备开关数据。

```
python sensor2. py device localhost 5003 1
```

再次启动一个命令符提示窗口，在 SensorTrafficGenerator 项目路径下，输入如下代码可生成 GPS 数据。

```
python sensor2. py gps localhost 5003 1
```

再次启动一个命令符提示窗口，在 SensorTrafficGenerator 项目路径下，输入如下代码可生成摄像头数据。

```
python sensor2. py camera localhost 5003 1
```

执行完以上所有代码后，SensorTrafficGenerator 除了会向本机的 5003 端口发送模拟的传感器数据外，还会向本机的 MQTT Broker 发送传感器数据，包括温度、设备开关、GPS、摄像头数据等。

3. 从 MQTT Broker 读取数据

MQTT Broker 此时就相当于一个数据中转站，所有传感器都会向 MQTT Broker 发布数据，接下来，需要写一个 Python 程序代码从 MQTT Broker 中读取数据，然后显示出来。

在 PyCharm 工程 SensorTrafficGenerator 中新建 Python 程序文件 server. py，通过 server. py 程序实现从 MQTT Broker 中读取数据并显示出来，如图 2-26 所示。

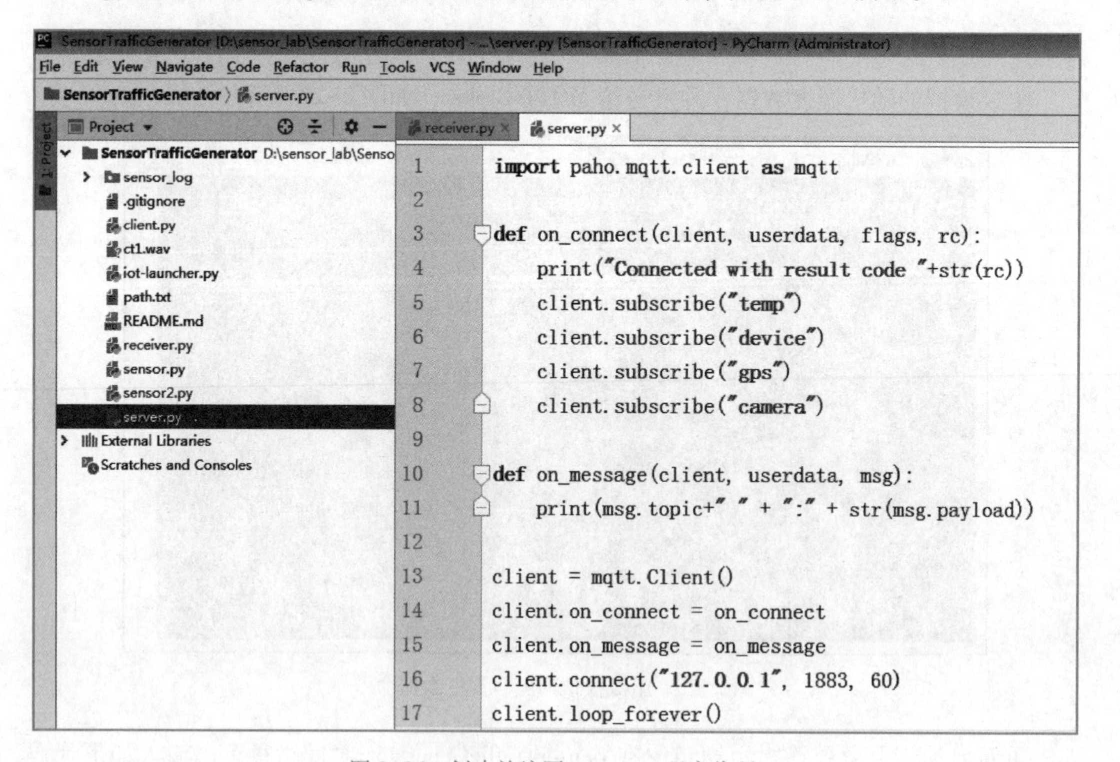

图 2-26 创建并编写 server. py 程序代码

server. py 具体代码如下：

```
#导入 paho. mqtt 工具包
import paho. mqtt. client as mqtt
#定义 on_connect 函数,用以在成功连接到 Broker 时回调温度,设备,GPS 和摄像头等数据
def on_connect(client, userdata, flags, rc):
    print("Connected with result code "+str(rc))
    client. subscribe("temp")
    client. subscribe("device")
    client. subscribe("gps")
    client. subscribe("camera")
#定义 on_message 函数,用以在读取到传感器数据信息时,打印出来
def on_message(client, userdata, msg):
    print(msg. topic+" " + ":" + str(msg. payload))
    client = mqtt. Client()                  #创建一个 mqtt 客户端
    client. on_connect = on_connect          #挂载连接成功的回调函数
    client. on_message = on_message          #挂载接收数据成功的回调函数

client. connect("127. 0. 0. 1", 1883, 60)   #连接服务端,连接到 Broker,也就是本机的 1883 端口
client. loop_forever()                      #启动事件循环,让程序持续运行,防止退出
```

4. 运行 server. py 程序代码，读取 MQTT Broker 中的传感器数据

在命令提示符窗口中，执行如下命令：

```
python server. py
```

此时，可以看到从 MQTT Broker 中读取到了传感器的数据，如图 2-27 所示。

图 2-27　从 MQTT Broker 中读取到了传感器的数据

课后思考题

1. 什么是传感器？传感器的主要作用是什么？
2. 请画出传感器工作的原理框图，并简述传感器的工作原理。
3. 传感器有哪些分类？

第3章 机器学习

—— 让人工智能学会思考

学习目标

- 理解什么是机器学习。
- 掌握机器学习的模型分类。
- 理解机器学习的方法。
- 通过机器学习案例掌握机器学习的过程。

在一个炎热的夏季傍晚，你来到一个水果摊旁，挑了一个敲起来声音浊响、根蒂蜷缩的青绿西瓜，满心期待着打开后看到皮薄肉厚瓤甜的情景。

仔细分析上面这一段话，会发现这里涉及基于经验作出的预判，为什么声音浊响、根蒂蜷缩、色泽青绿的西瓜就是好瓜呢，因为我们吃过、看过很多西瓜，能够基于声音、根蒂、色泽这几个特征就能够作出西瓜好坏的判断；也可以看出，我们作出的有效判断是基于已经积累的很多经验，并且通过对经验的利用，对新情况也可以作出有效的判断。

上面所述对经验的利用是人类的一种思维方式。那么，人工智能体是否能够像人类一样从经验中不断学习，并利用学习的结果，对新情况作出有效的判断，具有和人类相似的思维和思考能力？答案是肯定的，比如苹果手机的 Siri（苹果智能语言助手）、人工智能围棋程序（AlphaGo）、人工智能助手小度等智能体具有和人类一样的思考能力。那么，智能体是如何具备这些思考能力的呢？

3.1 何谓机器学习 

微课 3-1
什么是机器学习（1）

3.1.1 机器学习的基本概念

机器学习（machine learning）就是专门研究计算机怎样模拟或实现人类的学习行为，以获取新的知识或技能，重新组织已有的知识结构，使之不断改善自身的性能的学科。它是人工智能的核心，是使计算机具有智能的根本途径，其应用已遍及人工智能的各个分支，如自然语言处理、模式识别、机器视觉、智能机器人等领域。

机器学习是通过计算机算法，发现和学习历史数据中蕴含的规律，并产生模型，当有新的数据时，可以使用产生的模型进行预测。

机器学习使用的数据是由特征（feature）、特征值和标签（label）组成的。

- 特征。反应事物或对象在某方面的表现或性质的事项。例如，反应西瓜的特征有色泽、瓜蒂、敲声；反应天气的特征有湿度、风向、风速、气压等。特征的选取对正确模型的产生起重要作用，特征的质量决定了模型的效果。
- 特征值。表示特征的取值，例如西瓜的色泽特征的特征值有青绿、乌黑等。
- 标签。表示预测的结果，例如瓜有好瓜或坏瓜等。

机器学习的过程可以分为两个阶段：训练阶段和预测阶段，如图 3-1 所示。

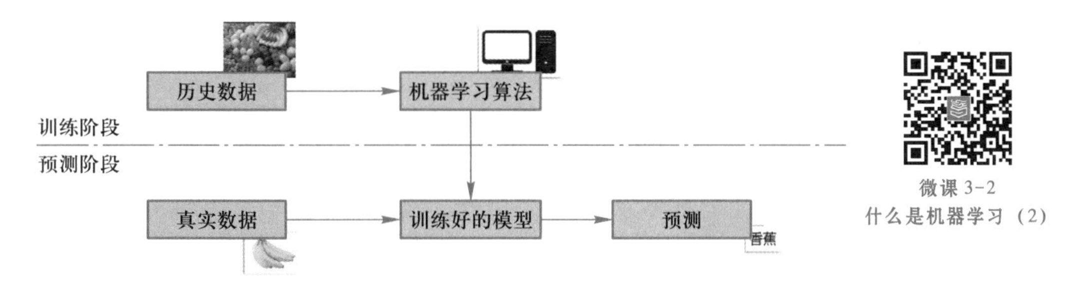

微课 3-2
什么是机器学习（2）

图 3-1 机器学习的两个阶段

训练阶段是使用过去积累的历史数据，可能是文本、数据库或图片、音频等，进行特征提取和选择，产生特征数据与标签（预测结果），经过机器学习算法的训练后产生模型。机器学习算法能够不断地对模型进行评估，评估的性能如果达到要求，就用该模型来预测其他新的数据；如果达不到要求，就要调整算法来重新建立模型，再次进行评估。如此循环往复，最终获得满意的模型来处理其他新的数据。

预测阶段是用新的测试数据，经过特征提取产生特征数据，使用训练完成后的模型进行预测，最后产生预测结果。

在训练过程中使用的每一个样本称为一个训练样本。训练样本组成的集合称为训练数据集。计算机从训练数据集中学得模型的过程称为“学习”或“训练”，这个过程需要执行某个学习算法来完成，学习后得到的模型称为学习模型，该模型对应了关于数据集潜在的规律。

3.1.2 学习模型

微课 3-3
学习模型的分类

机器学习常见的学习模型主要有分类模型、回归模型和聚类模型等，每种模型的建立有不同的学习算法。

1. 分类模型

在分类模型中，人们期望根据事物的一组特征来预测事物的类别，预测的结果是一组离散值。例如，预测互联网用户对在线广告的点击概率问题，预测结果为点击或不点击两种情况；对垃圾邮件过滤器问题，预测结果为垃圾邮件或非垃圾邮件两种类别，称预测结果有两种类别的分类为二分类；对预测语音情感识别问题，预测结果可能为生气、开心、伤心、害怕、惊奇等多种情感类别，称预测结果有多种类别的分类为多分类。

垃圾邮件分类过滤器根据用户标记为垃圾邮件的电子邮件，并将它们与新邮件进行比较，如果它们匹配高于一定的百分比，这些新邮件将被标记为垃圾邮件并发送到垃圾箱中或者直接删除，那些比较不相似的电子邮件被归类为正常邮件并发送到你的邮箱。

在 QQ 邮箱中，通过设置垃圾邮件地址的黑名单和设置域名黑名单，并设置垃圾邮件的处理方式“接收”或“拒绝”，可以对垃圾邮件进行过滤。图 3-2 和图 3-3 所示为对 QQ 邮箱垃圾邮件的设置。

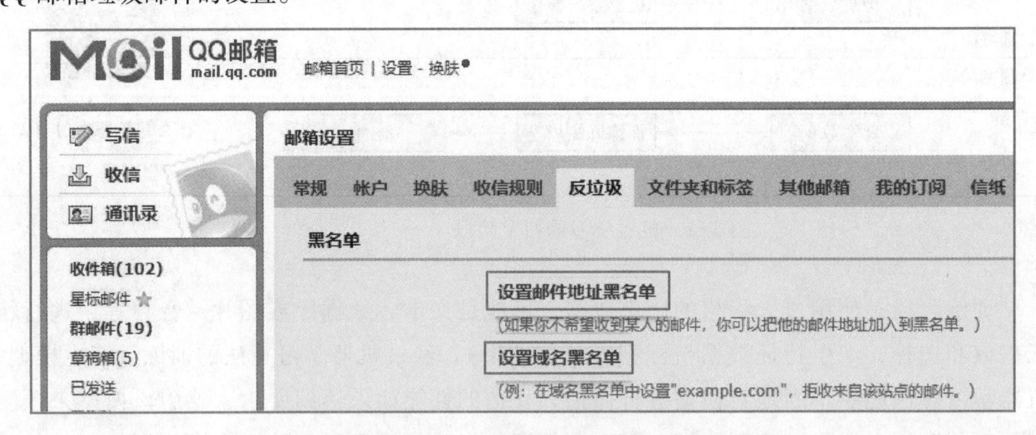

图 3-2 QQ 邮箱垃圾邮件设置

语音情感识别系统是通过分析一帧一帧的语音信号，从中提取韵律学相关特征、声音质量相关特征和基于谱的相关特征，并以全局特征统计值方法进行情感分类。图 3-4 所示为小影机器人进行情感识别的结果。

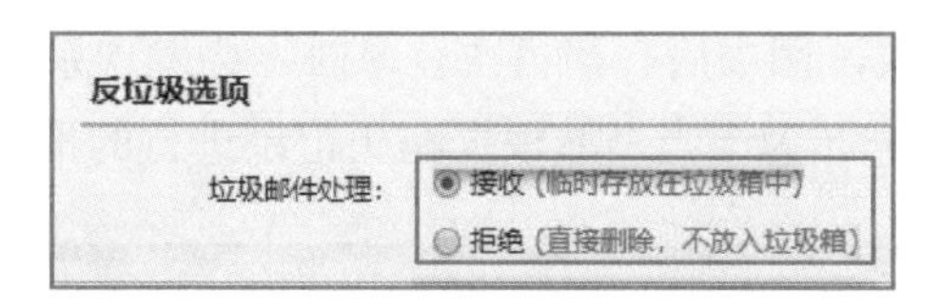

图 3-3 垃圾邮件的处理方式设置

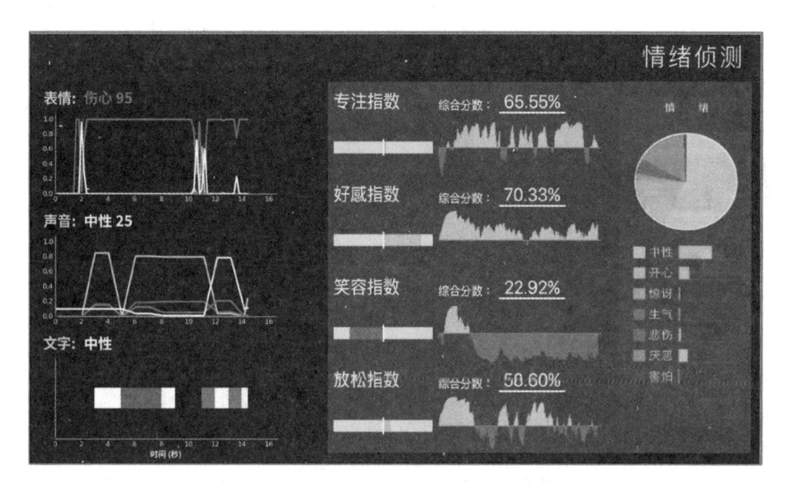

图 3-4 小影机器人进行情感识别结果

2. 回归模型

回归模型研究的是自变量（特征）和因变量（预测结果）之间的一种数量变化关系。回归模型分线性模型和非线性模型，线性模型分一元线性模型和多元线性模型。例如，城市房价预测模型就是一个多元线性模型，需要建立房价和影响房价因素之间的关系，通过对大量的售房数据进行特征提取和选择，得到影响商品房平均售价的主要因素有人均收入（x_1）、人均储蓄（x_2）、房屋造价（x_3）、人均房屋支出（x_4），建立它们之间的线性相关关系，即多元线性回归模型：

$$y=a_1x_1+a_2x_2+a_3x_3+a_4x_4+\varepsilon_1$$

再通过计算机算法分析出各个因素的影响因子（a_1,a_2,a_3,a_4）以及 ε_1 值，得到房价的预测模型，用来预测房地产价格未来走势，从而对房地产行业的发展提出有针对性的合理建议。

3. 聚类模型

聚类模型是将数据分成几个相异性最大的群组，群组内的数据相似性最高。例如，目前航空公司已积累了大量的会员档案信息和其乘坐航班记录，根据这些数据对会员进行价值等级划分为重要保持客户、重要发展客户、重要挽留客户、一般客户以及低价值客户，然后针对不同的客户类别采取不同的营销服务手段。生活中最常见的聚类模型应用是推荐系统，例如在当当书城购买了图书后，当再次登录时，会发现系统根据之前购买的图书类型推荐了相似的图书。图 3-5 为当当书城根据购买记录进行的推荐。

图 3-5　当当书城根据购买记录进行的推荐

在图 3-5 中，“猜你喜欢”栏目是个性化推荐服务，它根据物品的相似度最高排序进行推荐，或者是根据物品相关性进行推荐。例如 A 客户购买了和 B 客户相同的商品，推荐系统会认为这两位客户具有相同爱好，会推荐 A 客户购买的其他商品给 B 客户。“推广商品”栏目为大众化推荐服务，它是将基于系统所有用户的反馈统计，计算出当下比较流行的物品推荐给客户。

3.2　机器学习的方法

微课 3-4
机器学习的方法（1）

机器学习按照学习方式通常分有监督学习、无监督学习、半监督学习、强化学习四类。在实际的应用中，有监督学习是一种非常有效的学习方式。

3.2.1　有监督学习

有监督学习（supervised learning）要求为每个样本（包括训练样本和测试样本）提供预测量的真实值，利用给定的训练数据集，通过计算机算法产生一个模型，再用此模型对测试数据集进行测试，然后将测试结果与测试样本真实结果进行比较，不断调整预测模型，直到达到一个预期的准确率。

有监督学习主要处理分类和回归问题，可用于建立分类模型和回归模型。常用的经典分类算法有 K 近邻算法、逻辑回归（logical regression）算法、决策树（decision tree）算法、支持向量机（SVM）算法、朴素贝叶斯（naive Bayes）算法。常见的回归算法有线性回归（linear regression）算法、多项式回归算法等。

1. K 近邻算法的应用

K 近邻算法，即 K-Nearest Neighbor algorithm，简称 KNN 算法，可以简单地认为是 K 个最近的邻居，当 $K=1$ 时，算法便成了最近邻算法，即寻找最近的邻居。K 近邻算法是分类算法的一种，具体思路是在给定一个训练数据集中，对一个新的输入数据，在训练数据集中找到与该数据最邻近的 K 个数据（也就是上面说的 K 个邻居），这 K 个数据中大多数都属于某个类，就把该新的输入数据分类到这个类中。

如图 3-6 所示，有两类不同的样本数据，分别用正方形和三角形表示，而图正中间的圆所标示的数据则是新的待分类的数据。如果 $K=3$，圆点的最近的 3 个邻居是 2 个三角形和 1 个正方形，基于少数从属于多数统计的方法，判定这个待分类点属于三角形一类。如果 $K=5$，圆点的最近的 5 个邻居是 2 个三角形和 3 个正方形，还是基于少数从属于多数统计的方法，判定这个待分类点属于正方形一类。

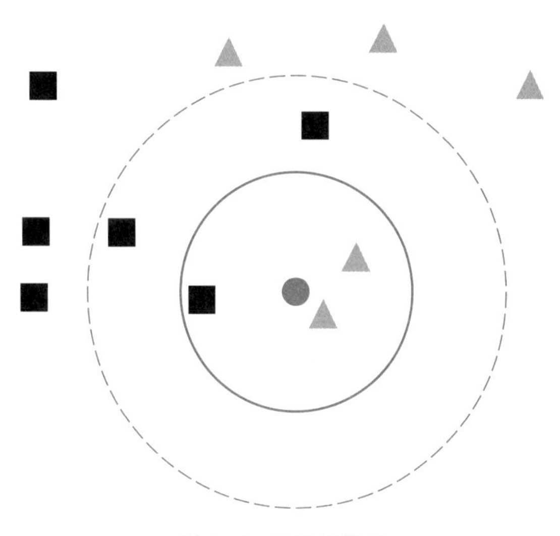

图 3-6 K 近邻模型

例如，给定一个水果的训练样本数据集，每个样本数据都有确定的水果类别：apple（苹果）、mandarin（橘子）、orange（橙子）或 lemon（柠檬），建立 KNN 模型，当有新的水果时，识别该水果的类别。样本部分数据如表 3-1 所示，样本数据中特征是 mass（质量）、width（宽度）、height（高度）和 color_score（颜色值），标签是 fruit_label（水果标签）和 fruit_name（水果名字）。

表 3-1 水果样本数据

fruit_label	fruit_name	mass	width	height	color_score
1	apple	192	8.4	7.3	0.55
1	apple	180	8	6.8	0.59
1	apple	176	7.4	7.2	0.6
2	mandarin	86	6.2	4.7	0.8
2	mandarin	84	6	4.6	0.79
2	mandarin	80	5.8	4.3	0.77
2	mandarin	80	5.9	4.3	0.81
2	mandarin	76	5.8	4	0.81
3	orange	342	9	9.4	0.75
3	orange	356	9.2	9.2	0.75
3	orange	362	9.6	9.2	0.74
4	lemon	194	7.2	10.3	0.7
4	lemon	200	7.3	10.5	0.72
4	lemon	186	7.2	9.2	0.72
4	lemon	216	7.3	10.2	0.71
4	lemon	196	7.3	9.7	0.72
4	lemon	174	7.3	10.1	0.72

当出现新数据 mass：201，width：7.4，height：8.5，color_score：0.73，识别是什么水果?

为了解决上述问题，KNN 算法实现的基本思路如下。

（1）计算所有训练样本数据跟待分类样本之间的距离。

（2）按照距离递增次序排序。

（3）选取与待分类样本距离最小的 *K* 个样本点。

（4）确定 *K* 个样本点中各类别的出现频率（每个类别的出现次数）。

（5）将出现频率最高的类别作为待分类样本的预测类别。

从上述分析中可知，KNN 算法模型有 3 个基本要素：距离度量、*K* 值的选择和分类决策规则。训练样本和待分类样本之间的距离度量最常用的是欧式距离，*K* 值取值为 1~20，分类决策规则采用多数规则，即 *K* 个样本中出现类别最多的作为待分类样本的预测类别。

2. 决策树 ID3 算法的应用

决策树由节点和边构成，用来描述分类过程的层次数据结构。根节点表示分类的开始，非叶子节点（分支节点）表示某一个特征，叶子节点表示一个预测的结果，每条边（分支）表示这个特征可能的特征值。

图 3-7 是根据天气情况判断能否打网球的决策树模型，其中 Outlook 表示天气，Humidity 表示湿度，Windy 表示风量。Outlook 为 sunny（晴天）时，还要判断湿度是 high（高）还是 normal（正常），如果湿度高，则不适合打网球（No），湿度正常适合打网球（Yes）。

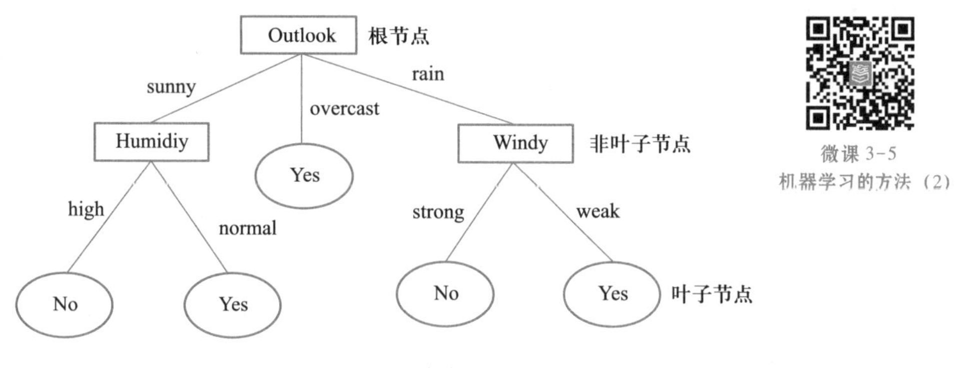

图 3-7　决策树

那么，图 3-7 的决策树模型是如何构建出来的？构建如图 3-7 所示的决策树，需要如表 3-2 所示的训练数据集，使用决策树 ID3 算法进行构建。

表 3-2　打网球的训练数据

Day	Outlook	Temp	Humidity	Windy	Play?
1	sunny	hot	high	weak	No
2	sunny	hot	high	strong	No
3	overcast	hot	high	weak	Yes
4	rain	mild	high	weak	Yes
5	rain	cool	normal	weak	Yes
6	rain	cool	normal	strong	No
7	overcast	cool	normal	strong	Yes
8	sunny	mild	high	weak	No
9	sunny	cool	normal	weak	Yes
10	rain	mild	normal	weak	Yes
11	sunny	mild	normal	strong	Yes

续表

Day	Outlook	Temp	Humidity	Windy	Play?
12	overcast	mild	high	strong	Yes
13	overcast	hot	normal	weak	Yes
14	rain	mild	high	strong	No

在表 3-2 中，根据 4 个数据特征 Outlook（天气）、Temp（温度）、Humidity（湿度）和 Windy（风）判断是否能打网球，分类结果为 Yes（能打网球）和 No（不能打网球），这是个二分类问题。

使用决策树算法的基本思路如下。

（1）特征选择。特征选择主要考虑将哪个特征作为树的根节点，哪个特征作为非叶子节点（分支节点），主要实现方法有 ID3 算法、C4. 5 算法和 CART 算法 3 种。

（2）决策树生成。在决策树各个点上按照一定方法选择特征，再按照特征值去分析对应的分支，并依次下移，直至到达某个叶子节点来递归地构建决策树。

（3）决策树剪枝。在已生成的树上剪掉一些子树或者叶子节点，简化分类树模型。

决策树 ID3 算法是一种以信息增益最大为原则进行特征选择标准的一种学习算法，其输入是一个用来描述已知类别的训练数据集，学习结果是一棵用于进行分类的决策树，当学习完成后，就可以利用这棵决策树对未知事物进行分类。

3. 线性回归算法的应用

图 3-8 中 100 个离散点数据使用线性回归算法建立回归模型为 $y=45.7x+148$，采用一次线性函数建模，模型的可视化效果如图中直线所示。

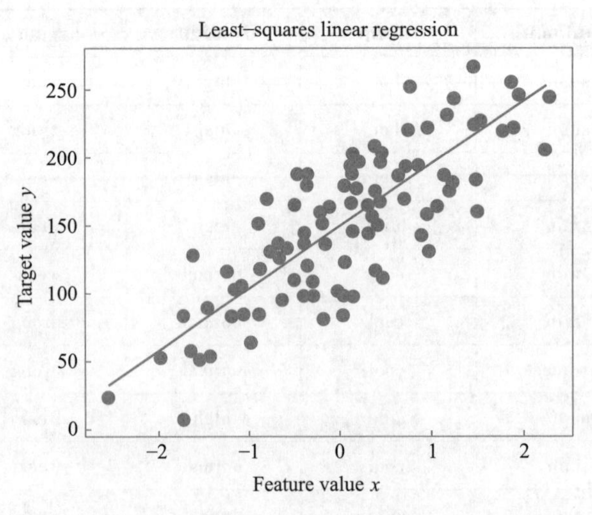

图 3-8 使用线性回归算法实现的回归模型

3.2.2 无监督学习

有监督学习要求为每个样本提供标签，这在有些应用场合是有困难的。例如在医疗诊断的应用中，如果通过有监督学习来获得诊断模型，则需要专业的医生对大量的病例及他们的医疗影像资料进行精准标注，这需要耗费大量的人力和物力。为了克服这种困难，研究者们希望可以在不提供标签值的条件下进行学习，称这样的方法为无监督学习（unsupervised learning），这种方法直接对输入数据进行建模。无监督学习比有监督学习困难得多，但是它能够帮助人们克服在很多实际应用中的获取监督数据的困难，因此它是人工智能发展的一个重要研究方向。

无监督学习主要处理聚类问题，典型的算法是 K-means 算法、PCA 算法、随机森林（random forest）、降低维度算法（dimensionality reduction algorithms）。

有监督学习和无监督学习将在神经网络一章继续学习。

3.2.3 半监督学习

半监督学习（semi-supervised learning）介于有监督学习和无监督学习之间，它要求对小部分的样本提供预测量的真实值。该方法通过有效利用所提供的小部分监督信息，往往可以取得比无监督学习更好的效果，同时把监督信息的成本控制在可以接受的范围。

3.2.4 强化学习

有监督学习需要提供大量的样本数据进行训练，这需要大量的前期工作。但在人工智能的实际应用中，人们希望在没有训练数据的情况下，计算机利用自己学习得到的策略来指导行动，这种学习方式称为“强化学习”（Reinforcement Learning，RL）。

强化学习的目标是获得一个策略去指导行动。它会从一个初始的策略开始，初始策略通常情况下不一定很理想，在学习过程中，主体（智能体）通过行动和环境进行交互来产生新的数据，不断获得反馈（奖励或者惩罚），并根据反馈调整优化策略，这是一种非常强大的学习方式。

策略可以理解为行动指南。让主体执行什么动作，在数学上可以理解为从状态到动作的映射，可分为确定性策略和随机性策略。前者是指在某特定状态下执行某个特定动作，后者是根据概率来执行某个动作。

在围棋训练中，AlphaGo 就是一个主体，其面对的棋面可以认为是目前的环境状态。AlphaGo 面对当前棋局状态，选择在哪里落子可以认为是 AlphaGo 的一个动作，落子后 AlphaGo 会得到环境返回的一个棋局的最新状态，而 AlphaGo 是否赢得比赛就是环境反馈给 AlphaGo 的回报，如图 3-9 所示。

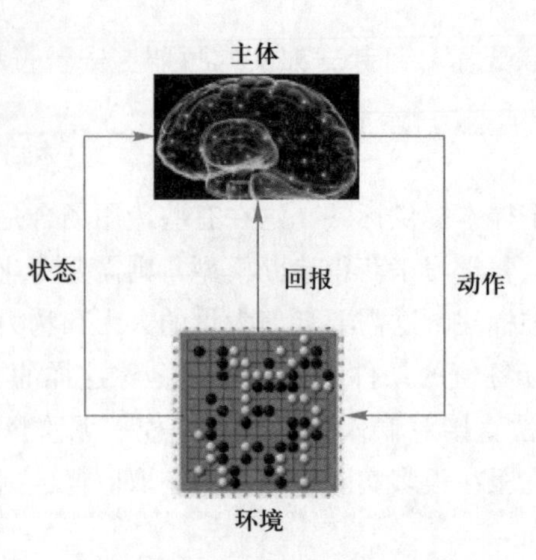

图 3-9 主体与环境的交互

前面对强化学习的概念有了基本了解，那么强化学习是怎么训练的呢？而且 AlphaGo 是怎么通过强化学习训练出一个围棋水平更强的策略呢？

AlphaGo 使用了一种名为策略梯度的强化学习技术，训练了一个围棋水平更强的策略网络，名为强化学习策略网络。这个网络使用训练好的有监督学习策略网络进行初始化，在通过不断的自我对弈，以最终胜棋为目标，迭代更新策略网络参数，从而通过改进策略来提高自己的获胜概率。每次自我对弈的双方是当前最新版本的 AlphaGo 和随机选取的一个前几次迭代过程中的 AlphaGo。每次对弈结束后，将根据当前版本的 AlphaGo 在对弈中的胜负结果生成回报，最终获胜则反馈正的回报，否则为负的回报，而网络参数将通过策略梯度技术朝着使回报最大化的方向变化。

3.3 机器学习的应用领域

机器学习与其他领域处理技术相结合，形成了计算机视觉、语音识别、自然语言处理等一系列新的应用领域。

1. 计算机视觉

计算机视觉=图像处理+机器学习。图像处理技术用于将图像处理为适合进入机器学习模型中的输入，机器学习则负责从图像中识别出相关的模式。计算机视觉相关的应用非常多，例如百度识图、手写字符识别、车牌识别等应用。这个领域应用的前景非常火热，同时也是研究的热门方向。随着机器学习的新领域深度学习的发展，大大促进了计算机图像识别的效果，因此未来计算机视觉界的发展前景不可估量。

2. 语音识别

语音识别=音频处理技术+机器学习。语音识别就是音频处理技术与机器学习的结合。

语音识别技术一般不会单独使用，通常会结合自然语言处理的相关技术。目前的相关应用有苹果的语音助手 Siri 等。

3. 自然语言处理

自然语言处理=文本处理+机器学习。自然语言处理主要是让机器理解人类语言的一门技术。在自然语言处理技术中，大量使用了编译原理的相关技术，例如词法分析、语法分析等。除此之外，在理解这个层面，则使用了语义理解、机器学习等技术。作为唯一由人类自身创造的符号，自然语言处理一直是机器学习界不断研究的方向。

自然语言处理的应用领域十分广泛。如从大量文本数据中提炼出有用信息的文本挖掘，以及利用文本挖掘对社交媒体上商品和服务的评价进行分析等。

微课 3-6
鸢尾花种类识别（1）

3.4 机器学习案例——鸢尾花种类识别

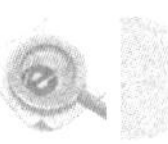

本案例中要分析的植物叫鸢尾。鸢尾原产于中国中部及日本。鸢尾的根茎可以用作诱吐剂或缓下剂，具消炎作用。鸢尾花大而美丽，叶片青翠碧绿，观赏价值很高，如图 3-10 所示。很多种类的鸢尾可供庭园观赏，在园林中可用作布置花坛，栽植于水湿畦地、池边湖畔，或布置成鸢尾专类花园，亦可作切花及地被植物，是一种重要的庭园植物。鸢尾的种类繁多，开花种类大约有 300 种。

图 3-10 三种不同种类的鸢尾花

本案例通过机器学习，进行建模来区分不同种类的鸢尾花。

1. 采用机器学习建模解决鸢尾花分类问题的流程

针对本案例鸢尾花种类识别问题，采用机器学习的一般流程是：数据获取→数据预处理→训练模型→模型评估输出预测结果 4 个步骤，如图 3-11 所示。

（1）数据获取。机器学习的第一个步骤就是获取数据。这一步非常重要，因为获取到的数据的质量和数量将直接影响机器学习模型是否能够建好，是否能够得到最终的有效预测结果。

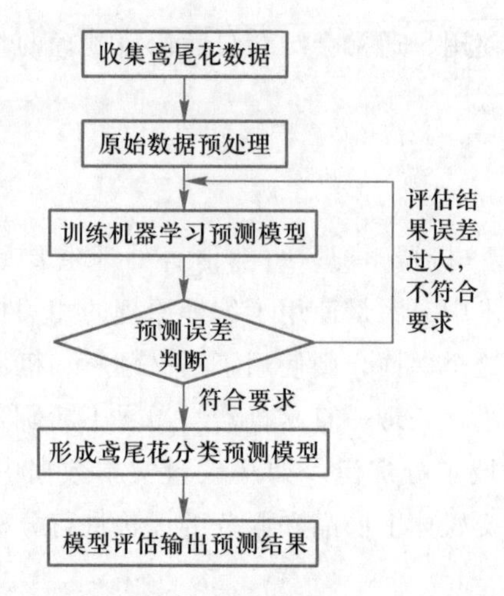

图 3-11 采用机器学习建模解决鸢尾花分类问题流程图

（2）数据预处理。为了得到更好的数据质量，获取数据后，需要对数据进行处理，包括数据去重复、标准化、错误修正等，然后保存成数据库文件或者 csv 格式文件，为下一步操作做准备。

（3）训练模型。根据数据特征选择机器学习算法建立模型。在训练模型之前，先把预处理后的数据分成两部分：一部分数据作为训练数据，用来训练机器学习模型；另一部分数据用来作为测试数据，对训练后的模型进行测试，以此来判断此机器学习模型预测的准确性。使用训练数据训练模型，直到得到最优的机器学习模型为止。

（4）模型评估输出预测结果。将测试数据集输入训练好的模型中，输出测试的结果。从各个方面进行模型的评估，包括模型的准确率、误差、时间、空间复杂度、稳定性以及迁移性等。

2. 鸢尾花案例所需数据来源

作为机器学习的案例，离不开大数据的支撑，数据是机器学习模型的原材料。在机器学习领域，有大量的公开数据集可以使用，从几百个样本到几十万个样本的数据集都有。这些高质量的公开数据集为学习和研究机器学习算法提供了极大的便利。Iris 数据集是常用的分类实验数据集，由 Fisher 在 1936 年收集整理。Iris 数据集中包含了本次案例所需要的已经完成数据预处理的鸢尾花数据集，作为一个经典数据集，其在统计学习和机器学习领域都经常被用作示例。此数据集中包含了 150 个鸢尾花数据样本，共分为 3 种不同类别的鸢尾花：山鸢尾（iris-setosa）、变色鸢尾（iris-versicolor）和弗吉尼亚鸢尾（iris-virginica），如图 3-10 所示。其中，每一个种类包含 50 个数据样本，每个数据样本又包含 4 个属性：花萼长度、花萼宽度、花瓣长度和花瓣宽度。本案例是根据每一朵鸢尾花的 4 个属性的不同值，通过机器学习，模型分析来预测和辨别每一朵鸢尾花分别属于三个种类中的哪一类。

案例中采用了 Python 第三方提供的非常强力的机器学习库 sklearn。它包含了从数据预处理到模型训练的各个方面，封装了大量的机器学习算法，在实战使用 sklearn 中可以极大地节省编写代码的时间以及减少代码量，有更多的精力去分析数据分布，调整模型和修改超参。同时，sklearn 中还包含了大量的优质数据集。其中，内置了 Iris 数据集中鸢尾花的 150 个数据样本，这样就可以在机器学习库 sklearn 中直接使用这些数据样本，减少了下载数据的工作量。sklearn 中内置的数据集如表 3-3 所示，其中鸢尾花数据集可以采用方法 load_iris( )来调用。

表 3-3 sklearn 内置数据集

	数据集名称	调用方法	适用算法	数据规模
小数据集	波士顿房价数据集	load_boston( )	回归	506×13
	鸢尾花数据集	load_iris( )	分类	150×4
	糖尿病数据集	load_siabetes( )	回归	442×10
	手写数字数据集	load_digits( )	分类	5620×64
大数据集	Olivetti 脸部图像数据集	fetch_olivetti_faces( )	降维	400×64×64
	新闻分类数据集	fetch_20newsgroups( )	分类	—
	带标签的人脸数据集	fetch_lfw_people( )	分类，降维	—
	路透社新闻语料数据集	fetch_rcv1( )	分类	804 414×47 236

3. 建立鸢尾花种类区分的机器学习模型

本案例使用 Python 语言实现编程，使用 sklearn 框架实现机器学习模型的构建训练。具体操作实现过程如下。

（1）使用 PyCharm 建立工程 iris。进入 PyCharm 后，单击如图 3-12（a）所示的 Create New Project 选项，弹出 Create Project 对话框，如图 3-12（b）所示。选择工程文件的存放位置并且输入名称，单击 Create 按钮，完成 iris 工程文件的新建。

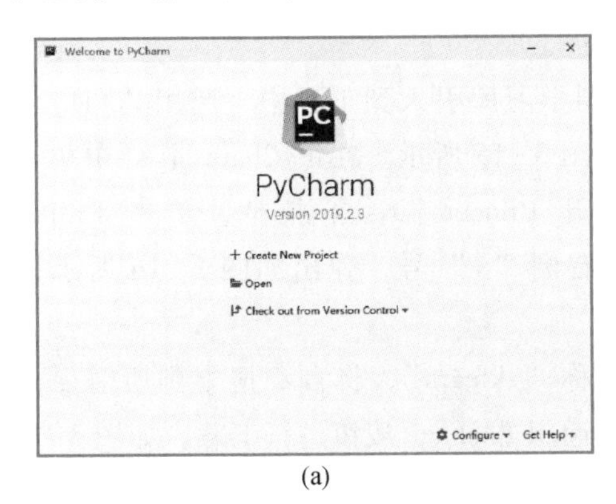

(a)

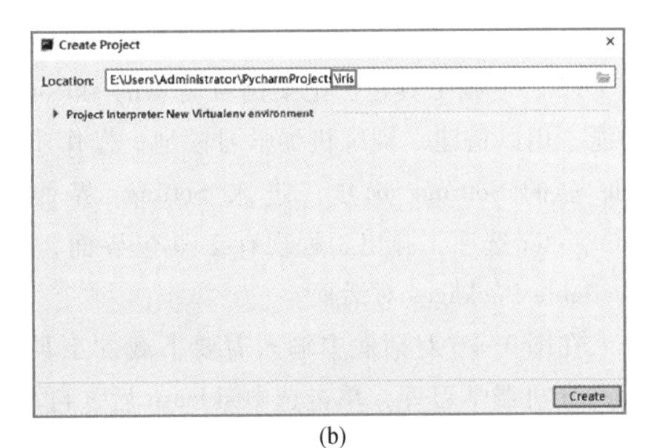

(b)

图 3-12 新建 iris 工程文件

（2）新建 Python 文件 iris-knn. py。进入 Project 工程窗口后，单击 iris 工程，弹出操作菜单，如图 3-13 所示。移动鼠标到 New，出现下级菜单，单击 Python File 选项，弹出 New Python file 对话框，自定义输入 Python 文件名字“iris-knn. py”，单击 OK 按钮，完成 Python 文件的创建。

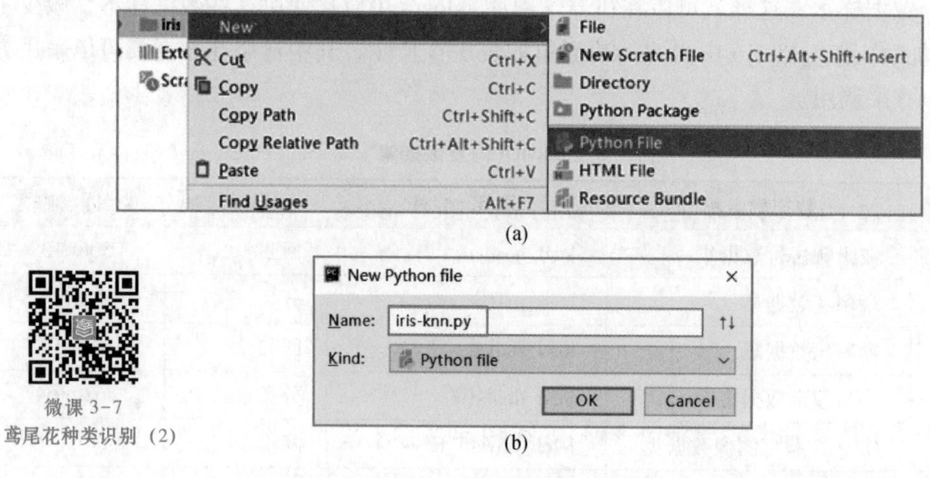

微课 3-7
鸢尾花种类识别（2）

图 3-13 新建 Python 文件

Python 文件创建成功后，将在工程文件中出现如图 3-14 所示的 iris-knn. py 文件，即表示 Python 文件创建成功。

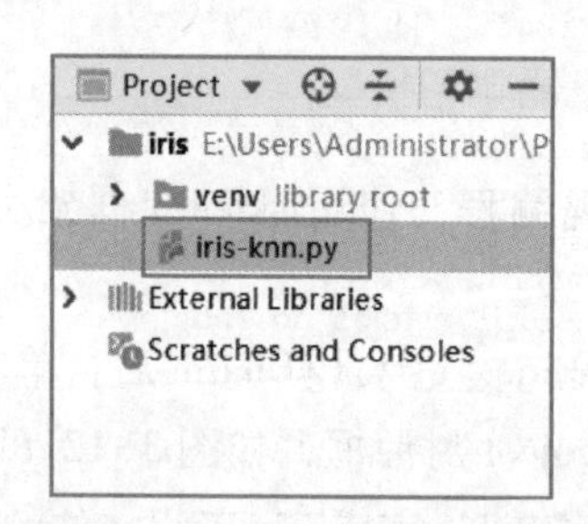

图 3-14 Python 文件创建成功

（3）下载工具包。把案例所需要的 sklearn 机器学习库引入到工程中，调用其相应的功能，用以搭建、训练机器学习模型，操作步骤如图 3-15 所示。在 PyCharm 软件中单击 File 中的 Settings 选项，进入 Settings 界面，打开 Project：iris 下拉框，单击 Project Interpreter 选项，弹出工程现有工具包界面，单击右侧“+”号，弹出如图 3-16 所示的 Available Packages 对话框。

在图 3-16 对话框中输入需要下载的工具包名称“sklearn”，将自动搜索到所需要的 sklearn 机器学习库，单击选中 sklearn 后，再单击 Install Package 按钮进行下载，如图 3-17 所示。

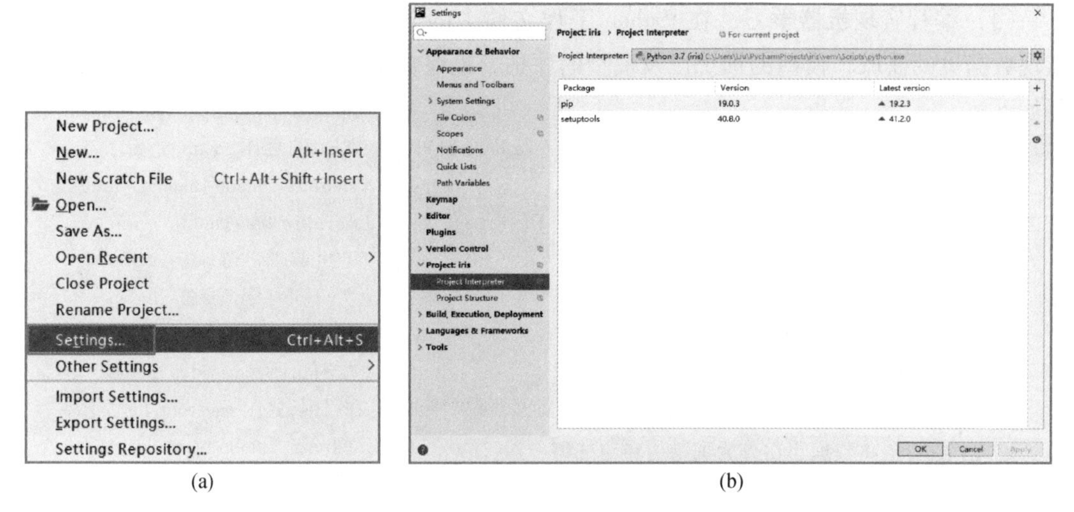

(a)　(b)

图 3-15　使用 PyCharm 下载工具包（1）

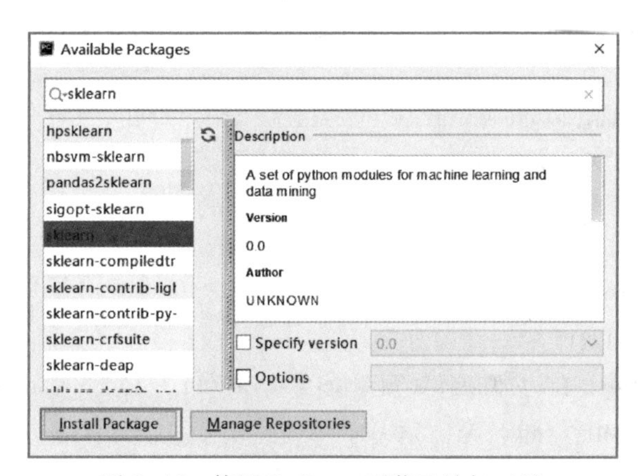

图 3-16　使用 PyCharm 下载工具包（2）

当出现如图 3-17 中所示的“Package 'sklearn' installed successfully”提示语，表明此次下载成功。

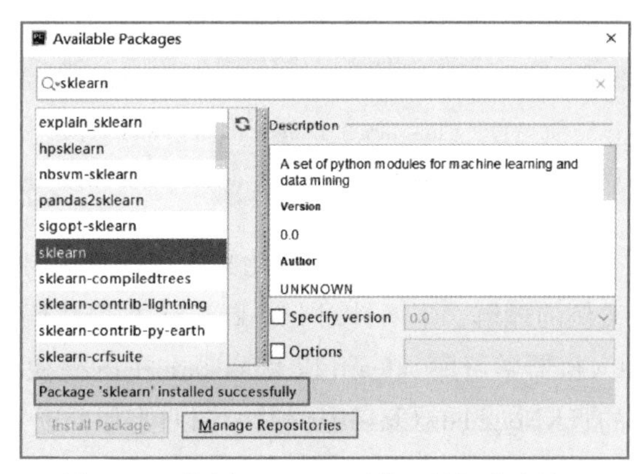

图 3-17　使用 PyCharm 下载工具包成功界面

（4）编程实现机器学习。在 Python 工程文件中的 iris-knn. py 文件中编写程序代码，实现数据集的获取、模型的训练以及模型的评估，最终输出预测结果。iris-knn. py 文件代码如下：

```
#导入库文件
from sklearn import datasets
from sklearn. model_selection import train_test_split
from sklearn. neighbors import KNeighborsClassifier
from sklearn import metrics
#导入数据集
iris =datasets. load_iris( )
#分割数据集:将数据集切分为训练集和测试集
iris_x = iris. data
iris_y = iris. target
x_train,x_test,y_train,y_test = train_test_split(iris_x,iris_y,test_size =0.3)
#建立并训练模型
model_knn = KNeighborsClassifier( )
model_knn. fit(x_train,y_train)
#模型评估
predict =model_knn. predict(x_test)
#打印输出每次预测的结果
for i in range(len(predict)):
    print("第%d 次测试:真实值:%s\t 预测值:%s" % ((i + 1), iris. target_names[predict[i]],
iris. target_names[y_test[i]]))
#打印输出模型预测正确率
print("准确率:%0.2f %%" %(metrics. precision_score(y_test,predict,average='macro') * 100))
#输入参数预测分类情况
mode_predict1=model_knn. predict([[5.9,3.0,3.5,1.5]])
mode_predict2=model_knn. predict([[1.5,1.0,2.0,1.0]])
#打印输出预测分类结果
print("[5.9,3.0,3.5,1.5]预测为:",iris. target_names[mode_predict1[0]])
print("[1.5,1.0,2.0,1.0]预测为:",iris. target_names[mode_predict2[0]])
```

在 iris-knn. py 文件中输入以上代码后，运行此文件，查看输出结果。

为进一步加强对本案例的理解，下面针对 iris-knn. py 程序代码进行说明。

① 导入库文件。导入机器学习库 sklearn 以及 sklearn 中的模块。其中，train_test_split 模块是用来分割数据集的；KNeighborsClassifier 模块可以创建 K 近邻分类器；metrics 模块用来构建模型评估函数。

② 导入数据集。通过“iris = datasets. load_iris( )”代码从 sklearn 库中导入鸢尾花数

据集。

③ 分割数据集。将鸢尾花数据集按照 7∶3 的比例分割出训练数据集和测试数据集两部分。其中，训练数据集 105 条，测试数据集 45 条。

④ 建立并训练机器学习模型。采用 KNeighborsClassifier( ) 创建 *K* 近邻分类器作为此案例的机器学习模型，并通过输入训练数据集对模型进行训练。

⑤ 模型评估。将测试数据集输入训练好的模型中，输出每一次预测的结果，并输出所有预测结果的平均精确率，用以评价模型的预测精确度，如图 3-18 所示。本案例中鸢尾花分类模型的预测精确度为 97.62%。

```
第1次测试:真实值:setosa  预测值:setosa
第2次测试:真实值:virginica   预测值:virginica
第3次测试:真实值:versicolor  预测值:versicolor
第4次测试:真实值:virginica   预测值:virginica
第5次测试:真实值:versicolor  预测值:versicolor
第6次测试:真实值:versicolor  预测值:versicolor
第7次测试:真实值:versicolor  预测值:versicolor
第8次测试:真实值:versicolor  预测值:versicolor
第9次测试:真实值:versicolor  预测值:versicolor
第10次测试:真实值:virginica  预测值:virginica
第11次测试:真实值:setosa 预测值:setosa
第12次测试:真实值:virginica  预测值:virginica
第13次测试:真实值:setosa 预测值:setosa
第14次测试:真实值:versicolor 预测值:versicolor
第15次测试:真实值:versicolor 预测值:versicolor
第16次测试:真实值:versicolor 预测值:versicolor
第17次测试:真实值:setosa 预测值:setosa
第18次测试:真实值:virginica  预测值:virginica
第19次测试:真实值:setosa 预测值:setosa
第20次测试:真实值:versicolor 预测值:versicolor
第21次测试:真实值:setosa 预测值:setosa
第22次测试:真实值:virginica  预测值:virginica
第23次测试:真实值:versicolor 预测值:versicolor
第24次测试:真实值:virginica  预测值:virginica
第25次测试:真实值:setosa 预测值:setosa
第26次测试:真实值:setosa 预测值:setosa
第27次测试:真实值:versicolor 预测值:versicolor
第28次测试:真实值:versicolor 预测值:versicolor
第29次测试:真实值:versicolor 预测值:versicolor
第30次测试:真实值:setosa 预测值:setosa
第31次测试:真实值:setosa 预测值:setosa
第32次测试:真实值:versicolor 预测值:versicolor
第33次测试:真实值:versicolor 预测值:versicolor
第34次测试:真实值:virginica  预测值:virginica
第35次测试:真实值:setosa 预测值:setosa
第36次测试:真实值:virginica  预测值:virginica
第37次测试:真实值:virginica  预测值:virginica
第38次测试:真实值:virginica  预测值:virginica
第39次测试:真实值:versicolor 预测值:versicolor
第40次测试:真实值:virginica  预测值:versicolor
第41次测试:真实值:versicolor 预测值:versicolor
第42次测试:真实值:virginica  预测值:virginica
第43次测试:真实值:virginica  预测值:virginica
第44次测试:真实值:setosa 预测值:setosa
第45次测试:真实值:setosa 预测值:setosa
准确率:97.62 %
```

图 3-18　模型评估结果

⑥ 最后，通过两条鸢尾花数据对此机器学习模型进行预测分类，针对 4 个鸢尾花属性花萼长度、花萼宽度、花瓣长度和花瓣宽度，输入两条数据，分别是 [4.9,3.0,3.5,1.5] 和 [1.5,1.0,2.0,1.2]，经过模型预测，其分类结果如图 3-19 所示。

```
[4.9,3.0,3.5,1.5]预测为:  versicolor
[1.5,1.0,2.0,1.2]预测为:  setosa
```

图 3-19　使用模型预测结果

本案例采用 Python 语言编程，引入机器学习库 sklearn，利用 sklearn 中所提供的算法以及数据集构建机器学习模型。通过模型的自我训练、修正，最终训练出判断准确率较高的机器学习模型。通过向此模型中输入鸢尾花属性数据值，就可以判断出此鸢尾花是哪一个种类。由此就可以通过以上这个机器学习案例实现了鸢尾花的分类。

当今社会，机器学习可以说是无所不在。不管是互联网搜索、生物特征识别、汽车自动驾驶，还是火星机器人，甚至总统选举，等等，基本上只要有数据需要分析，可能就用到机器学习。

但是，随着大数据的出现，数据规模不断增大，机器学习算法面临着巨大挑战，先前利用了大量人力、物力资源和海量数据的人工智能系统，却很难扩展到通用人工智能的程度。例如ImageNet的上千万张图片训练出的人工智能系统，却无法对医疗和自动驾驶领域产生同样重大的作用。人工智能的研究必须要能绕过大数据，通过解码人脑智能学习机理，才能创造出一种终极算法。

机器学习主要针对封闭静态环境，即样本类别恒定、样本属性恒定、评价目标恒定。机器学习未来走向实际应用需要解决的共性问题是从封闭静态环境到开放动态环境，一切都可能在“变”。

课后思考题

1. 什么是机器学习？
2. 机器学习的学习方法有哪些？各自的含义是什么？
3. 机器学习常见的学习模型有哪些？各自的含义什么？
4. 上网查阅资料，了解机器学习面临的挑战。
5. 用自己的话说一说机器学习都有哪些应用。

第4章　神经网络和深度学习
——让人工智能拥有智慧大脑

学习目标

- 理解神经网络的组成结构。
- 掌握神经网络的学习过程。
- 了解神经网络在不同领域的应用。
- 了解深度神经网络。

1997 年 5 月 11 日，IBM 公司的“深蓝”击败了等级分排名世界第一的棋手加里·卡斯帕罗夫，成为人机对战历史上划时代的一天。2016 年 3 月，围棋程序 AlphaGo 击败了围棋九段冠军棋手，如图 4-1 所示，人工智能又达到了一座里程碑。从数学上说，围棋比国际象棋更加复杂，但这次胜利的重要之处在于，AlphaGo 是用人类和 AI 对手组合进行训练的。据报道，AlphaGo 使用了 1920 个 CPU（中央处理器）和 280 个 GPU（图形处理器），在和人类棋手的 5 局比赛中赢得了 4 局。而更新之后的版本 AlphaGo Zero 更加厉害，它不像 AlphaGo 和“深蓝”那样使用任何以前的数据来学习下棋，而是直接打了数以千场的比赛，经过 3 天这样的训练，它就能击败 AlphaGo 了。也就是说，这台机器拥有了自学能力。人类的学习能力来自于大脑，那么 AlphaGo Zero 的自学能力则是来自于神经网络，神经网络如大脑一般让人工智能能够自主学习，充满智慧。

图 4-1　AlphaGo 战胜围棋世界冠军

微课 4-1
神经网络及其结构（1）

4.1 何谓神经网络

提起“神经网络”，很容易让我们想到的是错综复杂的大脑神经所形成的网络。大脑是一个复杂的自然神经网络，它通过相互关联的神经元来处理信息。人工神经网络正是源于模拟人类大脑解决问题的方法，通过人为编程来实现大脑神经网络的功能。人工智能或者机器智能都是旨在将认知能力赋予计算机，通过程序算法来学习和解决问题，其目的是让计算机来模拟人类的智能。目前，人工智能处于“弱人工智能”阶段，还只能局限在特定的封闭领域，就好像AlphaGo只能下棋，干不了其他工作。现阶段只能通过程序来模拟完成人脑某方面的工作，而不能在一台计算机上模拟人类的全部智慧。图4-2所示为人类大脑的神经网络。

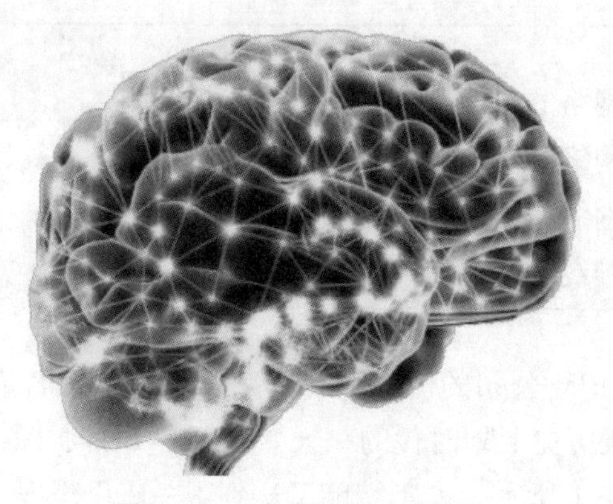

图4-2 人类大脑的神经网络

【相关链接】 通常，按照水平高低，人工智能可以分成三大类：弱人工智能、强人工智能和超人工智能。

- 弱人工智能。只专注于完成某个特定的任务，例如语音识别、图像识别和翻译，是擅长于单个方面的人工智能。
- 强人工智能。属于人类级别的人工智能，在各方面都能和人类比肩，人类能干的脑力活它都能胜任。它能够进行思考、计划、解决问题、抽象思维、理解复杂理念、快速学习和从经验中学习等操作，并且和人类一样得心应手。
- 超人工智能。在几乎所有领域都比最聪明的人类大脑都聪明很多，包括科学创新、通识和社交技能。

4.1.1 神经网络的结构单元

人工神经网络的灵感源于人脑自然神经网络的工作方式。自然神经网络是通过自然神经元处理大量的信息。自然神经元的结构如图 4-3 所示，它由神经元细胞体、树突和轴突组成。其中，细胞体具有联络和整合输入信息并发出信息的作用；树突短而分支多，其作用是接收其他神经元传来的信息并输入给细胞体；轴突分出很多分支，形成神经末梢，来与其他神经元的树突相连，其作用是把细胞体所发出的信息输出到其他神经元。

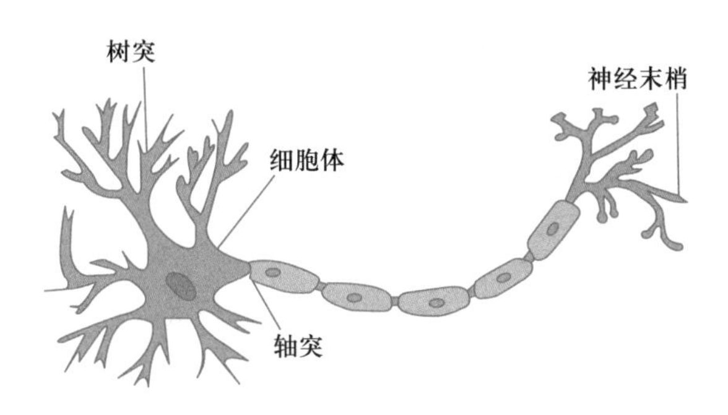

图 4-3 自然神经元结构图

类似于自然神经元结构，人工神经网络的神经元也包含一个神经处理单元，相当于细胞体，多个输入相当于树突，输出类似于轴突。人工神经元框架如图 4-4 所示，人工神经元是人工神经网络的结构单元。

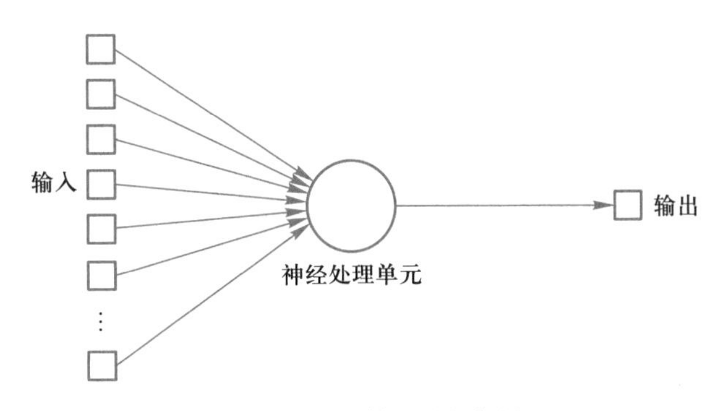

图 4-4 人工神经元框架图

自然神经元相当于一个信号处理器，它可以在树突端接收信号，根据信号的强度、大小，在轴突触发出一个信号，向前传递至其他神经元信号。人工神经元就是按照自然神经元的功能来进行模拟的，由多个神经元相互连接构成整个神经网络。

4.1.2 人工神经网络的层结构

微课 4-2
神经网络及其结构（2）

人工神经网络的架构是以层的方式组织的，由多个相连接的层组成，形成多层神经网络，每一层由若干神经元组成神经元层。这些神经元层可以分为输入层、隐藏层和输出层，如图 4-5 所示。输入层负责接收输入信号，它只起着输入信号缓冲器的作用，没有处理功能。输出层负责产生输出信号。除了输入层和输出层之外的中间层称为隐藏层，它不直接与外部环境打交道，是执行处理的中间层。它将输入通过处理转换为输出，隐藏层的层数可从零到若干层。

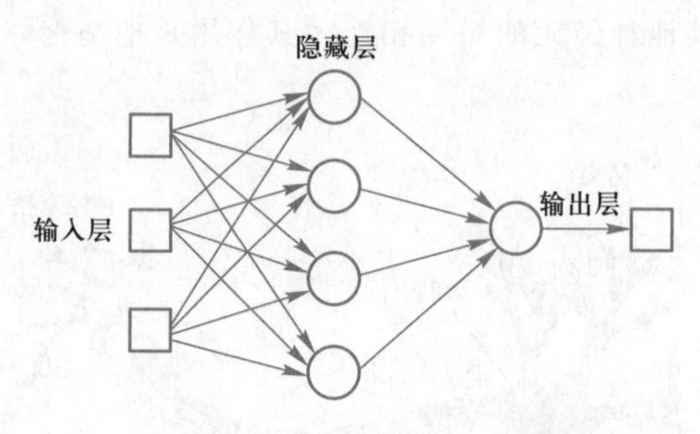

图 4-5 人工神经网络层结构图

在人工神经网络中，神经元和神经元之间或者神经元层和神经元层之间的连接方式可以有多种形式，这样就形成了不同的神经网络结构。不同结构的神经网络可以处理不同的问题。因此，可以针对不同的应用场景来设计不同的神经网络结构。根据神经元的连接层数可以分为单层神经网络和多层神经网络，按照神经网络信号的流动方向不同可以分为前馈神经网络和反馈神经网络。

1. 单层神经网络和多层神经网络

单层神经网络结构只有一层处理单元，如图 4-6 所示。这种结构常用于单层感知机，是最简单的神经网络，是其他神经网络的基础。可以用来模拟逻辑函数，例如逻辑非（NOT）、逻辑或（OR）、逻辑与（AND）等，适合区分线性可分的数据。

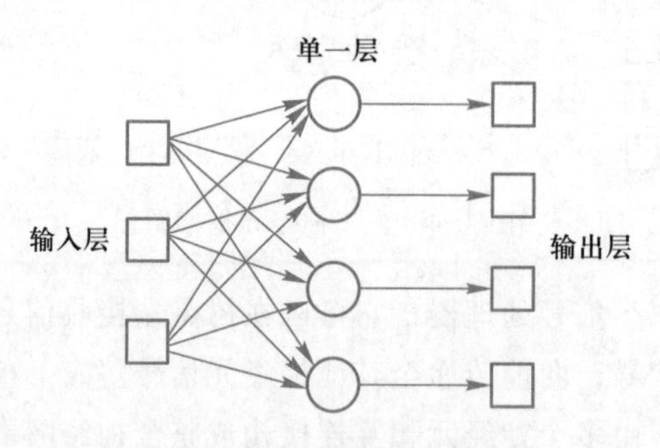

图 4-6 单层神经网络结构图

【相关链接】 线性可分与线性不可分的区别（见图 4-7）。

- 线性可分：可以用一个线性函数把两类数据样本完全没有误差地分开。
- 线性不可分：无法用线性函数把两类数据样本完全分开，总有部分数据样本用线性分类面划分时会产生分类误差的情况。

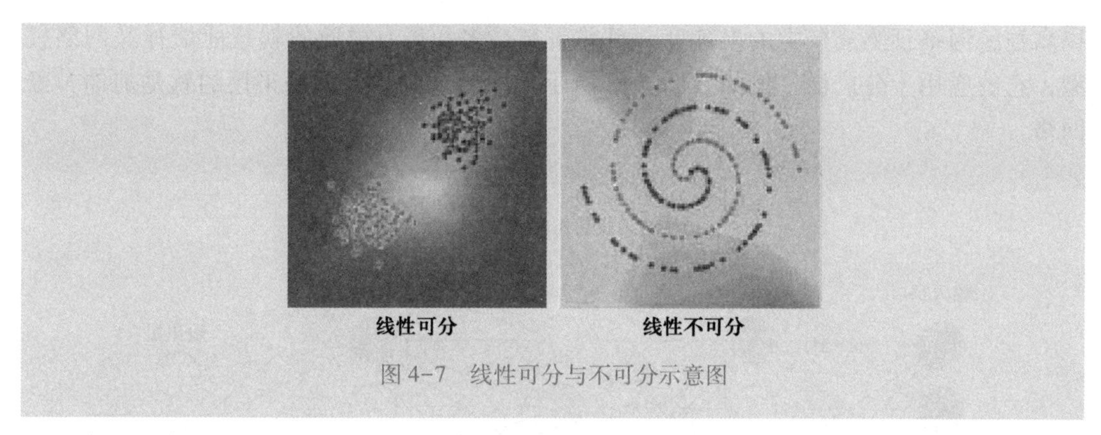

图 4-7 线性可分与不可分示意图

当遇到线性不可分的问题时，单层神经网络不能满足需求，可以通过加深网络层数构成多层神经网络，通过多层转换把线性不可分的问题转换成线性可分。多层网络是由单层网络进行级联构成的，如图 4-8 所示。上一层的输出作为下一层的输入，前一层神经网络的输出结果传递给后一层神经网络的每一个神经元，但是同一层的神经元相互独立，不进行数据传递。

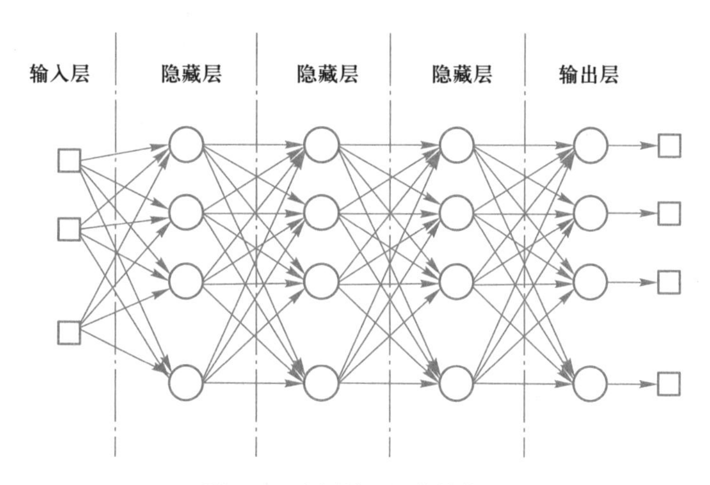

图 4-8 多层神经网络结构图

图 4-9 所示的人脸识别神经网络是一个多层前馈神经网络，在通过输入百万张图片来训练神经网络的人脸识别能力后，可以让该神经网络无论是在人群中还是在复杂的背景环境中都能够准确地识别出某个人脸。

2. 前馈神经网络和反馈神经网络

按照神经网络信号的流动方向不同，神经网络结构可以分为前馈神经网络和反馈神经网络。前馈神经网络中的中间隐藏层可以有若干个，每一层的神经元只接收来自前一层神经元的输出信息，输入信息仅在一个方向上流动，如图 4-10 所示。前馈神经网络结构的优化主要是通过比较输出结果与实际结果的误差来逐步调整神经网络隐藏层结构参数，以提高神经网络预测或分类的准确度。目前研究最多和最有成效的就是前馈神经网络模型，它的应用十分广泛，例如，图4-9所示的人脸识别神经网络采用的就是前馈神经网络。

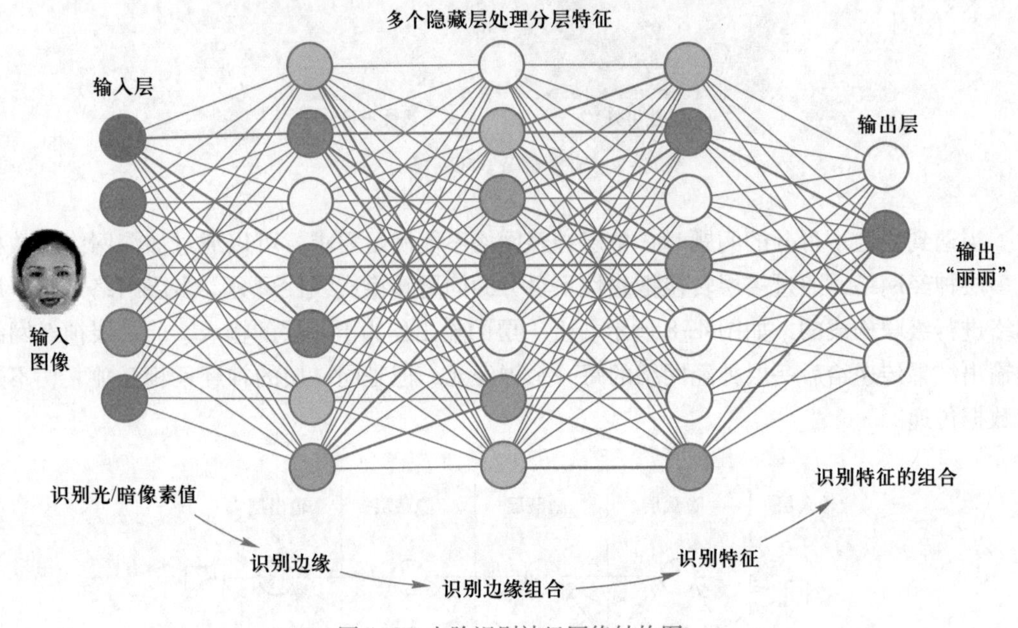

图4-9 人脸识别神经网络结构图

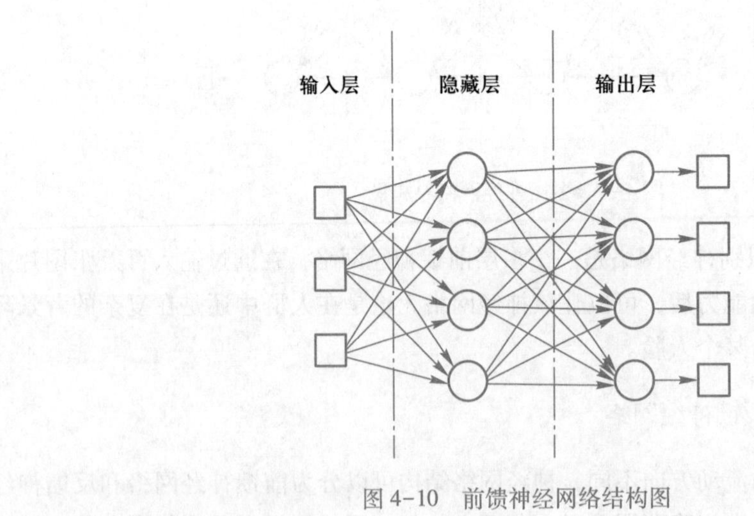

图4-10 前馈神经网络结构图

反馈神经网络中的任意两个神经元之间都可能有连接，包括神经元自身到自身的反馈，如图4-11所示。① 表示信息由输出层又回传到了隐藏层；② 表示同一层的神经元之间也有信息的传递；③ 表示信息可以由神经元输出后再传递回本身。由此可见，在反馈神经网络中，输入信息会在神经元之间进行往复传递，网络结构非常复杂。在实际运用中必须考虑对反馈信息的处理问题，因而应用时困难较多，相应的实际应用成果很少。

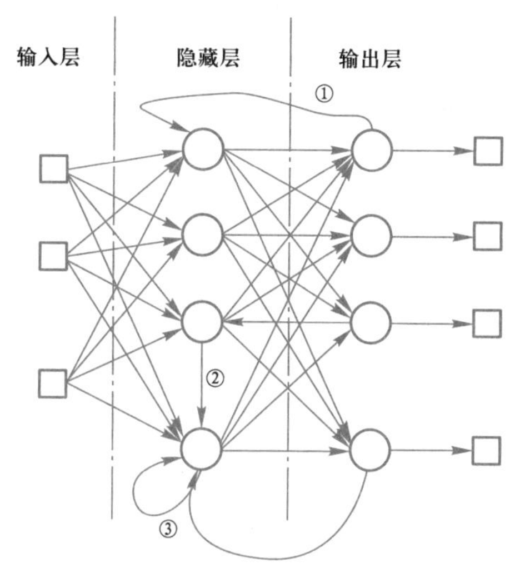

图 4-11 反馈神经网络结构图

微课 4-3
神经网络的学习

4.1.3 神经网络的学习

人工神经网络的最主要特征之一是它可以学习。任何一个人工神经网络模型要实现某种功能的操作，就必须对它进行训练，让它学会要做的事情，并把这些知识记忆存储在网络的层结构数据中。学习的实质就是人工神经网络层的结构数据随外部输入信息做自适应的优化。

神经网络的学习按照学习模式的不同可以分为有监督学习和无监督学习两种类型。

1. 有监督学习

有监督学习就像人们在跟着老师学习的过程，在学习过程中老师会指出哪些是正确的，哪些是错误的，通过老师的指正来调节我们学习的知识架构。举一个有监督学习的例子。动物图像识别，将大量带有标记出有“公鸡”或者“兔子”的图像输入神经网络，神经网络内部的学习算法会学习所有已经带有“公鸡”或者“兔子”特征标记的图片信息，通过这种有指导、有目的的学习，最终形成一个决策模型。使用这个学习训练好的决策模型，对新的未知图像进行判断，用来区分是“公鸡”还是“兔子”。

2. 无监督学习

无监督学习的过程是所输入神经网络的图像数据没有给定标记是“公鸡”还是“兔

子”，也就是神经网络在学习过程中没有“老师”告诉它学习的是什么，识别的对与错。无监督学习的过程主要是根据输入图像信息的结构，自行发现隐藏在数据中的模式，将相似模式的输入图像特征数据归入某一类。神经网络通过算法学习过程中会把“有鸡冠”“尖嘴巴”“有翅膀”“两条腿”等具有公鸡特征信息图像归为一类，并做标记输出为 A 动物；把具有“长耳朵”“三瓣嘴”“短尾巴”“四条腿”等兔子特征信息的图像归为一类，并做标记输出为 B 动物。从而最终形成一个决策模型，用来判断新输入的新图像信息是 A 动物还是 B 动物。

从以上分析不难看出，有监督学习对输入数据信息必须有明确标注，学习效果容易评估，通常用于有预设目标的分类场景。而无监督学习方法是处理那些没有任何标注或者分类的数据，只需要分析数据信息本身，如果发现数据呈现某种规律，则按照自然的规律分类，通常用于没有预设目标模式，需要自己生成某种模式的场景。

比如在银行系统中存在着正常的用户和利用银行“洗钱”的违法用户，那么这些具有“洗钱”行为的用户和正常用户的银行资金流转数据肯定是不一样的，到底哪里不一样呢？如果通过人为去分析判断哪些是正常用户，哪些是“洗钱”违法用户，这肯定是一件成本很高、很复杂的事情。我们可以使用无监督学习，快速通过这些资金流转数据的特征，对用户进行分类。虽然我们不知道这些分类意味着什么，但是通过这种分类，可以快速排出正常的用户，更有针对性的对异常行为进行深入分析。另外，在一些具有推荐功能的应用场景中也经常用到无监督学习。例如大家在淘宝、天猫、京东上逛的时候，平台会根据你的浏览行为或者购买信息推荐一些相关的商品，有些商品就是无监督学习通过聚集类来推荐出来的。系统会发现一些购买行为相似的用户，来推荐这类用户最喜欢的商品。

4.2　神经网络的应用案例

神经网络的应用十分广泛，在许多 AI 应用中都需要大规模神经网络的参与，例如自动控制、模式识别、数据挖掘、计算机视觉、语音识别、自然语言处理以及其他的商业领域中。接下来通过案例来介绍神经网络技术的应用。

4.2.1　应用于预测问题的神经网络

微课 4-4
鲍鱼年龄预测（1）

鲍鱼是名贵的海珍品之一，如图 4-12 所示。它的肉质细嫩，鲜而不腻；营养丰富，清而味浓；烧菜、调汤，妙味无穷，誉作“餐桌上的软黄金”。在清朝时期，宫廷中就有所谓“全鲍宴”。据资料介绍，当时沿海各地大官朝圣时，大都进贡干鲍鱼为礼物，一品官吏进贡一头鲍，七品官吏进贡七头鲍，以此类推。鲍鱼与官吏品位的高低挂钩，其味享有“海味之冠”的价值。由于鲍鱼营养丰富，因而价格很高，尽管如此昂贵，人们还是争相购买。

图 4-12 鲍鱼图片

那么，如何判断哪一条鲍鱼的营养更丰富呢？鲍鱼营养高低与鲍鱼的年龄息息相关，年龄越大的鲍鱼营养一般就越丰富。判断鲍鱼的年龄可以通过鲍鱼的环数，这非常类似于通过数树的年轮得到树的年龄一样。鲍鱼的年龄和鲍鱼环数之间的关系是：鲍鱼的年龄=环数+1.5 年。因此，可以对鲍鱼进行切片，然后在显微镜下数鲍鱼的年轮，这样就可以通过鲍鱼的环数来确定鲍鱼的年龄。但是确定鲍鱼的环数，需要锯开壳后在显微镜下仔细观察，十分耗时。因此，通过本章“神经网络”的学习，本案例希望通过“训练”出一个神经网络预测模型，当输入鲍鱼的长度、直径、高度等参数时，此模型会对鲍鱼的年龄作出相对准确的预测。

4.2.2 鲍鱼年龄预测案例实现

通过建立神经网络预测模型来预测鲍鱼年龄的具体流程如图 4-13 所示。

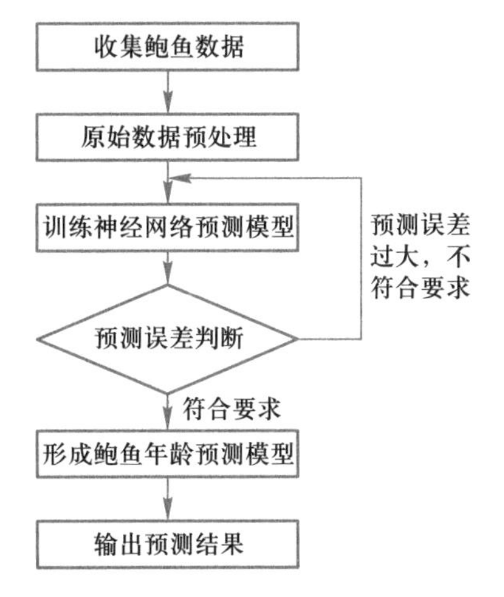

图 4-13 神经网络预测鲍鱼年龄流程

微课 4-5
鲍鱼年龄预测（2）

（1）收集鲍鱼的原始数据，其中包括鲍鱼的长度、直径、高度等参数。

（2）对原始数据进行预处理，达到可以进行神经网络建模的标准。

（3）把预处理后的数据分成两部分：一部分数据用来训练神经网络模型；另一部分数据用来测试此神经网络模型的准确性，直到得到最优的神经网络模型为止。

（4）通过向训练得到的神经网络模型输入一只鲍鱼的长度、直径、高度等具体参数，就可以预测出此鲍鱼的年龄。

根据图 4-13 所示的通过神经网络来预测鲍鱼年龄的流程，要想“训练”出鲍鱼年龄的预测模型，首先要获得足够多的鲍鱼的相关数据。

1. 鲍鱼数据集的下载

鲍鱼数据集可以从 UCI 数据仓库中获得，如图 4-14 所示为 UCI 数据集网站。UCI 是由加州大学欧文分校提出的用于机器学习的数据库，这个数据库目前共有 4177 个数据集作为机器学习数据集，其数目还在不断增加，UCI 数据集是一个常用的标准测试数据集。

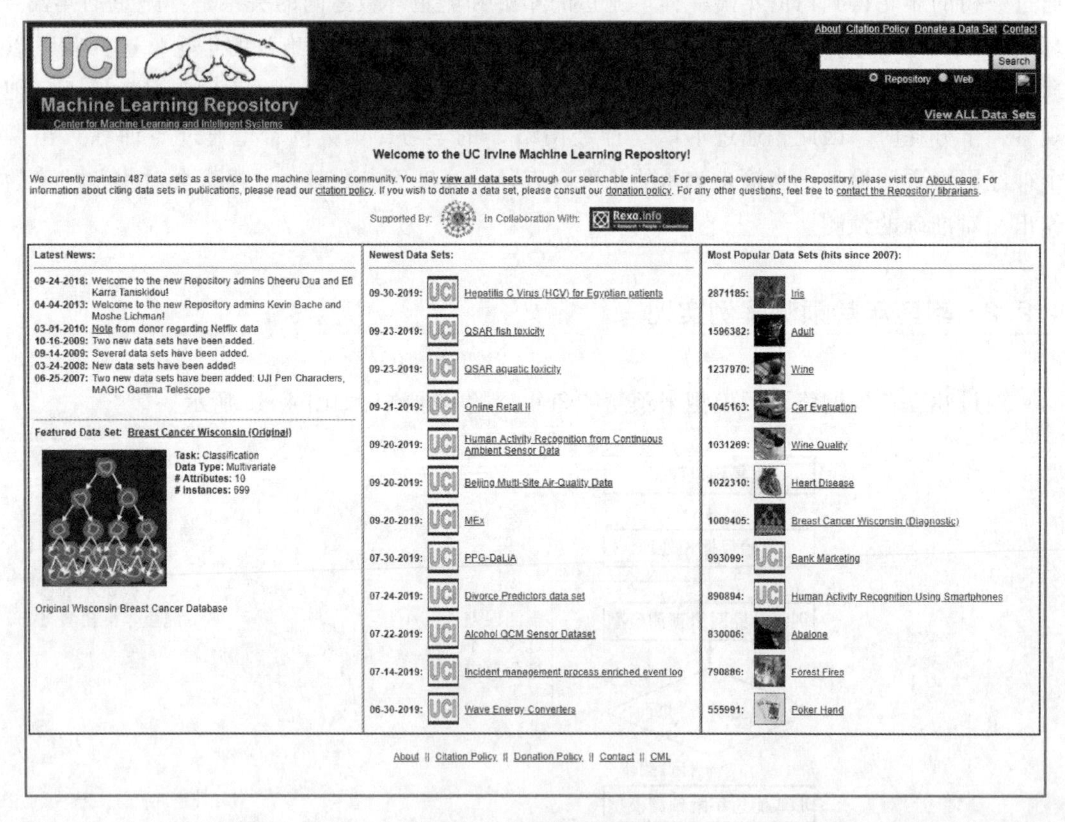

图 4-14 UCI 数据集网站

在图 4-14 所示的网站中，最右侧一列为各项数据集，找到 Abalone，即为本案例所需要的鲍鱼数据集。单击图标，弹出如图 4-15 所示的鲍鱼数据集网页。

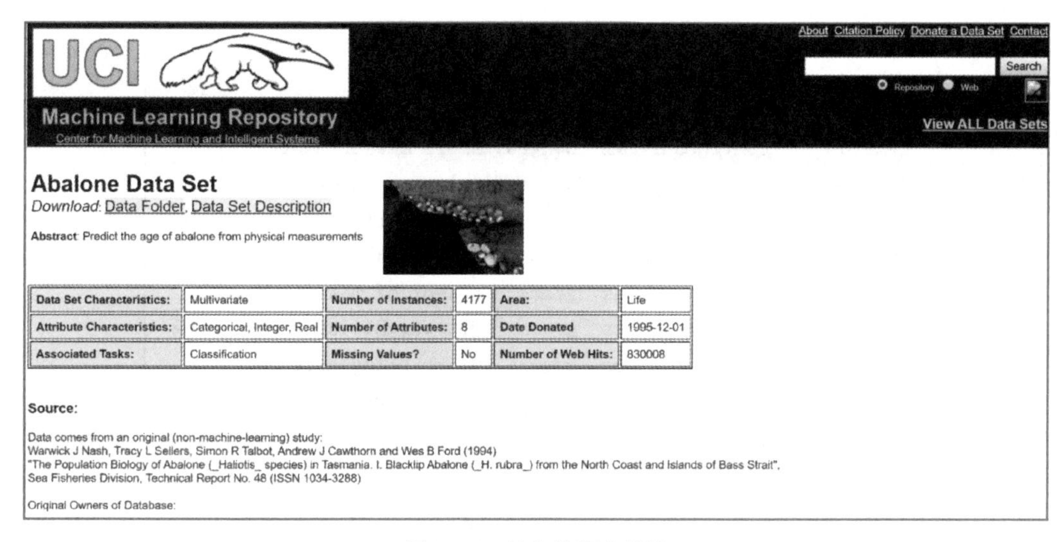

图 4-15　鲍鱼数据集概况

UCI 对所提供的数据集已经进行了预处理，转换成统一的数据格式，数据集中一共有 4177 条鲍鱼各项测量数据信息。接下来进行数据集的下载。在图 4-15 网页中单击 Data Folder 数据文件夹，进入如图 4-16 所示的鲍鱼数据集下载页面，单击 abalone. data 进入下载页面，注意所保存路径，同时可以下载 abalone. names 文件，用以查看鲍鱼数据集的基本信息。

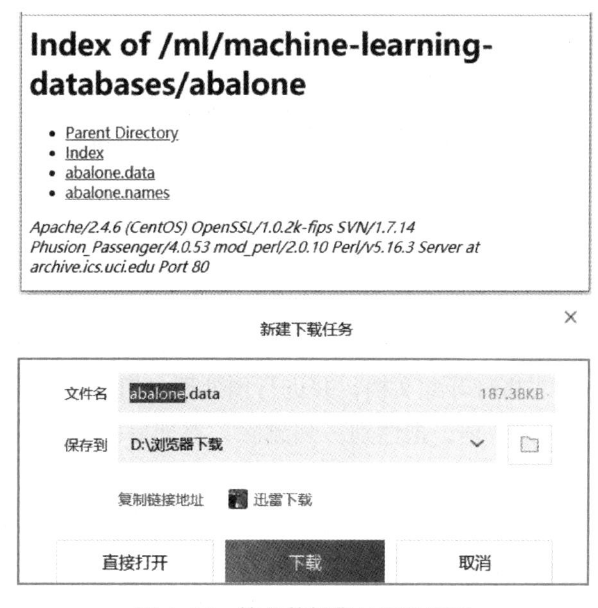

图 4-16　鲍鱼数据集的下载页面

下载后的数据集可以采用 Word 或 PyCharm 软件来打开，查看其内容。如图 4-17 所示，左侧是打开的 abalone. names 文件，右侧为 abalone. data 中的数据，对应起来，每条信息包含 Sex、Length、Diameter 等 9 个特征值，其中，Sex 即鲍鱼的性别特征，与本案例中预测鲍鱼的年龄无关，此特征项在本案例中排除。

```
Name           Data Type    Meas.   Description
----           ---------    -----   -----------

Sex            nominal              M, F, and I (infant)
Length         continuous   mm      Longest shell measurement
Diameter       continuous   mm      perpendicular to length
Height         continuous   mm      with meat in shell
Whole weight   continuous   grams   whole abalone
Shucked weight continuous   grams   weight of meat
Viscera weight continuous   grams   gut weight (after bleeding)
Shell weight   continuous   grams   after being dried
Rings          integer              +1.5 gives the age in years
```

图 4-17 鲍鱼数据集的特征描述

其余8条特征项为长度、直径、高度、整体重量、去壳后重量、内脏重量、壳的重量、环数8个特征值，如图4-18所示为这8个特征值的描述。

数据集	特征名称	特征描述
Length	长度	鲍鱼长度（最长方向，毫米）
Diameter	直径	鲍鱼直径（垂直测量长度，毫米）
Height	高度	鲍鱼身高（其肉体内壳，毫米）
Whole weight	整体重量	整个鲍鱼的重量（克）
Shucked weight	去壳后重量	鲍鱼肉重量（克）
Viscera weight	内脏重量	出血后的鲍鱼肠重（克）
Shell weight	壳的重量	干鲍鱼壳重量（克）
Rings	环数	环数+1.5年就是鲍鱼的年龄

图 4-18 8个特征值的描述

2. 鲍鱼数据集的预处理

接下来，把获得的鲍鱼数据集 abalone. data 文件，更改其文件的扩展名，重命名为 abalone. csv，使用 Excel 表格打开此文档，并进行预处理。如图 4-19（a）所示，Sex 性别特征跟鲍鱼年龄是不相关的数据，把性别一列删除，整理后的数据集结构如图 4-19（b）所示共 4177 条数据。将整个鲍鱼数据集划分为两份独立的数据集：一份用于训练神经网络，称为训练数据集；一份用于测试，称为测试数据集。可以手动对数据集进行预处理，然后通过函数来划分训练数据集和测试数据集（将在第5章案例中进行讲解）。针对本案例，TensorFlow 网站已经对此数据集进行了预处理，并划分了两个数据集。其中，训练数据集占总数据集的 75%，在这里随机抽取 3320 条特征数据作为训练集，存储在文档 abalone_train. csv 中；随机抽取 850 条特征数据作为测试数据集，存储在 abalone_test. csv 中。

	A	B	C	D	E	F	G	H	I
1	M	0.455	0.365	0.095	0.514	0.2245	0.101	0.15	15
2	M	0.35	0.265	0.09	0.2255	0.0995	0.0485	0.07	7
3	F	0.53	0.42	0.135	0.677	0.2565	0.1415	0.21	9
4	M	0.44	0.365	0.125	0.516	0.2155	0.114	0.155	10
5	I	0.33	0.255	0.08	0.205	0.0895	0.0395	0.055	7
6	I	0.425	0.3	0.095	0.3515	0.141	0.0775	0.12	8
7	F	0.53	0.415	0.15	0.7775	0.237	0.1415	0.33	20
8	F	0.545	0.425	0.125	0.768	0.294	0.1495	0.26	16
9	M	0.475	0.37	0.125	0.5095	0.2165	0.1125	0.165	9
10	F	0.55	0.44	0.15	0.8945	0.3145	0.151	0.32	19

abalone

(a)

	A	B	C	D	E	F	G	H
1	0.455	0.365	0.095	0.514	0.2245	0.101	0.15	15
2	0.35	0.265	0.09	0.2255	0.0995	0.0485	0.07	7
3	0.53	0.42	0.135	0.677	0.2565	0.1415	0.21	9
4	0.44	0.365	0.125	0.516	0.2155	0.114	0.155	10
5	0.33	0.255	0.08	0.205	0.0895	0.0395	0.055	7
6	0.425	0.3	0.095	0.3515	0.141	0.0775	0.12	8
7	0.53	0.415	0.15	0.7775	0.237	0.1415	0.33	20
8	0.545	0.425	0.125	0.768	0.294	0.1495	0.26	16
9	0.475	0.37	0.125	0.5095	0.2165	0.1125	0.165	9
10	0.55	0.44	0.15	0.8945	0.3145	0.151	0.32	19

abalone

(b)

图 4-19　对数据集进行预处理

微课 4-6
鲍鱼年龄预测（3）

3. 训练神经网络预测模型

本案例使用 Python 语言实现编程，使用开源技术 TensorFlow+Keras 搭建神经网络框架。具体操作实现过程如下。

（1）使用 PyCharm 建立工程 02_abalone。进入 PyCharm 后，单击如图 4-20 所示的 Create New Project 选项，弹出 New Project 对话框，选择工程文件的存放位置并且输入名称，单击 Create 按钮，完成 02_abalone 工程文件的新建。

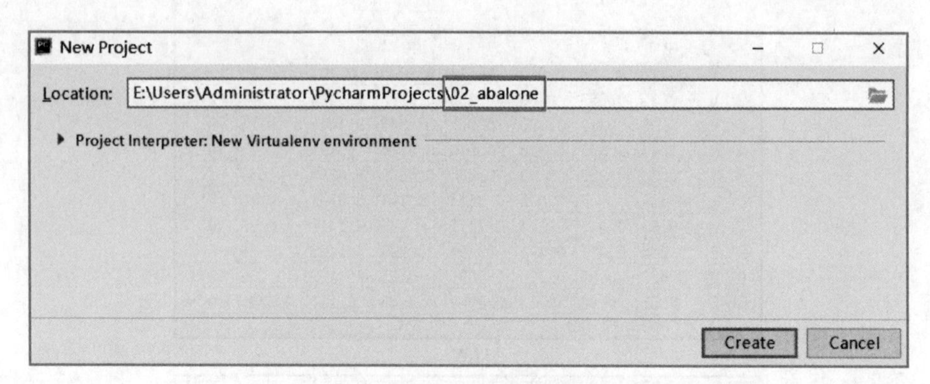

图 4-20 新建 PyCharm 工程

（2）新建 Python 文件 abalane_prediction. py。进入 Project 工程窗口后，单击 02_abalone 工程，弹出操作菜单。如图 4-21 所示，移动鼠标到 New，出现下级菜单，选择单击 Python，弹出 New Python file 对话框，自定义输入 Python 文件名字 abalane_prediction. py，单击 OK 按钮，完成 Python 文件的创建。

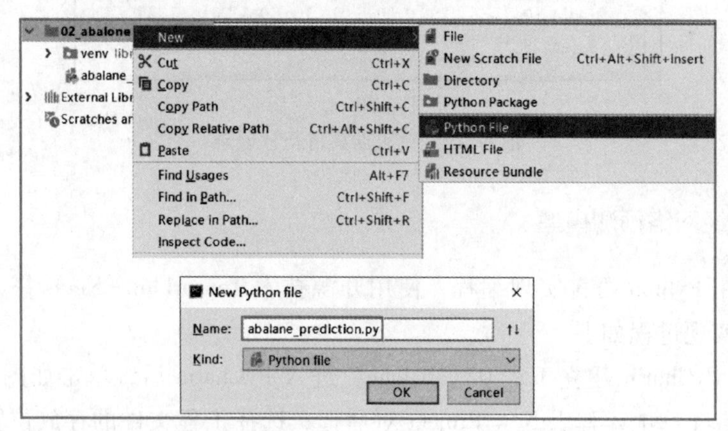

图 4-21 新建 Python 文件

在工程文件中出现如图 4-22 所示的 abalane_prediction. py 文件，即表示 Python 文件创建成功。

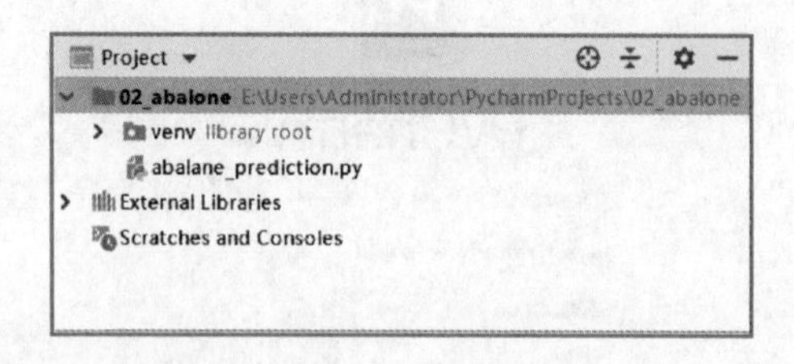

图 4-22 Python 文件创建成功

（3）下载工具包。把案例所需要的工具包引入到工程中，调用相应的功能，用以搭建训练神经网络。Pandas 是 Python 的一个数据分析包，用于处理一维或多维数组。NumPy

是 Python 进行科学计算的基础软件包，可用来存储和处理大型矩阵。TensorFlow 框架和 Keras 框架用于搭建和训练神经网络模型。

下载工具包的操作步骤如图 4-23 所示。在 PyCharm 中单击 File 中的 Settings 选项，进入 Settings 界面，打开 Project：02_abalone 下拉框，单击 Project Interpreter 命令，弹出工程现有工具包界面，单击右侧“+”号，弹出如图 4-24 所示的获得工具包对话框。

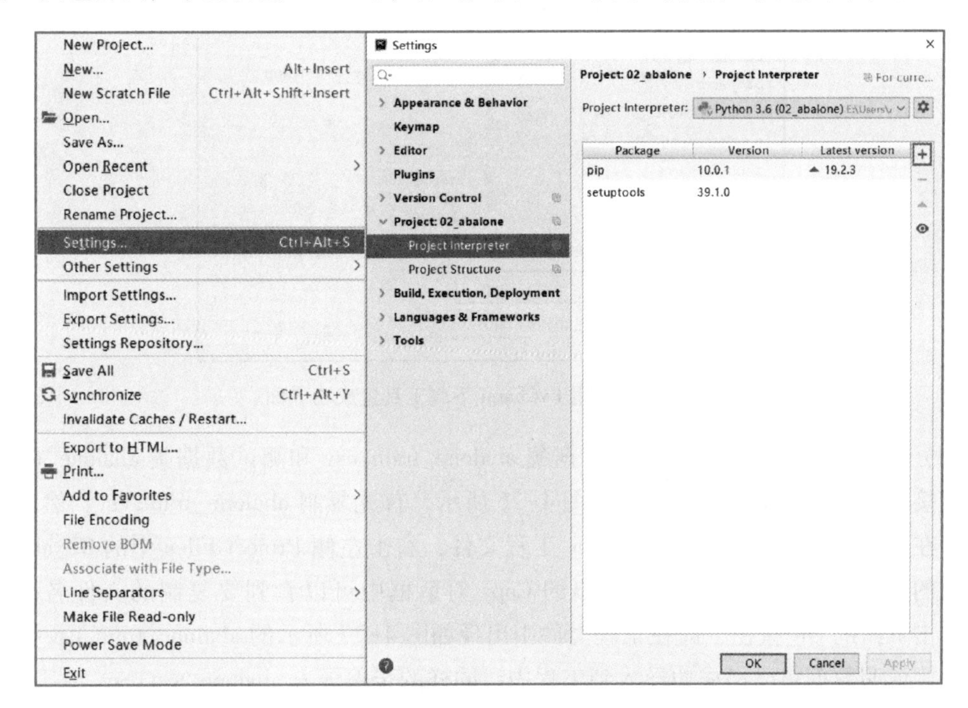

图 4-23 使用 PyCharm 下载工具包（1）

在图 4-24 的搜索对话框中输入需要下载的工具包名称 pandas，选择 pandas 后单击 Install Package 按钮进行下载。

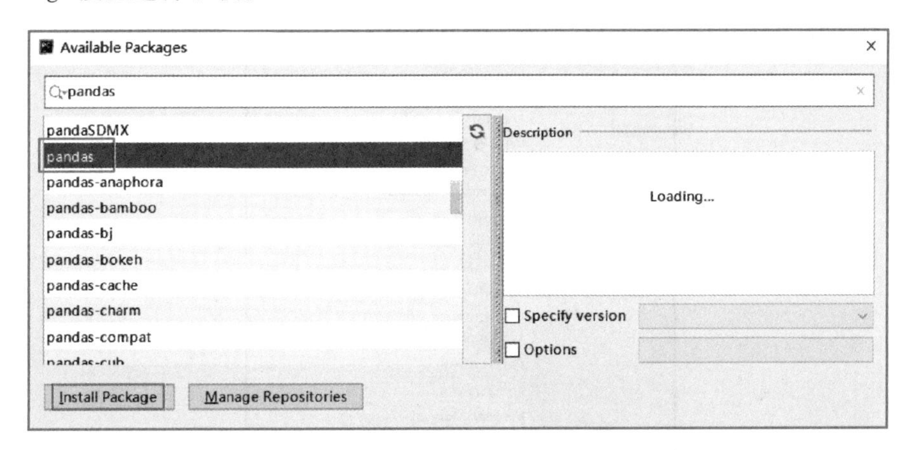

图 4-24 使用 PyCharm 下载工具包（2）

当出现如图4-25所示的“Package 'pandas' installed successfully”提示语，表明此次下载成功。同样的方法依次操作下载“NumPy”“TensorFlow”“Keras”等工具包。

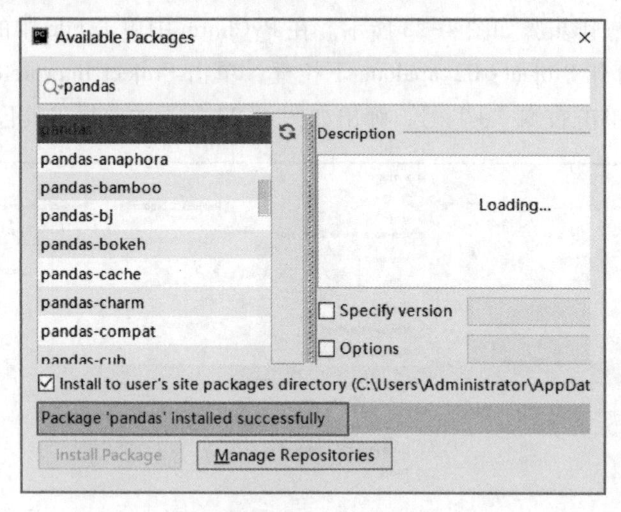

图4-25 使用PyCharm下载工具包成功界面

（4）导入数据集。分别把训练数据集abalone_train. csv和测试数据集abalone_test. csv文档直接复制粘贴到工程文件中。如图4-26所示，首先复制abalone_train. csv，然后打开上一步在PyCharm中新建的02_abalone工程文件，右击左侧Project Files中的02_abalone，在弹出的菜单栏中选择Paste，在弹出的Copy对话框中可以看到要复制的文件名称及路径，单击下面的OK按钮，即在工程文件中出现如图4-27所示的abalone_train. csv数据集文件，则说明数据集已经成功导入到工程中，同样的步骤导入abalone_test. csv。

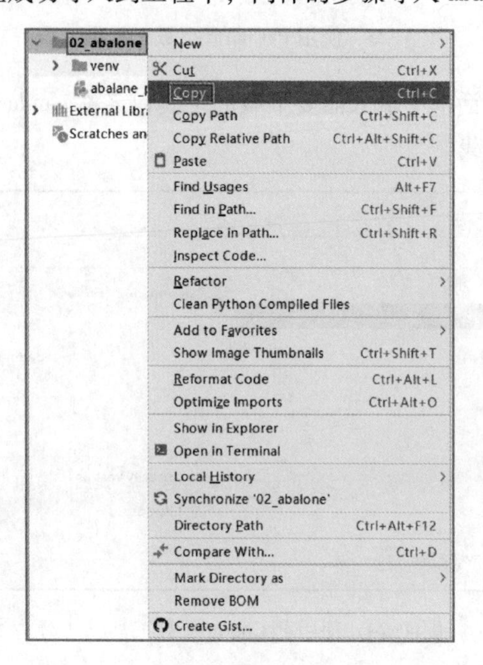

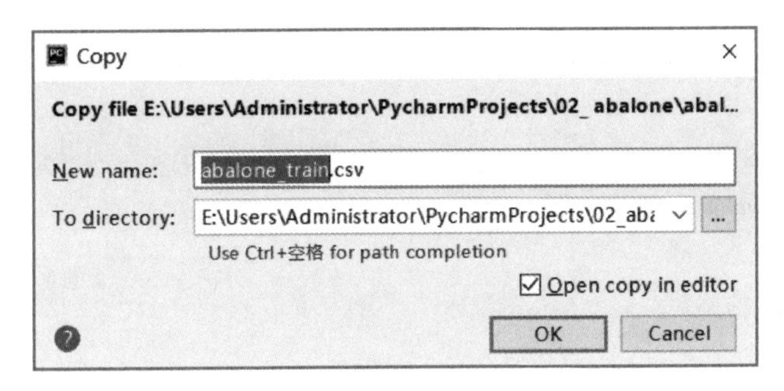

图 4-26 数据集复制到工程文件中

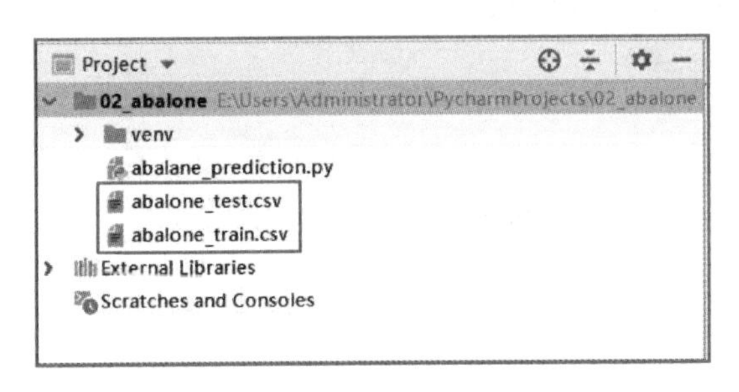

图 4-27 工程文件中的训练和测试数据集

（5）分析数据集。在建立预测模型之前，先来分析一下鲍鱼各项特征与鲍鱼环数之间的关系，以便在组建神经网络时更好地设置神经网络模型所需要的参数。新建 Python 文件 abalone_explore. py，如图 4-28 所示，编写 Python 程序分别绘制出鲍鱼的长度、直径、高度、整体重量、去壳后重量、内脏重量、壳的重量 7 项特征数据为横坐标、鲍鱼环数为纵坐标的关系图。

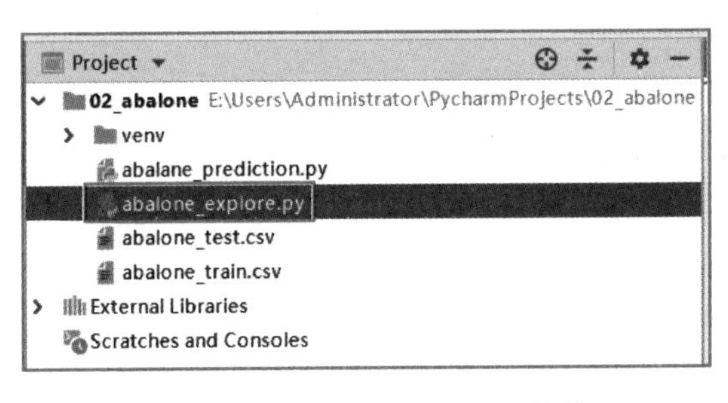

图 4-28 abalone_explore. py 文件

abalone_explore. py 数据分析代码如下：

```
import pandas as pd
# 读入数据集
trainFile = "abalone_train. csv"
data10 = pd. read_csv( trainFile, header=None)
#为数据添加列名索引
```

```
data10.columns = ['Length','Diameter','Height','Whole weight','Shucked weight','Viscera weight','Shell weight','Rings']
# 数据分析,绘制图形
import matplotlib.pyplot as plt
plt.figure(1)
## Length 与 Rings 的关系
plt.subplot(241)
plt.title('Length')
plt.scatter(data10['Length'], data10['Rings'],c='blue')
## Diameter 与 Rings 的关系
plt.subplot(242)
plt.title('Diameter')
plt.scatter(data10['Diameter'], data10['Rings'], c='green')
## Height 与 Rings 的关系
plt.subplot(243)
plt.title('Height')
plt.scatter(data10['Height'], data10['Rings'], c='red')
## Whole weight 与 Rings 的关系
plt.subplot(244)
plt.title('Whole weight')
plt.scatter(data10['Whole weight'], data10['Rings'], c='orange')
## Shucked weight 与 Rings 的关系
plt.subplot(245)
plt.title('Shucked weight')
plt.scatter(data10['Shucked weight'], data10['Rings'], c='yellow')
## Viscera weight 与 Rings 的关系
plt.subplot(246)
plt.title('Viscera weight')
plt.scatter(data10['Viscera weight'], data10['Rings'], c='indigo')
## Shell weight 与 Rings 的关系
plt.subplot(247)
plt.title('Shell weight')
plt.scatter(data10['Shell weight'], data10['Rings'], c='violet')
plt.subplots_adjust(wspace=0.4,hspace=0.5)
plt.show()
```

在 abalone_explore. py 程序编辑界面的空白处右击，弹出如图 4-29 所示界面，单击 Run 'abalone_explore. py'运行程序，可以弹出如图 4-30 所示的关系图。可以看出长度、直径、高度、整体重量、去壳后重量、内脏重量、壳的重量 7 项特征数据都与鲍鱼的环数有密切的关系，随着环数的增长而呈现出线性增长趋势，因此建立预测模型需要通过以上 7 项特征数据来预测鲍鱼的环数。显然，本案例是通过有监督学习的方法来训练神经网络模型，以寻找鲍鱼长度、直径等 7 项特征值与鲍鱼环数的关系，进而预测出鲍鱼年龄。

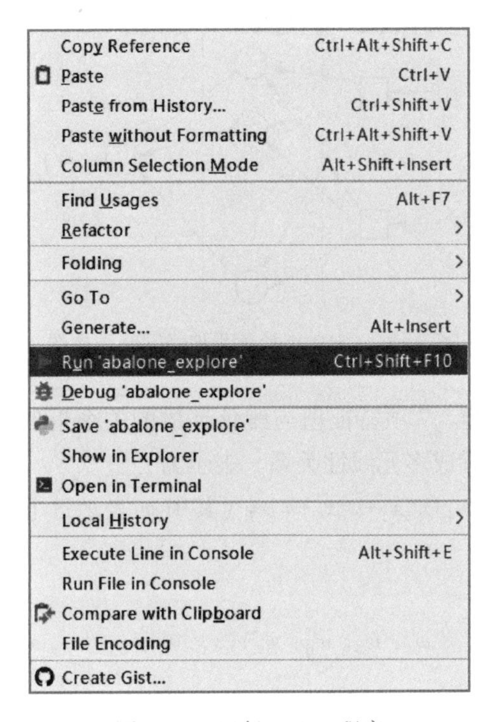

图 4-29 运行 Python 程序

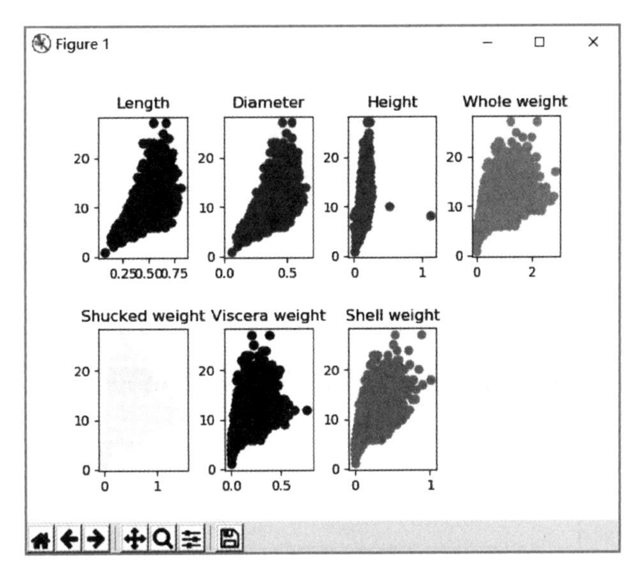

图 4-30 各特征值与鲍鱼环数的相关性

根据前面所学习的神经网络结构图，这里鲍鱼长度、直径、高度、整体重量、去壳后重量、内脏重量、壳的重量这 7 项特征值分别可以用 $x_1 \sim x_7$ 表示，作为神经网络的输入，输出项为鲍鱼环数，用 Y 表示，鲍鱼年龄预测神经网络结构图如图 4-31 所示。

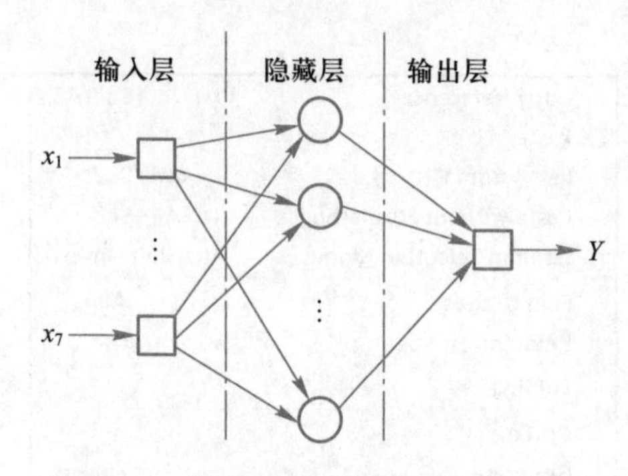

图 4-31 鲍鱼年龄预测神经网络结构图

根据前面分析已经知道，7 项特征值与鲍鱼环数的关系近似为线性增长，那么环数 Y 与各特征值之间可以近似看成多元线性关系，表示为：

$y=w_1x_1+w_2x_2+w_3x_3+w_4x_4+w_5x_5+w_6x_6+w_7x_7$（其中 w_i 表示每个特征值对鲍鱼环数的影响权重）

写成矩阵相乘的形式为：

$$y=(w_1, w_2, w_3, w_4, w_5, w_6, w_7)(x_1, x_2, x_3, x_4, x_5, x_6, x_7)^{\mathrm{T}}+b$$

也可以写成：

$$y=(x_1, x_2, x_3, x_4, x_5, x_6, x_7)(w_1, w_2, w_3, w_4, w_5, w_6, w_7)^{\mathrm{T}}+b$$

缩写为：

$$Y=XW+b$$

因此，本案例神经网络训练的过程也是解决多元线性回归的问题，即用已知的 $\boldsymbol{X}$ 和 $\boldsymbol{Y}$ 通过神经网络寻找到隐藏层最优的一组 W 和 b 来实现模型 $Y=XW+b$。

（6）双击 abalane_prediction. py 的 Python 文件，打开编辑界面（图 4-32），进行神经网络模型程序的编写。

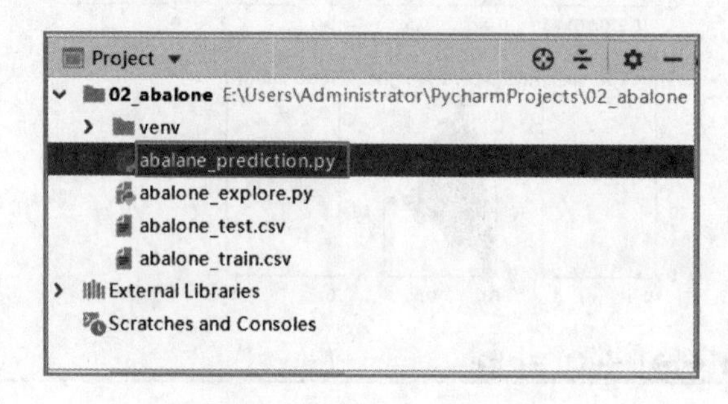

图 4-32 编辑 Python 程序界面

在图 4-32 右侧编辑界面输入 Python 代码，进行神经网络模型搭建、迭代训练。具体神经网络模型搭建、迭代训练代码如下所示：

```
import pandas as pd
import tensorflow as tf
import numpy as np
import matplotlib. pyplot as plt
#导入本地训练数据集
url1 = "abalone_train. csv"
data = pd. read_csv( url1,header=None)
#为数据添加列名索引
data. columns = ['Length','Diameter','Height','Whole weight','Shucked weight','Viscera weight','Shell weight','Rings']
#把训练输入值和输出值转化成 numpy 数组
x_data = np. array( data[ ['Length','Diameter','Height','Whole weight','Shucked weight','Viscera weight','Shell weight'] ])
y_data = np. array( data['Rings'])
#定义模型
model = tf. keras. Sequential( )
##units: 输出空间维度 1; input_dim:输入空间的纬度 7
model. add( tf. keras. layers. Dense( units=1, input_dim=7))
#定义损失函数和最小化损失函数的方法
sgd = tf. keras. optimizers. SGD( lr=0. 01)
model. compile( optimizer=sgd,loss='mse')
#训练模型
history=model. fit( x_data,y_data,batch_size=50,epochs=100)
#保存模型
model. save('model. h5')
```

此案例所定义的神经网络架构模型是基于 Keras 框架。高度封装化使得神经网络的实现变得简单易懂。

“model = tf. keras. Sequential( )” 表示采用 Keras 框架提供的层的堆叠类型，来创建神经网络模型，构建一个如图 4-31 所示的简单的全连接网络。

“model. add(tf. keras. layers. Dense(units = 1, input_dim = 7))” 表示添加网络的层，参数 “input_dim = 7” 表示该模型具有 7 个输入变量，即图 4-31 中的 x_1-x_7；参数 units = 1 表示有一个输出，即图 4-31 中的 Y。

“sgd = tf. keras. optimizers. SGD （lr = 0. 01）” 用来衡量模型训练过程中神经网络学习的效果，参数 sgd 表示采用的是随机梯度下降法来衡量学习的效果。

“model. compile(optimizer = sgd, loss = 'mse')” 定义的是损失函数，用来评估模型的预

测值与真实值之间的差异程度。神经网络训练的过程就是最小化损失函数的过程，损失函数越小，说明模型的预测值就越接近真实值，模型的准确性也就越高。“optimizer = sgd”表示采用的是梯度下降的参数优化方法。“loss = 'mse'”表示采用的损失函数是均方误差，这是线性回归分析通常采用的方法。

“history = model. fit(x_data, y_data, batch_size = 50, epochs = 100)”是模型训练代码，表示每次随机输入50条特征值，循环输入100次。“model. save('model. h5')”保存模型为model. h5。

运行abalane_prediction. py的Python文件可以看到训练过程中的不断迭代运行结果，如图4-33所示，可以看出随着训练轮数的增加，损失函数loss值在不断减小。训练好的模型保存在model. h5文件中，出现如图4-34所示的model. h5文件，这表明训练好的模型已经被保存。

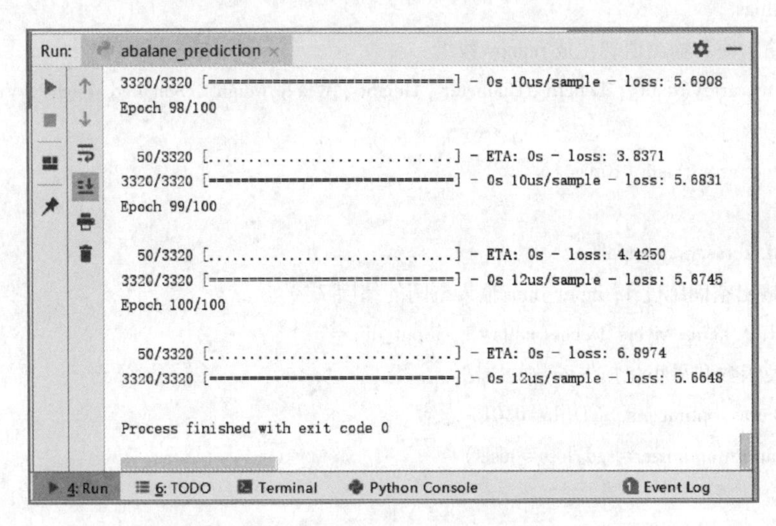

图4-33　模型训练迭代过程

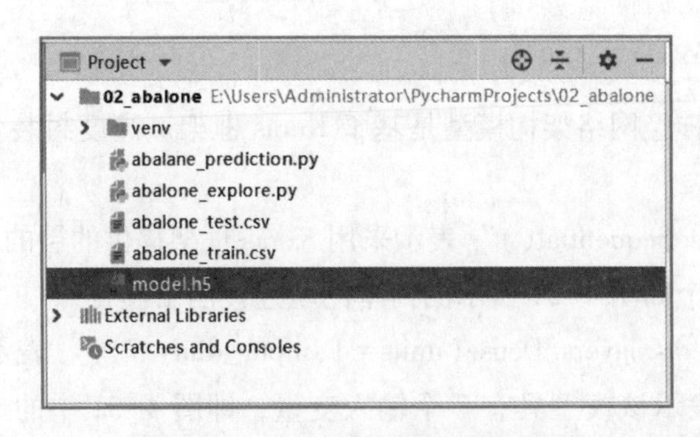

图4-34　训练好的模型保存位置

为了更好地观看损失函数的变化，以便判断神经网络整体的训练效果，继续在Python文件abalane_prediction. py中编写如下代码：

```
# 绘制损失函数变化曲线图
plt.plot(history.history['loss'])
plt.title('Model loss')
plt.ylabel('Loss')
plt.xlabel('Epoch')
plt.legend(['Train', 'Test'], loc='upper left')
plt.show()
#输出训练结果
weights = np.array(model.get_weights())
print('W=',str(weights[0]))
print('b=',str(weights[1]))
```

运行程序后损失函数 loss 的整体变化如图 4-35 所示。可以看出，在前 200 次迭代循环过程中，随着迭代次数的增加，损失函数 loss 值迅速减小，之后再增加迭代次数，损失函数值趋于最小化，不再发生大幅度变化，说明神经网络参数已经达到最优化，可以输出训练结果。

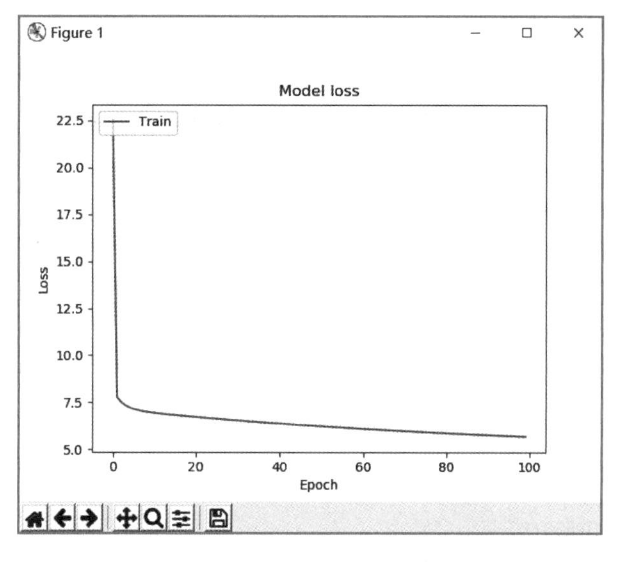

图 4-35 损失函数 loss 最优化过程

通过前面分析可知，神经网络训练过程其实就是寻找到隐藏层最优的一组 W 和 b，以实现模型 $Y=XW+b$。那么 abalane_prediction.py 程序运行完后可以得到训练模型 model 的一组 W 和 b，如图 4-36 所示。训练好的预测模型可表示为：

$$Y=(x_1,x_2,x_3,x_4,x_5,x_6,x_7)\times(4.095482,6.4293375,7.008196,6.6456184,-18.414297,-5.036426,12.533478)^{\mathrm{T}}+3.1915898$$

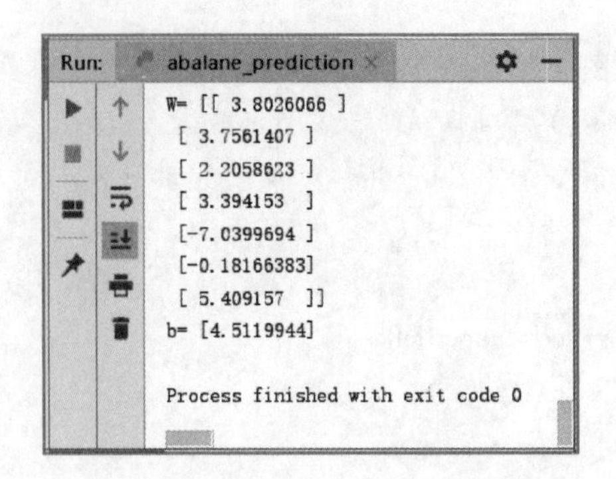

图 4-36 训练模型参数值

接下来可以使用测试数据集来测试模型的预测准确率。

(7) 对 model 模型进行测试。衡量一个神经网络预测模型的性能如何，需要使用测试数据集进行测试。新建 abalone_test.py 文件，如图 4-37，用来编辑测试代码，实现代码如下：

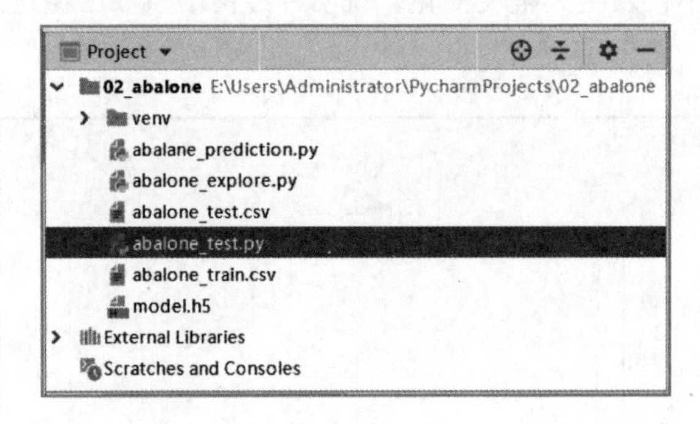

图 4-37 新建 abalone_test.py 文件

```
import pandas as pd
import tensorflow as tf
import numpy as np
import matplotlib.pyplot as plt
url_test = "abalone_test.csv"
data_test = pd.read_csv(url_test,header=None)
# 为测试数据集添加列名索引
data_test.columns =['Length','Diameter','Height','Whole weight','Shucked weight','Viscera weight','Shell weight','Rings']
#输入测试数据集
sample = data_test.sample(850)
#把测试输入值和输出值转化成 numpy 数组
sample_x = np.array(sample[['Length','Diameter','Height','Whole weight','Shucked weight','Viscera weight','Shell weight']])
```

```
sample_y = np.array(sample['Rings'])
#加载训练好的 model 模型
loaded_model=tf.keras.models.load_model('model.h5')
#使用模型进行预测
sample_predict = loaded_model.predict(sample_x)
#输出真实的 Y 值
print(sample_y)
#输出预测 Y 值
print(sample_predict)
# 绘制真实的 Y 值与预测 Y 值对比折线线图
plt.plot(sample_y)
plt.plot(sample_predict)
plt.title('Model predict')
plt.ylabel('Rings')
plt.xlabel('Dataset')
plt.legend(['Train', 'Test'], loc='upper left')
plt.show()
```

运行此程序，测试数据集 abalone_test.csv 文档中的 850 条测试数据集会被依次导入，对训练好的神经网络模型进行测试，把神经网络模型计算出来的值与实际的鲍鱼环数进行比较。程序运行后能够绘制出测试数据集中真实的 Y 值（sample_y）与预测 Y 值（sample_predict）的对比折线图，如图 4-38 所示，即 model 模型预测的鲍鱼环数与鲍鱼真实环数的对比。

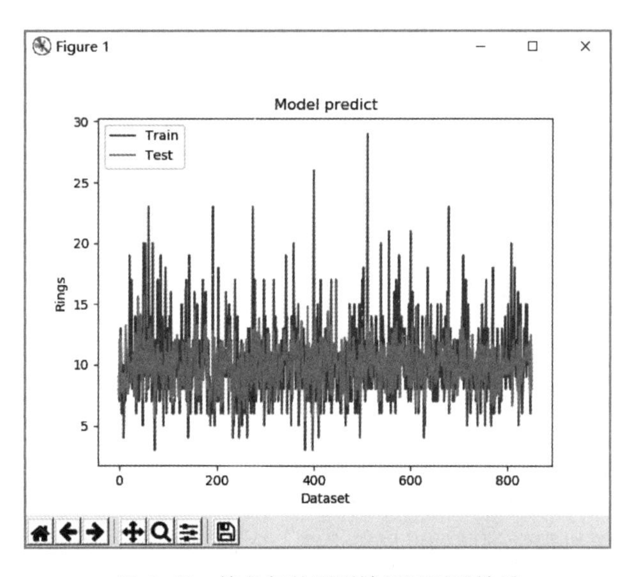

图 4-38 鲍鱼年龄预测神经网络测试效果

本章中进行的鲍鱼年龄预测模型构建案例是通过分析鲍鱼的长度、直径等 7 项特征值与鲍鱼年轮环数的关系，进而确定使用多元线性回归构建神经网络模型。使用训练数据集 abalone_test. csv 进行神经网络训练，使用梯度下降优化各参数，使损失函数最小化得到训练模型 model 的一组最优 W 和 b，进而得到模型 $Y=XW+b$，通过测试数据集 abalone_test. csv 测试该模型的预测能力，由图 4-36 可以看出，该模型对于年轮较大的鲍鱼预测误差较大，对于其他年轮鲍鱼预测的准确性还是可信的，能够实现对鲍鱼年龄相对准确的预测。

4. 2. 3 神经网络的进化

早期的神经网络在语音识别、图像处理等多个领域都体现了其效用与价值。但是它仍然存在着一些问题：例如，神经网络训练的耗时太久；训练优化困难，常常陷入局部最优解，而无法找到全局最优答案；隐藏层的所有节点数都需要不断调参，使得程序对人的依赖性较强。

正因为这些问题，使得神经网络的研究在 20 世纪 90 年代中后期一度陷入了冰河期。直到 2006 年，深度学习之父 Geofrey Hinton 在 *Science* 和相关期刊上发表了论文，首次提出了“深度信念网络”的概念。与传统的训练方式不同，“深度信念网络”有一个“预训练”（pre-training）的过程，这可以让神经网络中的权值快速找到一个接近最优解的值，之后再使用“微调”（fine-tuning）技术来对整个神经网络进行优化训练。这两个技术的运用大幅度减少了训练多层神经网络的时间。Hinton 给多层神经网络相关的学习方法赋予了一个新名词——深度学习。

很快，深度学习在语音识别、图像识别等领域崭露头角。2016—2017 年是深度学习全面爆发的两年。例如，AlphaGo 和 Alpha Zero 经过短暂的学习就击败了世界排名前列的围棋选手；科大讯飞推出的智能语音系统，识别正确率高达 97%以上；百度推出的无人驾驶系统 Apollo（阿波罗）也顺利上路完成公测，使得无人驾驶汽车离我们越来越近。种种的成就让人们再次认识到深度神经网络的价值和魅力。

4. 3 深度学习

微课 4-7
深度学习

4. 3. 1 何谓深度学习

在深度学习出现之前，使用传统的机器学习算法进行图像分类的准确率遇到了“瓶颈”。ImageNet 挑战赛是计算机视觉领域的世界级竞赛，比赛的任务之一就是让计算机自动完成对 1 000 张图片的分类，ImageNet 挑战赛的历年错误率与人工视觉错误率对比如图 4-39 所示。在 2010 年首届 ImageNet 大赛上，冠军团队使用手工设计的特征，配合支持向量机算法，取得了28.2%的分类错误率。在2011年的比赛中，冠军的分类错误率降低至25.7%。但如果将竞赛用的数据集交给人进行学习和识别，人工的错误率只有5.1%，低出当时最先进分类系统足足20个百分点。因此，2011年以前的“人工智能系统”远远称不上智能。

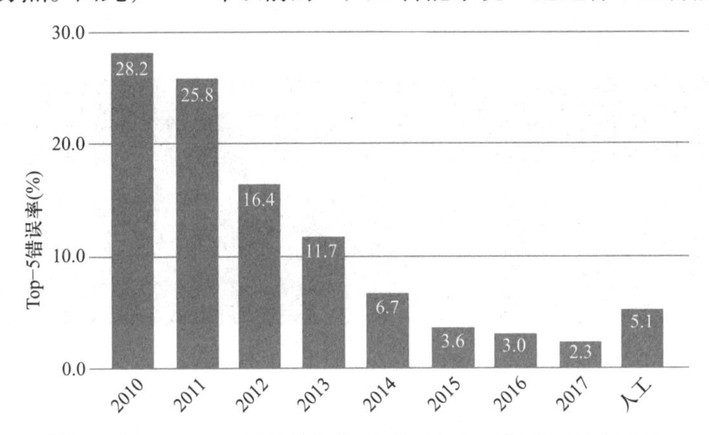

图4-39 ImageNet挑战赛历年错误率与人工视觉错误率对比

究其原因是图像的特征提取问题，特征设计的困难极大地拖延了计算机视觉的发展。然而在2012年的ImageNet挑战赛给人们带来了惊喜，来自多伦多大学的参赛团队首次使用深度神经网络（深度学习），将错误率降到了16.4%，深度学习至此进入了人们的视野。后来仅用了3年的时间，微软研究院的团队使用深度学习，将错误率降到了3.6%，首次超过了人工的正确率。到2017年最后一届ImageNet挑战赛，错误率已经降到2.3%。

深度学习之所以有这么强大的能力，是因为它可以自动从图像中学习有效的特征，代替了人类手工设计的特征，使人工智能变得更加“智能”。

那么，到底什么是深度学习呢？如图4-40所示，深度学习是指在多层神经网络上运用各种机器学习算法解决图像、文本等相应问题的算法集合，是一种特殊的机器学习。它来源于人工多层神经网络，是随着大数据出现和计算机运算速度的提升而推出的。目前，深度学习在计算机视觉、自然语言处理、语音识别等众多领域都取得了一定的成功，是人工智能最前沿的技术。

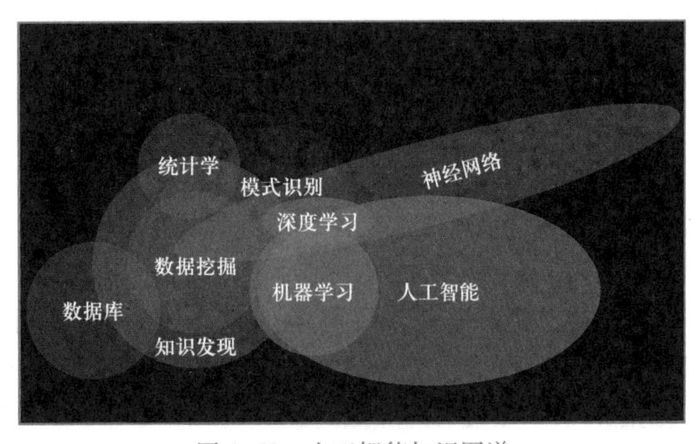

图4-40 人工智能知识图谱

深度学习和传统的机器学习的区别在于：在机器学习方法中，几乎所有的“特征数据”都需要通过行业专家来确定，然后通过手工对“特征”进行编码。而深度学习算法可以智能地从数据中学习特征。下面通过人脸识别来分析深度学习的架构。图 4-41 为深度学习用于人脸识别的例子。

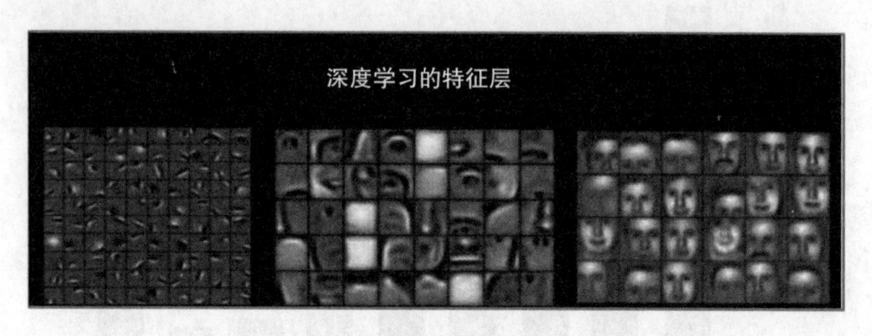

图 4-41　深度学习用于人脸识别

从图 4-41 中可以看到，输入的数据是人的头像，对于机器来说，这个图像是没有办法理解的。通过深度学习来进行人脸识别的流程如下。

（1）深度学习首先尽可能找到与这个头像相关的各种边缘，这些边缘就是底层的特征（low-level features）。

（2）把这些底层特征进行组合，就形成了人脸的边缘，就可以看到鼻子、眼睛、耳朵等，它们就是中间层特征（mid-level features）。

（3）最后再把鼻子、眼睛、耳朵等中间层特征进行组合，就可以组成各种各样的头像，也就是高层特征（high-level features），这时就可以识别出或者分类出不同人的头像了。

深度学习经过多年的摸索尝试和研究，已经产生了诸多深度神经网络的模型，其中卷积神经网络、循环神经网络是两类典型的模型。卷积神经网络常被应用于空间性分布数据；循环神经网络在神经网络中引入了记忆和反馈，常被应用于时间性分布数据。

4.3.2　卷积神经网络

在图像处理中，往往把图像的像素表示转变为向量表示，比如一幅 1000×1000 像素的图像，可以表示为一个 1 000 000 的向量。按照图 4-42 所示的连接方式，如果隐含层数目与输入层一样，即也是 1 000 000 节点时，那么输入层到隐含层的参数数据为 $1\,000\,000\times1\,000\,000=10^{12}$，这样就太多了，基本没法训练。所以图像处理要使用神经网络，必先减少参数，加快速度。此时可以用卷积神经网络（Convolution Neural Networks，CNN）来搭建模型。对于 CNN 来说，并不是所有上下层神经元都能直接相连，而是通过“卷积核”作为中介。同一个卷积核在所有图像内是共享的，图像通过卷积操作后仍然保留原先的位置关系。图像输入层到隐含层的参数瞬间降低到了 $100\times100\times100=10^6$ 个，可以使用多层卷积层来得到更深层次的特征图，使参数不断减少。

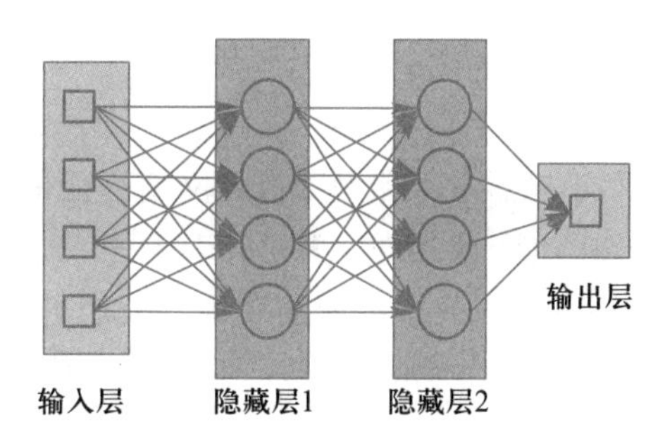

图 4-42 人工神经网络结构图

CNN 是一个人工多层的神经网络，已成为当前语音分析和图像识别领域的研究热点。其基本运算单元包括：卷积运算、池化运算、全连接运算和识别运算，关于卷积的运算本书将在第 5 章案例中进行讲解。

4.3.3 深度学习框架

在深度学习初始阶段，每个深度学习研究者都需要编写大量的重复代码。为了提高工作效率，这些研究者就将这些代码写成一个框架放到网络上共享，让所有研究者一起使用。因此，网络上就出现了不同的算法框架。随着时间的推移，最为好用的几个算法框架被人大量使用，从而流行了起来。全世界最为流行的深度学习框架有 PaddlePaddle、TensorFlow、Caffe、Theano、MXNet、Torch 和 PyTorch。图 4-43 所示为深度学习的流行框架。

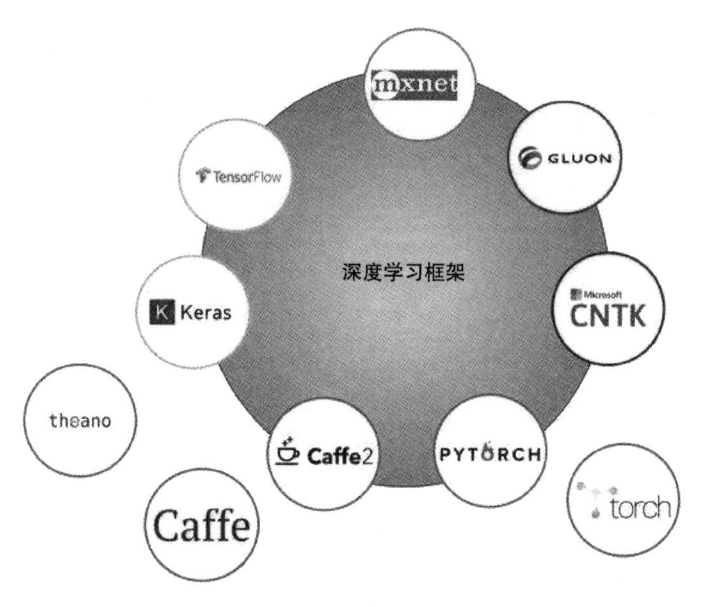

图 4-43 深度学习框架

1. TensorFlow

TensorFlow 最初被开发用于机器学习和深度神经网络方面的研究，基于这个系统的通用性，使其也可被广泛用于其他计算领域。TensorFlow 是一个采用数据流图（data flow graphs），用于数值计算的开源软件库。它灵活的架构让人们可以在多种平台上展开计算，例如台式计算机中的一个或多个 CPU（或 GPU）、服务器、移动设备等。图 4-44 所示为 TensorFlow 的数据流图。

【相关链接】数据流图计算结构如图 4-44 所示，构建数据流图时，需要两个基础元素：节点和边。

- 节点。在数据流图中，节点通常以圆、椭圆或方框表示，代表对数据的运算或某种操作。例如，在图 4-44 中就有 5 个节点，分别表示输入（input）、乘法（mul）和加法（add）。
- 边。数据流图是一种有向图，“边”通常用带箭头的线段表示，实际上，它是节点之间的连接。指向节点的边表示输入，从节点引出的边表示输出。输入可以是来自其他数据流图，也可以表示文件读取、用户输入。输出就是某个节点的计算结果。在图 4-44 中，节点 c 接受两条边的输入（2 和 4），输出乘法的计算结果 8。

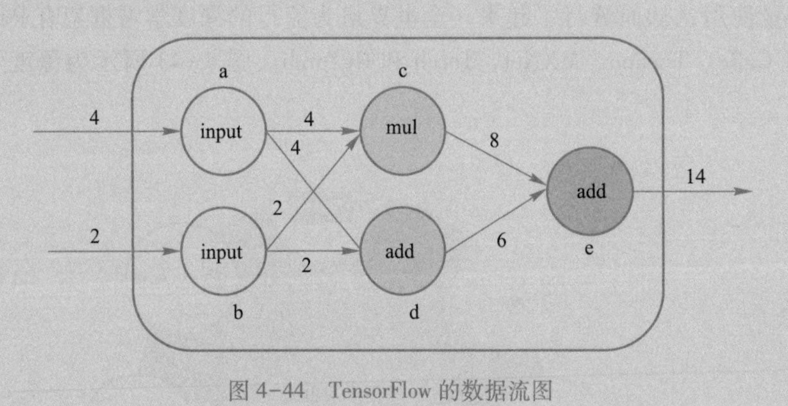

图 4-44 TensorFlow 的数据流图

2. Caffe

Caffe 是由加州大学伯克利分校的人工智能研究小组开发的，全称为 Convolutional Architecture for Fast Feature Embedding，是一个清晰而高效的开源深度学习框架，由伯克利视觉中心（Berkeley Vision and Learning Center，BVLC）进行维护。Caffe 的核心概念是 Layer，每一个神经网络的模块都是一个 Layer。Layer 接收输入数据，同时经过内部计算产生输出数据。设计网络结构时，只需要把各个 Layer 拼接在一起构成完整的网络（通过配置文件定义）。Caffe 最开始设计时的目标只针对于图像，没有考虑文本、语音或者时间序列的数据，因此 Caffe 对卷积神经网络的支持非常好，但对时间序列 RNN、LSTM 等的支持不是特别充分。

3. PaddlePaddle

百度研发的开源、开放的深度学习平台，是国内最早开源，也是当前唯一一个功能完备的深度学习平台。依托百度业务场景的长期锤炼，PaddlePaddle 有最全面官方支持的工业级应用模型，涵盖自然语言处理、计算机视觉、推荐引擎等多个领域，并开放多个领先的预训练中文模型，以及多个在国际范围内取得竞赛冠军的算法模型。

4. Torch

Torch 是一个有大量机器学习算法支持的科学计算框架，其诞生已有十年之久，但是真正起势得益于 Facebook 开源了大量 Torch 的深度学习模块和扩展。Torch 的特点在于特别灵活，但是另一个特殊之处是采用了编程语言 Lua。在深度学习大部分以 Python 为编程语言的大环境之下，一个以 Lua 为编程语言的框架有着更多的劣势，这一项小众的语言增加了学习使用 Torch 这个框架的成本。

深度学习框架的出现降低了入门的门槛，人们不需要从复杂的神经网络开始编代码，就可以根据需要选择已有的模型，通过训练得到模型参数；也可以在已有模型的基础上增加自己的隐含层，或者是在顶端选择自己需要的分类器和优化算法，就像搭积木一样，根据不同的领域需求选择不同的框架搭建，实现分类或预测等功能。深度学习是包含多级非线性变换的层级机器学习方法，深层神经网络是目前的主要形式。作为人工智能技术的新发展，被广泛应用于机器视觉、语音识别等领域，取得了一系列巨大的研究成果。但也面临着理论计算问题、高维特征空间的表示问题和无监督学习问题的重大挑战，有许多待解决的问题，在未来很长一段时间内仍然会是模式识别与人工智能等领域研究的热点。

4.3.4 TensorFlow 游乐场

TensorFlow 游乐场是一个通过网页浏览器就可以模拟深度学习神经网络的可视化模型训练过程的工具，可以简单模拟神经网络学习的过程。本案例解决的是二分类问题（分两类），通过对数据集进行分析，找到分类方法，从而对数据集进行有效分类。图 4-45 所示为 TensorFlow 训练模型的主界面窗口。

图 4-45 窗口的上方是对整个模拟操作的参数设置区域，如图 4-46 所示。

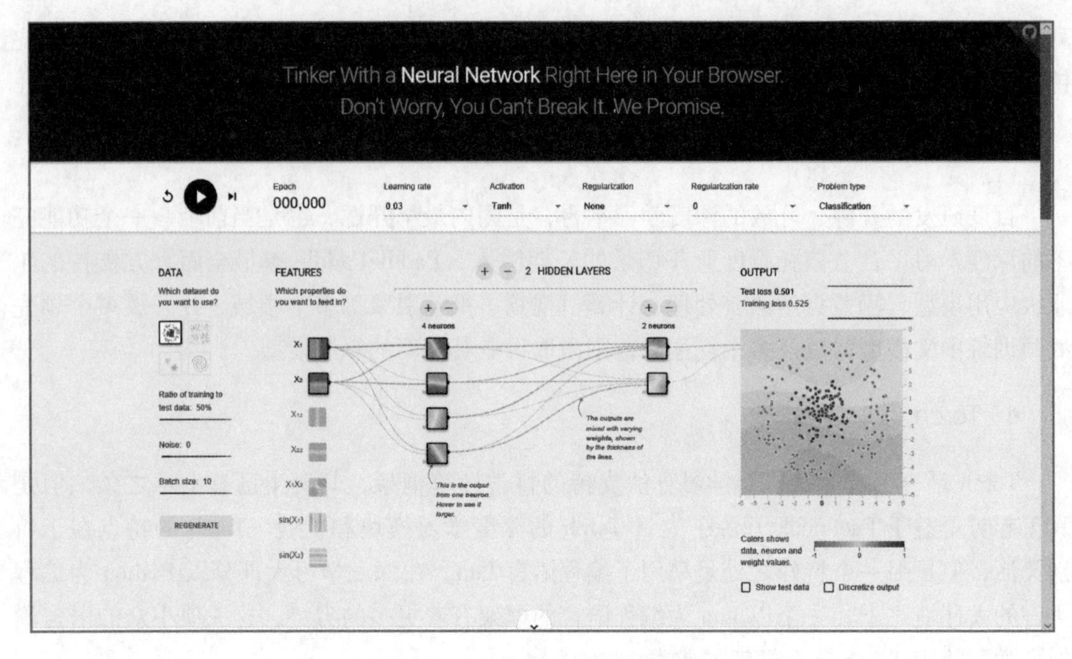

图 4-45 TensorFlow 游乐场界面

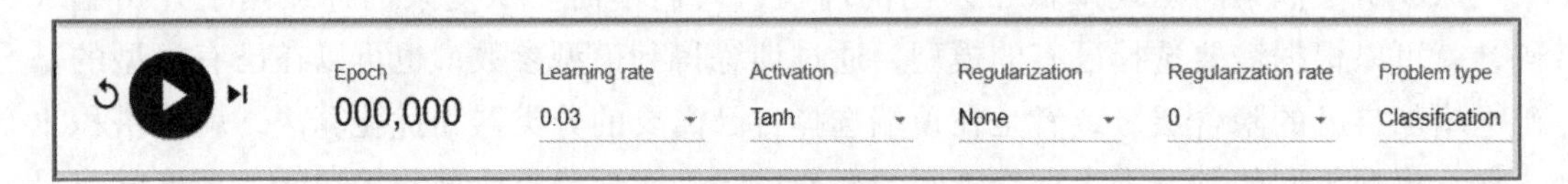

图 4-46 参数设置区域

1. 参数选项区域介绍

下面针对此区域选项从左到右进行介绍。

- 最左侧按钮为“运行”按钮，单击此按钮可以开始神经网络的训练。
- Epoch：显示神经网络模型训练时的迭代次数。
- Learning rate：学习率，即学习的速率或者说学习的步伐。为了能够使模型训练有较好的性能，需要把学习率的值设定在合适的范围内，太大的学习速率导致学习的不稳定，太小值又导致极长的训练时间。自适应学习速率通过保证稳定训练的前提下，达到了合理的高速率可以减少训练时间。根据经验，一般把学习率设置为 0.01~0.8。
- Activation：激活函数，是在人工神经网络的神经元上运行的函数，负责将神经元的输入映射到输出端，默认为非线性函数 Tanh。如果对于线性分类问题，可以不使用激活函数。
- Regularization：正则化。目标是为了降低过拟合度。过拟合度越高说明模型越复杂，对分类数据要求更严格，泛化能力就越差。

- Regularization rate：正则化率。
- Problem type：问题类型，包括 Classification（分类）和 Regression（回归）问题。

2. DATA 区域介绍

图 4-45 所示窗口的左侧区域为训练模型提供了“数据集”，即 DATA 区域，如图 4-47 所示。这里提供了四种数据集，默认选中第一种，被选中的数据也会显示在最右侧的 OUTPUT 中。在这个数据中可以看到，二维平面上有蓝色和黄色的小点；每一个小点代表一个样例，不同点的颜色代表样例的不同分类。因为只有两种颜色，所以这里是一个二分类问题。

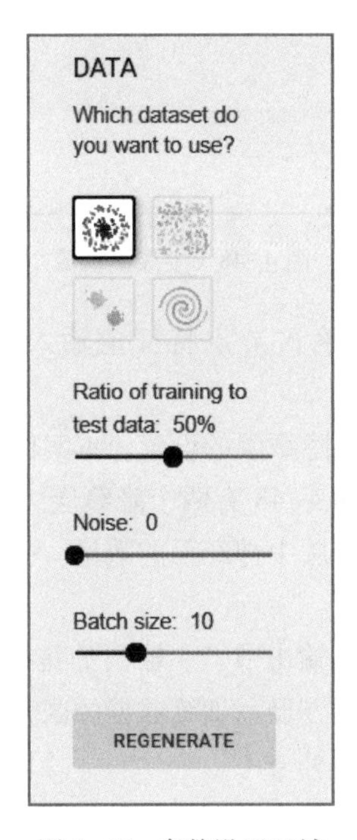

图 4-47 参数设置区域

接下来的三项是对数据集的调整选项，分别为：Ratio of training to test data，调整测试集和训练集的比率（一般默认即可）。Noise，即噪声，指一些不同寻常的数据，会增加分类或者回归的难度。Batch size，每次输入特征数据集的数量，Batch size 不宜选的太小，太小了容易不收敛，或者需要经过很大的 epoch 才能收敛；也没必要选的太大，太大首先显存受不了，其次可能会因为迭代次数的减少而造成参数修正变得缓慢。

3. 操作显示主界面区域

图 4-45 所示窗口的主体区域，即案例的操作显示主界面区域，如图 4-48 所示，清楚地显示了深度学习的整个模型训练过程，包括输入节点、隐藏层以及输出节点情况等。

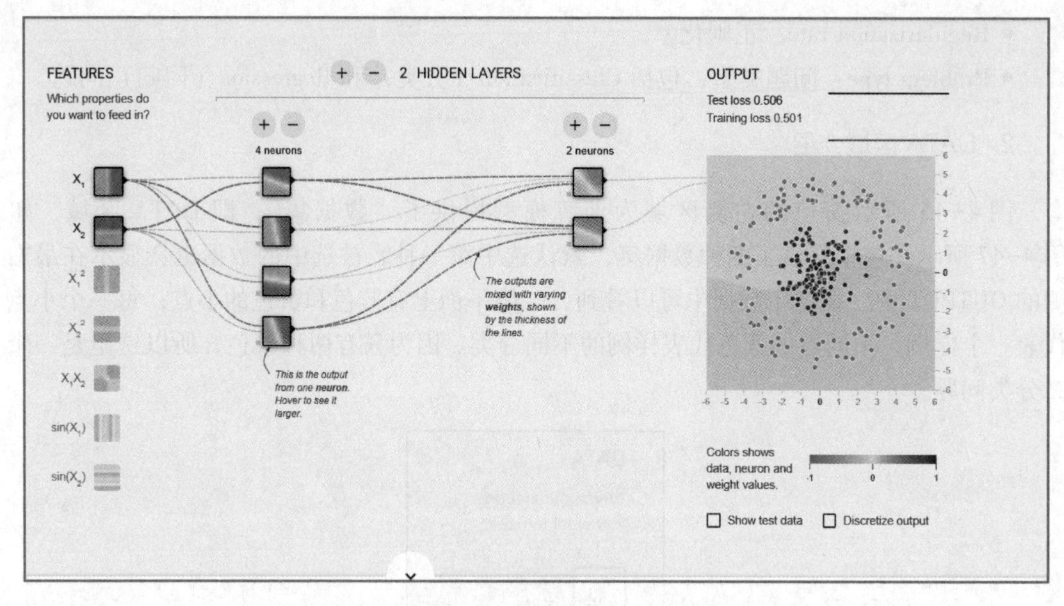

图 4-48 主界面区域

(1) FEATURES 区域。选择输入节点特征值输入的属性，包括 X_1、X_2、X_1^2、X_2^2、X_1X_2、sin（X_1），sin（X_2）。

(2) HIDDEN LAYERS 区域。隐藏层的设置。本案例可以清楚地看到隐藏层神经网络的情况。每一列是一个隐藏层，图 4-48 有两个隐藏层，可以通过单击平台提供的+、-来增加隐藏层的数量以及每一层隐藏层中神经元的数量。一般神经网络的隐藏层越多，这个神经网络越深。

(3) OUTPUT 区域。最右侧是输出节点。输出的是损失（越小越好），一般来说训练集的损失要小于测试集的损失。下方显示训练数据的区分情况，动态显示神经网络整个训练过程中的预测结果变化。

4. 平台操作简介

为了让大家对本平台有更好的体验，下面按照神经网络训练过程对平台进行操作，具体步骤如图 4-49 所示。

(1) 选择第一个数据集。假设这个数据集是用来判断某一机器零件是否合格，蓝色代表合格，橙色代表不合格。提取特征零件的长度和质量作为神经网络的输入。测试集和训练集的比率为 50%；Noise：0；Batch size：10。

(2) 定义神经网络的结构。显然这是一个非线性的二分类问题，可以使用默认参数设置，也可以自行根据需要调整，这里使用默认参数。选取神经网络结构为 X1，X2 表示零件的长度和质量进行输入。设置第一个隐含层有四个神经元节点，第二个隐含层有两个神经元节点。

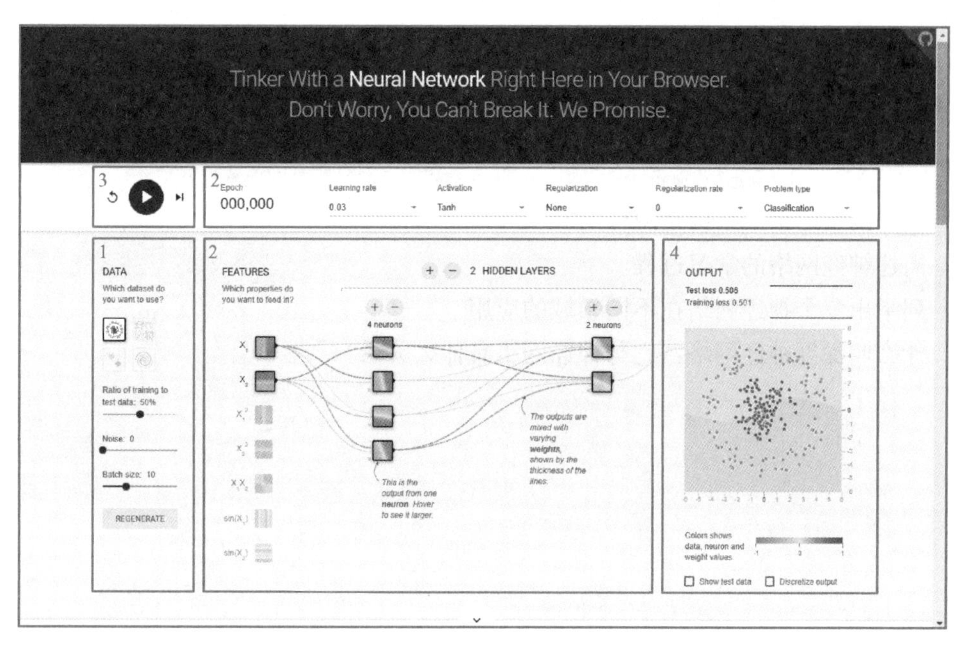

图 4-49 训练神经网络操作步骤

（3）单击开始训练按钮，通过训练来不断优化网络的参数，使之达到最合理水平。

（4）使用训练好的网络来预测未知的数据，动态查看输出预测效果图。

单击开始训练按钮后神经网络开始训练，如图 4-50 是训练 435 次后的情况。观察 OUTPUT，这时模型其实已经很准确地进行了分类。

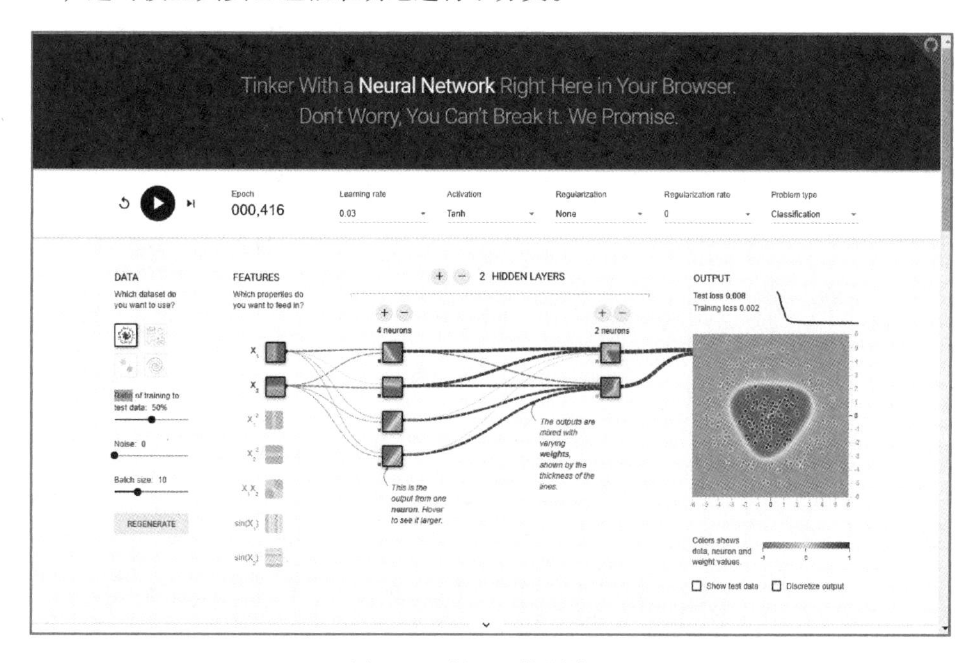

图 4-50 神经网络训练过程

课后思考题

1. 神经网络的组成结构是怎样的?
2. 简述神经网络的学习过程。
3. 列举出三个神经网络在不同领域的应用。
4. 什么叫深度神经网络?它与神经网络有什么关系?

第5章 人脸识别与视觉图像
——让人工智能观察世界

学习目标

- 能够区分机器视觉与人类视觉的异同，理解其各自的运作方式。
- 从行业和算法两个层面了解计算机视觉的概念、发展历程及研究领域。
- 理解计算机视觉图像系统的处理流程和应用领域。
- 了解视觉图像智能分析的各种核心技术（以图像分类为例）。

道路监控系统在城市治安防控中发挥着重要的作用，是城市道路监控网络系统的重要组成部分。它不但可以通过监控机动车辆来监控道路交通的情况，还可以为交通、治安等各类案件的侦破提供技术支持，大大提高了公安机关执法办案的水平和效率。

道路监控系统通过图像传输，将路面交通情况实时上传到道路监控指挥中心，指挥中心可以据此了解路面情况，以便调整各路口车流量，确保交通畅通。当有机动车违章（如闯红灯）时，就会被监控设备拍摄记录下来，传送给中央管理系统，然后使用图像处理技术分析拍摄的照片，提取出车牌号。采用道路监控系统，提高了道路交通管理的工作效率。

道路监控系统的核心硬件是摄像头，如图 5-1 所示为道路监控摄像头。它扮演了“眼睛”的作用，通过实时监测，并且拍摄机动车的违章行为，返回给中央管理系统，最后由交通警察按照交通法规进行处理，这样一个人机交互过程就完成了。

图 5-1 道路监控摄像头

微课 5-1
人类视觉与机器视觉

5.1 人类视觉与机器视觉

五觉是人类获取外界信息的重要渠道。人类通过视觉、触觉、听觉、味觉和嗅觉来感知世界，通过获取到的信息感受外界环境的变化，从而进行自身的生命活动。而视觉是人类五觉中最特别的一种感官能力，大部分的外来信息都是通过视觉获得并传递到人类的大脑，因此人类的视觉系统是获取外界环境信息的重要途径。

人类的视觉形成的大致过程是眼球通过接收并聚合外界物体反射的光线，依次经过角膜、瞳孔、晶状体和玻璃体，并经过晶状体等的折射，最终落在视网膜上，形成物像，如图 5-2 所示。视网膜上的感光细胞将物像信息通过视觉神经传递给大脑，人就产生了视觉。人类的眼球结构如图 5-3 所示。

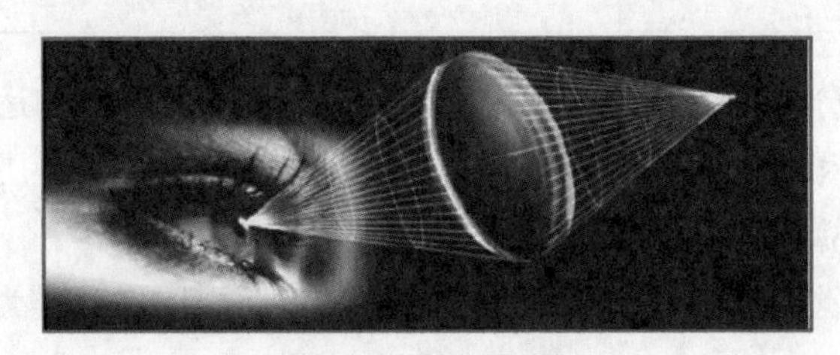

图 5-2 人类的视觉

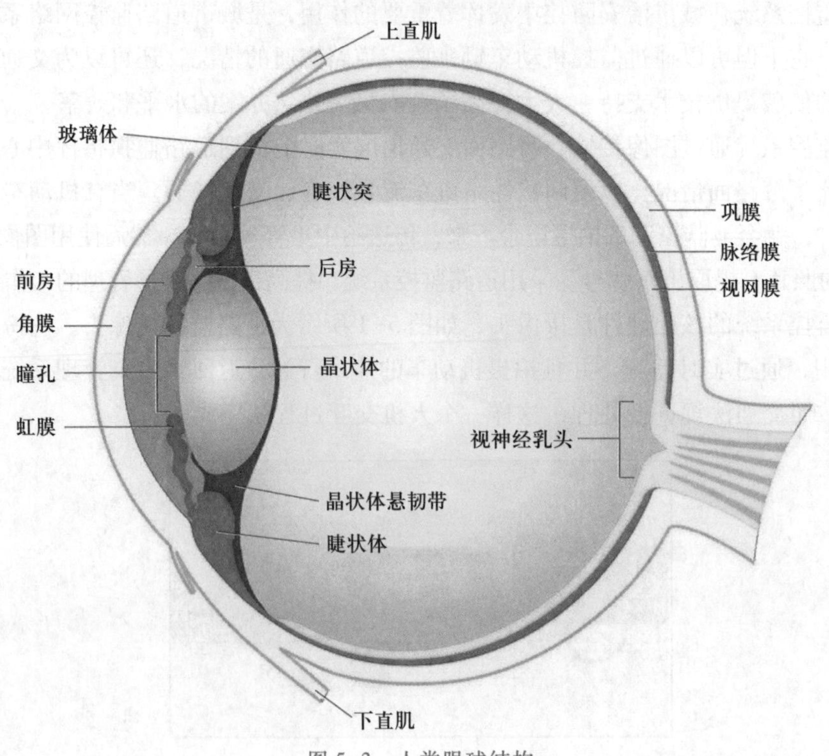

图 5-3 人类眼球结构

大脑通过眼睛接收到的物像信息，主要通过物像的动态、色彩、形状及空间的不同来区分的。有了这些信息，人就可以辨认外部物体，并作出适当的反应，因此视觉系统能够帮助人们探索与辨别世界。人类借助眼睛能够看到奔驰的骏马、跳跃的羚羊，也能看到遥远的太空、浩瀚的星空。人类视觉系统是人类感知世界最重要的手段之一。

那么，什么是机器视觉呢？机器视觉是人工智能快速发展的一个分支。机器视觉主要是使用机器来模拟人的视觉功能，从客观事物的图像中提取有用信息，进行处理并加以理解，最终用于企业生产中的检测、测量和控制等。

机器视觉技术是一门涉及人工智能、神经生物学、心理物理学、计算机科学、图像处理、模式识别等诸多领域的交叉学科。它最大的特点就是速度快、信息量大、功能多。

机器视觉系统是指利用机器视觉技术，通过机器视觉设备将被摄取目标转换成图像信号，传送给专用的图像处理系统，得到被摄取目标的形态信息，根据像素分布、颜色、亮度等信息转换成数字化信号。图像系统通过对这些信号进行各种运算来抽取目标的特征，进而根据判别的结果来控制现场的设备动作。

机器视觉系统能够帮助人们提高生产的灵活性和自动化程度，依靠机器视觉系统可以快速获取大量信息，并对信息进行自动处理。除此之外，视觉信息还可以与设计信息、加工控制等信息集成，这也是实现计算机集成制造的基础技术。因此，在现代自动化生产过程中，人们将机器视觉系统广泛地用于工况监视、成品检验和质量控制等领域。例如，在一些不适合于人工作业的危险工作环境或人工视觉难以满足要求的场合，尝试使用机器视觉来替代人工视觉；在大批量工业生产过程中，用人工视觉检查产品质量效率低且精度不高，采用机器视觉检测可以大大提高生产效率和生产的自动化程度。如图 5-4 所示为机器视觉检测系统。

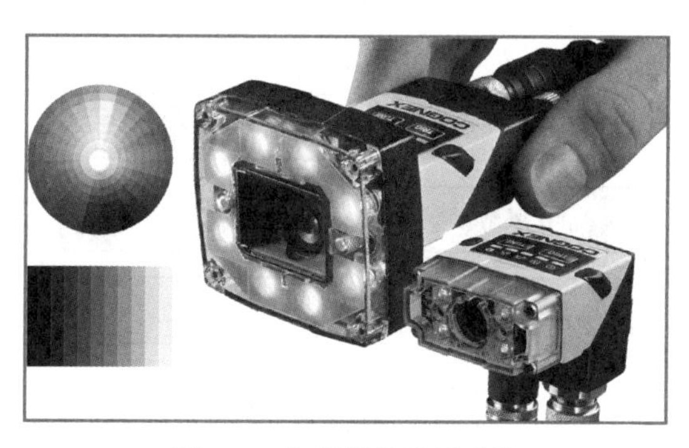

图 5-4 机器视觉检测系统

目前，我国作为全球制造业的加工中心，引入国际先进水平的机器视觉系统应用在制造业的加工流程中，先进的生产线生产出更精细化的零部件，也使我国成为世界上机器视觉发展最活跃的国家之一。除了制造业以外，机器视觉还应用在公安、交通、安全、科研、工业、农业、医药、军事、航天、气象、天文等国民经济的各行各业。

在人类学习的历史长河中，常常是通过采用“自我观察”来描述某一问题的解决过程，现在还可以通过计算机程序进行模拟。但是，让大家通过“自我观察”的方法来描述自己的视觉过程，却是不可能的。当前，由于人类的视觉机制尚不清楚，所以机器视觉技术对人类来说还是存在很多问题的，建立机器视觉系统是十分困难的任务。但可以预计的是，随着机器视觉技术自身的成熟和发展，它将在现代和未来社会中得到越来越广泛的应用。

5.2 计算机视觉图像技术

微课 5-2
计算机视觉技术及应用（1）

俗话说，眼睛是心灵的窗户，视觉对于人类而言的重要性不言而喻。有科学研究表明，人类的学习和认知活动有80%以上都是通过视觉系统来完成的。换言之，基于图像的视觉系统是人类感受和理解这个世界的最主要手段。在人工智能领域中，机器视觉系统扮演着非常重要的角色，并形成了一个特定的研究领域——计算机视觉。

计算机视觉是一门研究如何使机器“看”的科学，也就是研究如何使用计算机和摄影机来代替人眼完成对目标的识别、跟踪和测量等工作，并进一步通过计算机进行图形图像处理，使之成为更适合人眼观察或传送给仪器检测的图像。计算机视觉主要是通过对相关理论技术的研究，试图建立能够从图像或者多维数据中获取“信息”的人工智能系统。这里的“信息”是指可以用于帮助系统作“判断”或“决定”的有效数据。

人体对于视觉场景的感知可以看作是从感官信号中提取信息，所以计算机视觉图像技术也可以看作是研究如何使人工智能系统从图像或多维数据中“感知”信息的科学。而计算机视觉图像技术的实现原理，就是通过各种成像系统来代替视觉器官（眼睛）作为输入，由计算机来代替大脑完成处理和解释。图5-5所示为人体感官与计算机视觉的处理模式对比。

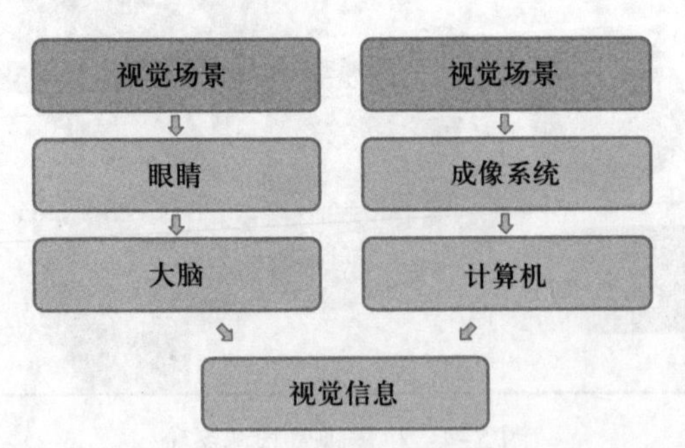

图5-5 人体感官与计算机视觉的处理模式对比

计算机视觉图像技术的最终研究目标就是使计算机能够做到像人一样通过视觉系统来观察和理解世界，并且具备自主适应环境的能力。在这个长期目标实现以前，人们首先致力于构建一种视觉系统，能够依据视觉敏感和反馈的某种程度来智能地完成某些任务。例如，计算机视觉的一个重要应用领域就是车辆的自主视觉导航，实现在高速公路上具备道路跟踪能力，并且避免与前方车辆碰撞的视觉辅助驾驶系统，如图5-6所示。一台安装视觉辅助驾驶系统的汽车可以自主地对前方车辆位置进行判断，以避免碰撞。

图 5-6 视觉辅助驾驶系统

这里需要指出，在计算机视觉图像系统中，虽然计算机起着代替人脑的作用，但这并不意味着计算机必须完全按照人类视觉的方法来完成对视觉信息的处理。计算机视觉图像技术可以而且应该根据计算机系统的运行特点来进行视觉信息的处理。

此外，关于计算机视觉与机器视觉，二者都被认为是人工智能学科的下属科目，但也存在一定程度的差异：计算机视觉是利用计算机和其辅助设备来模拟人的视觉功能，实现对客观世界的三维场景的感知、识别和理解，更加偏重于软件系统，侧重于通过算法来对图像进行识别分析；而机器视觉包含了诸如采集设备、光源、镜头、控制、算法等一系列的硬件系统，更加侧重于工程上的实际应用。

5.3 计算机视觉图像系统及应用

5.3.1 计算机视觉图像系统

作为一个工程学科，计算机视觉寻求基于相关理论与模型来建立计算机视觉系统。计算机视觉图像系统的结构形式很大程度上依赖于其具体的应用方向。有些系统是独立工作的，用于解决具体的测量或检测问题；也有些作为某个大型复杂系统的组成部分出现，比如与机械控制系统、数据库系统、人机接口设备等协同工作。计算机视觉图像系统的具体实现方法是由其功能决定的，即预先固定的或是在运行过程中自动学习调整。尽管如此，有些功能却几乎是每个计算机视觉图像系统都需要具备的，其组成框架和处理流程如图 5-7 所示。

（1）图像获取。一幅数字图像是由一个或多个图像感知器产生的，这里的感知器可以是各种光敏摄像机，包括遥感设备、X 射线断层摄影仪、雷达、超声波接收器等。不同的感知器，其产生的图片可以是普通的二维图像、三维图组或者一个图像序列。图片的像素值往往对应于光在一个或多个光谱段上的强度（灰度图或彩色图），但也受一些相关的各种物理数据的影响，如声波、电磁波或核磁共振的深度、吸收度或反射度。

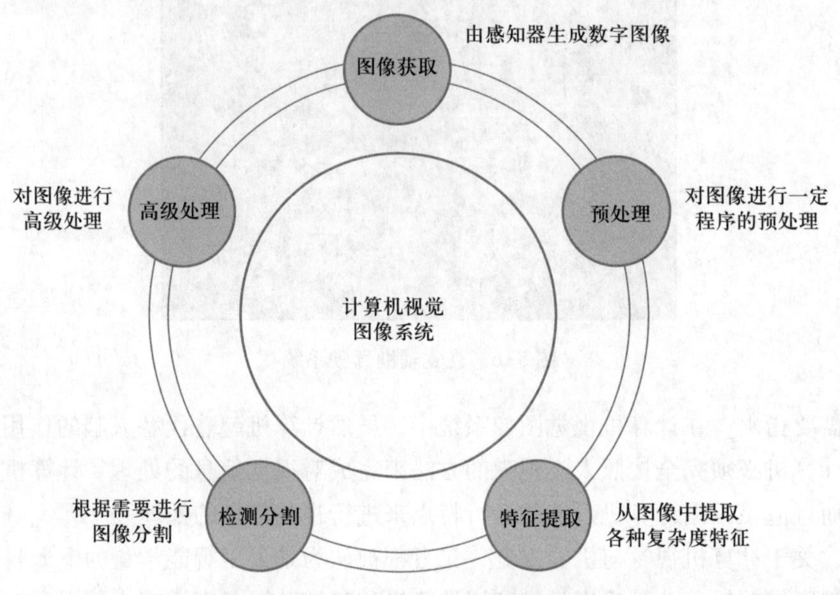

图5-7 计算机视觉图像系统

（2）预处理。在对图像实施具体的采用计算机视觉方法来提取某种特定的信息前，往往采用预处理来使图像满足后继方法的要求。例如：使用二次取样保证图像坐标的正确；使用平滑去噪来滤除感知器引入的设备噪声；通过提高对比度来保证实现相关信息可以被检测到；通过调整尺度空间使图像结构适合局部应用。

（3）特征提取。从图像中提取各种复杂度的特征。例如线、边缘提取；提取局部化的特征点检测，例如边角检测、斑点检测；还有一些更复杂的特征与图像中的纹理形状或运动有关。

（4）检测分割。在图像处理过程中，有时会需要对图像进行分割来提取有价值的、用于后继处理的部分。例如筛选特征点；分割一幅或多幅图片中含有特定目标的部分。

（5）高级处理。到了这一步，有效数据的数量值已经不多了，图像经先前处理只剩下含有目标物体的部分结构。高级处理包括：验证得到的数据是否符合前提要求；估测特定系数，比如目标物理的姿态、体积；对目标物体进行分类；对图像内容的理解，主要是针对分割以后的图像块进行理解，例如进行识别等操作。

5.3.2 计算机视觉图像系统的应用

计算机视觉图像系统在日常生活中随处可见，在许多领域有着非常广泛的应用，比如人脸识别、图像搜索等。本节将举例说明现实生活中都有哪些方面用到了计算机视觉图像系统。

1. 安防监控

安防是最早应用计算机视觉的领域之一。计算机视觉系统能够扩大人眼的机能，代替人工进行长时间监视，让人能够看到被监视现场实际发生的一切情况，并通过录像机记录下来。同时报警系统设备对非法入侵进行报警，产生的报警信号输入报警主机，由报警主机触发监控系统录像并进行记录。图 5-8 所示为 AI 安防监控系统。

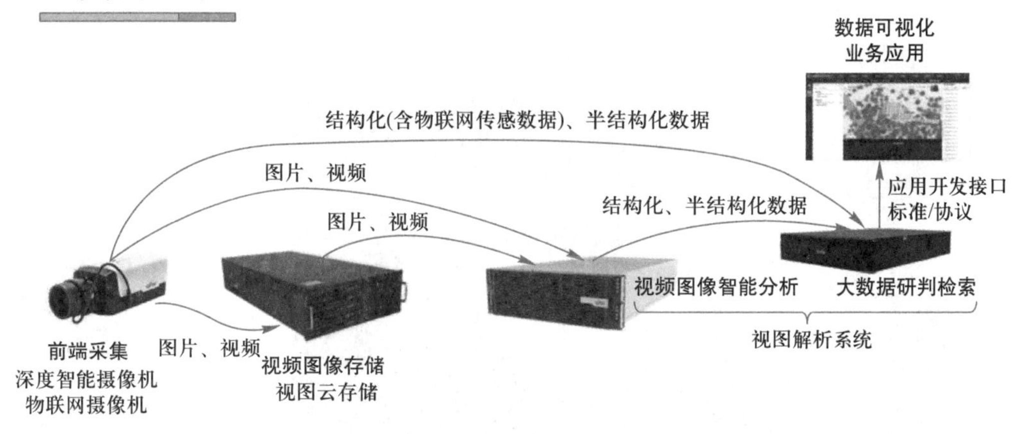

图 5-8 AI 安防监控

人脸识别和指纹识别在许多国家的公共安全系统中都有应用。常见的应用有：利用人脸库和公共摄像头对犯罪嫌疑人进行识别和布控，利用公共摄像头捕捉到的人脸画面，在其中查找可能出现的犯罪嫌疑人，用超分辨率技术对图像进行修复，并自动或辅助人工进行识别以追踪犯罪嫌疑人的踪迹；移动检测也是计算机视觉在安防中的重要应用，比如人脸识别门禁系统、无感知人脸考勤系统等；许多消费级电子产品，如手机，也配备了人脸识别系统和指纹识别模块。图 5-9 所示是人脸识别系统在无感知人脸考勤及专注度分析方面的应用，通过采集学生上课时的表情，低头、抬头、举手等动作，分析学生上课时的专注度情况，为教师的平时成绩打分以及对学生的学习情况掌握提供借鉴作用。

图 5-9 无感知人脸考勤及专注度分析

2. 交通

利用计算机视觉技术对违章车辆照片进行分析，提取车牌号码并记录在案；许多停车场和收费站也用到车牌识别；还可以利用交通摄像头拍摄的照片来分析交通拥堵状况或进行隧道桥梁监控。计算机视觉图像系统在这些方面的应用都已经非常成熟。

此外，计算机视觉图像系统是无人驾驶交通工具最重要的感知系统，通过摄像头捕获到图片来判断前方的交通标识，识别车道，判断周围行人与车辆的距离等信息，并与雷达和激光设备相配合来做出加速、减速、停车、左转、右转等判断，从而控制交通工具实现真正的“自驾游”，图5-10所示为无人驾驶车辆。

图5-10 无人驾驶

微课5-3
计算机视觉技术及应用（2）

3. 工业生产

工业领域也是最早应用计算机视觉图像技术的领域之一，如图5-11所示。例如，利用摄像头拍摄的图片对部件长度进行非精密测量，利用识别技术识别工业部件上的缺陷和划痕等，对生产线上的产品进行自动识别和分类用来筛选不合格产品，通过不同角度的照片重建零部件三维模型，等等。

图5-11 工业生产中的人工智能

4. 在线购物

图片信息在电商商品列表中扮演着信息传播最重要的角色，在移动设备上尤其突出。为了让每位用户都能看到纯净、有效的图片，电商背后的计算机视觉就成了非常重要的技术。几乎所有的电商平台都具备违规图片的检测算法，对包含违规信息的图片进行过滤，如不实促销标签、色情图片等。

对于某些第三方商家，因为在商品页面发布违规或虚假宣传文字极易被检测，于是有些商家会把文字嵌入图片，此时光学字符识别（Optical Character Recognition，OCR）就成了保护消费者利益的防火墙。图 5-12 所示为利用计算机视觉进行文字识别。

5. 游戏娱乐

在游戏娱乐领域，计算机视觉的主要应用是在体感游戏方面，例如 Kinect、Wii 和 PS4 等，如图 5-13 所示。在这些游戏设备上经常用到一种特殊的深度摄像头，用于返回场景到摄像头距离的信息，从而用于三维重建或辅助识别，这种解决方案比常见的双目视觉技术更加可靠实用。此外，手势识别、人脸识别、人体姿态识别等技术，也被用于接收玩家指令并与玩家进行互动。

图 5-12 OCR

图 5-13 体感游戏

6. 机器人和无人机

机器人和无人机中主要利用计算机视觉和环境发生互动，如教育或玩具机器人利用人脸识别和物体识别对用户和场景作出相应的反应：测量勘探的无人机可以在很低成本下采集海量的图片用于三维地形重建；自动物流的无人机利用计算机视觉识别降落地点，或者辅助进行路线规划；拍摄的无人机，采用目标追踪技术和距离判断等可以辅助飞行控制系统做出精确的动作，用于跟踪拍摄或自拍等，图 5-14 所示为无人机跟踪拍摄。

7. 生物医学

医学影像是医疗领域中一个非常活跃的研究方向，各种影像和视觉技术作为计算机辅

图 5-14 无人机跟踪拍摄

助诊断（Computer Aided Diagnosis，CAD）在这个领域中至关重要。计算机层析成像（Computerized Tomography，CT）和磁共振成像（Magnetic Resonance Imaging，MRI）中重建三维图像，并进行一些三维表面渲染都有涉及一些计算机视觉的基础手段。细胞识别和肿瘤识别用于辅助诊断，一些细胞或者体液中小型颗粒物的识别，还可以用来量化分析血液或其他体液中的指标。图 5-15 所示为采用计算机视觉进行辅助诊断所得到的图像。

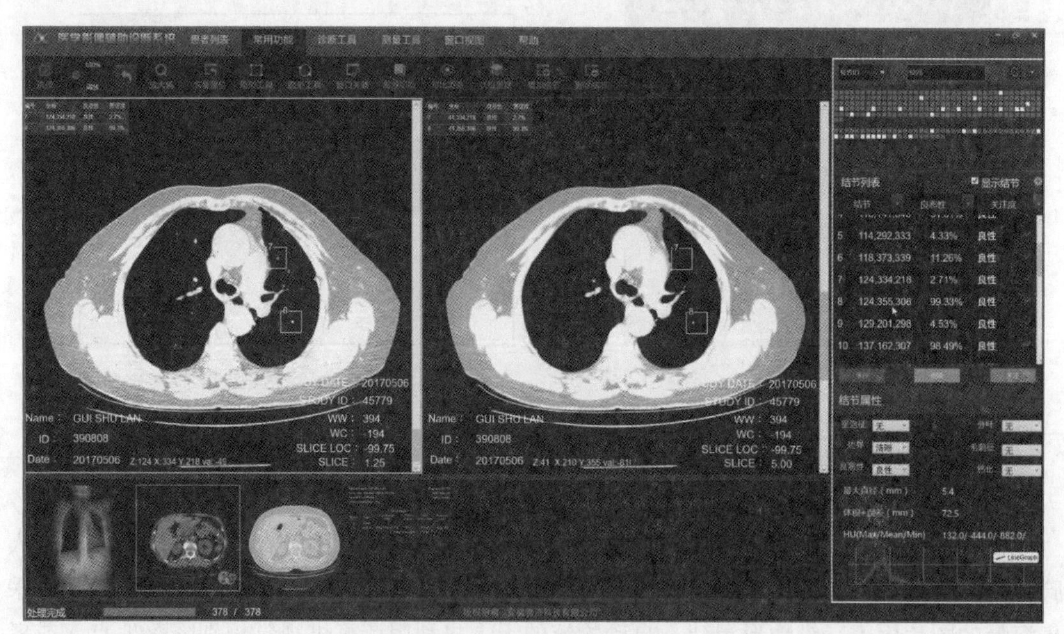

图 5-15 计算机辅助诊断

计算机视觉图像技术经过多年发展，现已成为一门新兴的综合技术，并在社会诸多领域得到了广泛应用。视觉图像系统的不断发展，大大提高了装备的智能化、自动化水平，以及硬件使用效率、可靠性等性能。随着新技术、新理论在视觉图像系统中的应用，计算机视觉在国民经济的各个领域将发挥更大的作用。

微课 5-4
视觉图像智能分析
的核心技术（1）

5.4 视觉图像智能分析的核心技术

本节将通过一个基于手工特征的图像分类例子来介绍视觉图像智能分析的核心技术。图像分类是指根据各自在图像信息中所反映的不同特征，把不同类别的物体目标区分开来的图像处理方法。它利用计算机对图像进行定量分析，把图像或图像中的区域划归为若干类别中的某一种，以计算机视觉代替人的视觉来判读。

在手机相册中，如果存在着如图 5-16 所示的这样一组图片，如何识别照片中的物体属于什么类别（猫类、狗类、飞机类、汽车类等），这便是一个图像分类的任务。

图 5-16 相册图片

图像分类的过程包含两个核心步骤：特征提取和特征分类。

图像的特征主要包括图像的颜色特征、纹理特征、形状特征和空间关系特征。颜色特征和纹理特征都是全局特征，描述了图像或图像区域所对应景物的表面性质。形状特征又包括了两类特征：一类是轮廓特征；另一类是区域特征。图像的轮廓特征主要针对物体的外边界，而图像的区域特征则关系到整个形状区域。空间关系特征是指图像中分割出来的多个目标之间的相互的空间位置或相对方向关系，这些关系也可分为连接/邻接关系、交叠/重叠关系和包含/包容关系等。那么，对于图像分类这个任务，应该选取什么样的特征？又该如何怎样从图片中有效提取它们呢？在回答这些问题之前，先来了解一下图像在计算机中是如何表示的。

1. 图像在计算机中的表示

如图 5-17 所示，如果将这幅图像放大，可以看到它是由一个个的小格子组成的，每个小格子是一个色块。不同颜色的色块用不同的数字来表示，图像就可以表示为由一组数字组成的矩形阵列，称为矩阵。因此，图像可以表示为由大量数字组成的矩阵，这样图像就可以在计算机中进行存储。这里的每一个格子称之为像素，而格子的行数与列数，统称为分辨率。常说的某幅图像的分辨率是 1280×720，指的就是这幅图像由 1280 行、720 列的像素组成。反过来，如果给出一个数字组成的矩阵，将矩阵中的每个数值转换为对应的颜色，并在计算机屏幕上显示出来，就可以还原这幅图像。

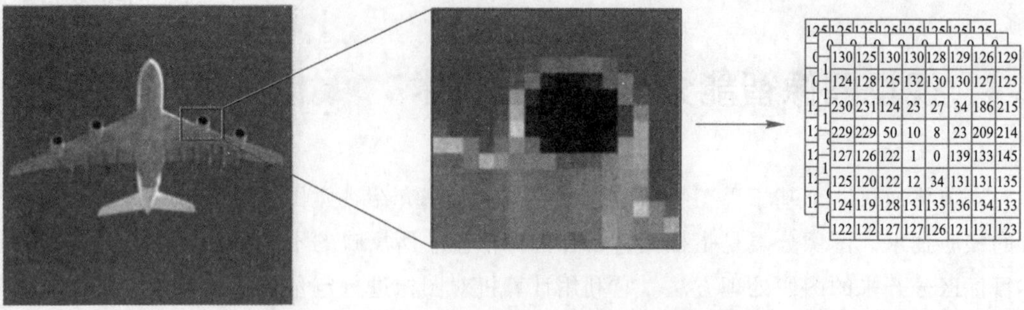

图 5-17 图像在计算机中的表示

照片分为黑白和彩色，对于图像相应地有灰度图像和彩色图像。对于灰度图像，由于只有明暗的区别，因此只需要一个数字就可以表示出不同的灰度。通常用 0 表示最暗的黑色，255 表示最亮的白色，0~255 的整数则表示不同明暗程度的灰色。对于彩色图像，用（R，G，B）三个数字来表示一个颜色，它表示用红（R）、绿（G）、蓝（B）三种基本颜色叠加后的颜色。对于每种基本颜色，也用 0~255 的整数表示这个颜色分量的明暗程度。三个数字中对应某种基本颜色的数字越大，表示该基本颜色的比例越大。例如用（255，0，0）表示纯红色，用（0，255，0）表示纯绿色。

除了可以用（R，G，B）三个数字来表示一个像素点颜色以外，一幅彩色图像还可以用由整数组成的立方体矩阵来表示。图 5-17 中最后一个图片所表示的三阶张量，三阶张量的长度与宽度即为图像的分辨率，高度为 3，表示由三张整数矩阵组成。其中，第一张矩阵中的整数分别表示每一个像素点中红色的浓度数值，第二张矩阵中的整数分别表示每一个像素点中绿色的浓度数值，第三张中的整数则表示的是蓝色浓度数值。对于数字图像而言，三阶张量的高度也称为通道数，因此也说彩色图像有三个通道。矩阵可以看作是高度为 1 的三阶张量，灰度图像只有一个通道。

2. 图像特征概述

为了把图 5-16 中的物体目标进行分类，可以先简单思考一下，什么样的特征可以区分这些物体呢？在表 5-1 中，将“有没有翅膀”作为一个特征，就可以区分小鸟和小猫，也可以区分汽车和飞机。再将“有没有眼”作为另一个特征，就可以区分这四种物体了。

表 5-1 物体特征列表

特 征	小猫	小鸟	飞机	汽车
特征 1：有没有翅膀	没有	有	有	没有
特征 2：有没有眼睛	有	有	没有	没有

那么应该怎样从图像中提取这两个特征呢？对于人类而言，这个过程非常简单，只要看一眼图片，大脑就可以获取这些特征。但是对于计算机而言，一幅图像就是以特定方式

存储的一串数据。让计算机通过一系列计算，从这些数据中提取类似“有没有翅膀”这样的特征是一件极其困难的事情。

在深度学习出现之前，图像特征的设计一直是计算机视觉领域中一个重要的研究课题。在这个领域发展初期，人们手工设计了各种图像特征，这些特征可以描述图像的颜色、边缘、纹理等基本性质，结合机器学习技术，能够解决物体识别和物体检测等实际问题。

由前面内容可知，图像在计算机中可以表示成三阶张量，那么从图像中提取特征便是对这个三阶张量进行运算的过程。计算机视觉图像技术中非常重要的一种运算叫作卷积。

3. 卷积运算

微课 5-5
视觉图像智能分析的核心技术（2）

卷积运算在图像处理以及其他许多领域有着广泛的应用。卷积和加减乘除一样，是一种数学运算。参与卷积运算的可以是向量、矩阵或三阶张量。下面先从向量的卷积入手，讲解卷积的基本步骤，再将其推及至矩阵和三阶张量。

两个向量卷积的结果仍然是一个向量，它的计算过程如图 5-18 所示。首先，将两个向量的第一个元素对齐，并截去长向量中多余的向量，计算这两个维数相同的向量的内积（1×5+2×4+3×3＝22），并将算得的结果作为结果向量的第一个元素。接下来，将短向量向下滑动一个元素，从原始的长向量中截去不能与之对应的元素，并计算内积。重复“滑动—截取—计算内积”这个过程，直到短向量的最后一个元素与长向量的最后一个元素对齐为止。最后就可以得到这两个向量卷积的结果。作为一种特殊情形，当两个向量的长度相同时，不需要进行滑动操作，卷积结果是长度为 1 的向量，结果向量中这个元素就是两个向量的内积。

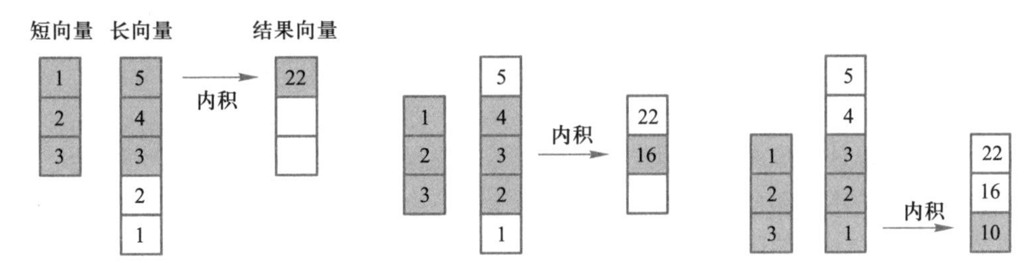

图 5-18　向量的卷积运算

从上面的卷积计算可知，卷积结果的维数通常比长向量短。有时为了使得卷积之后维数和长向量一致，会在长向量的两端补上一些 0。对于图 5-19 中的例子，可以把长向量的两端各补一个 0，变成（0，5，4，3，2，1，0），再进行卷积运算，就可以得到维数仍然为 5 的结果向量。

类似地，可以定义矩阵的卷积。在此之前，首先需要将内积运算拓展到矩阵上：对于两个形状相同的矩阵，它们的内积是每个对应位置的数字相乘之后的和。当两个向量形状不同时，如图5-19所示，这时就需要进行移动计算了。进行向量的卷积时，只需要沿着一个方向进行滑动，而进行矩阵的卷积时，需要沿着横向和纵向两个方向进行滑动。图中结果矩阵的第一个值28=1×2+3×0+2×9+4×2。

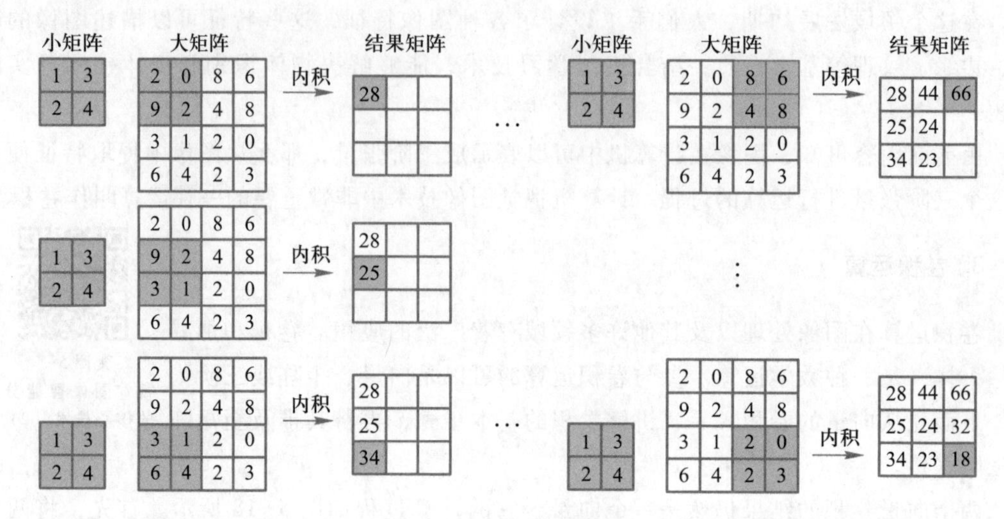

图5-19 矩阵的卷积运算

4. 利用卷积提取图像特征

卷积运算在图像处理中应用十分广泛，许多图像特征提取方法都会用到卷积。以灰度图为例，在计算机中一幅灰度图像被表示为一个整数的矩阵。如果用一个形状较小的矩阵和这个图像矩阵做卷积运算，就可以得到一个新的矩阵，这个新的矩阵可以看作是一幅新的图像。换句话说，通过卷积运算，可以将原图像变换为一幅新图像。这幅新图像有时比原图像更清楚地表示了某些性质，就可以把它当作原图像的一个特征。这里用到的小矩阵就称为卷积核。通常，图像矩阵中的元素都是介于0~255之间的整数，但卷积核中的元素可以是任意实数。

通过卷积可以从图像中提取边缘特征。在不是边缘或图像色彩变化不大的区域，图像像素值的变化比较小。相反，图像边缘两侧的像素，由于色彩变化明显，像素值往往相差较大。在图5-20的例子中，为了提取出图像中竖向边缘特征，用三列1、0、-1组成的卷积核与原图像进行卷积运算，为了将运算结果以图像的形式展示出来，对运算结果取了绝对值。当图像中竖向没有出现边缘时，也就是像素值变化不大时，经过卷积，相当于像素之间的减法运算，得到的卷积结果值会比较小，在结果图像中呈灰黑色。相反，如果在竖向边缘像素位置时，由于边缘左右两侧的像素有较大差别，在进行卷积计算后，得到的卷积结果值会比较大，在结果图像中呈亮白色。同样，在图5-21的例子中，用三行1、0、-1组成的卷积核，从图像中提取出了横向边缘，来计算原图像上每个3×3区域内上下像素的差值。通过这样的减法运算，就可以从图像中提取出不同的边缘特征。

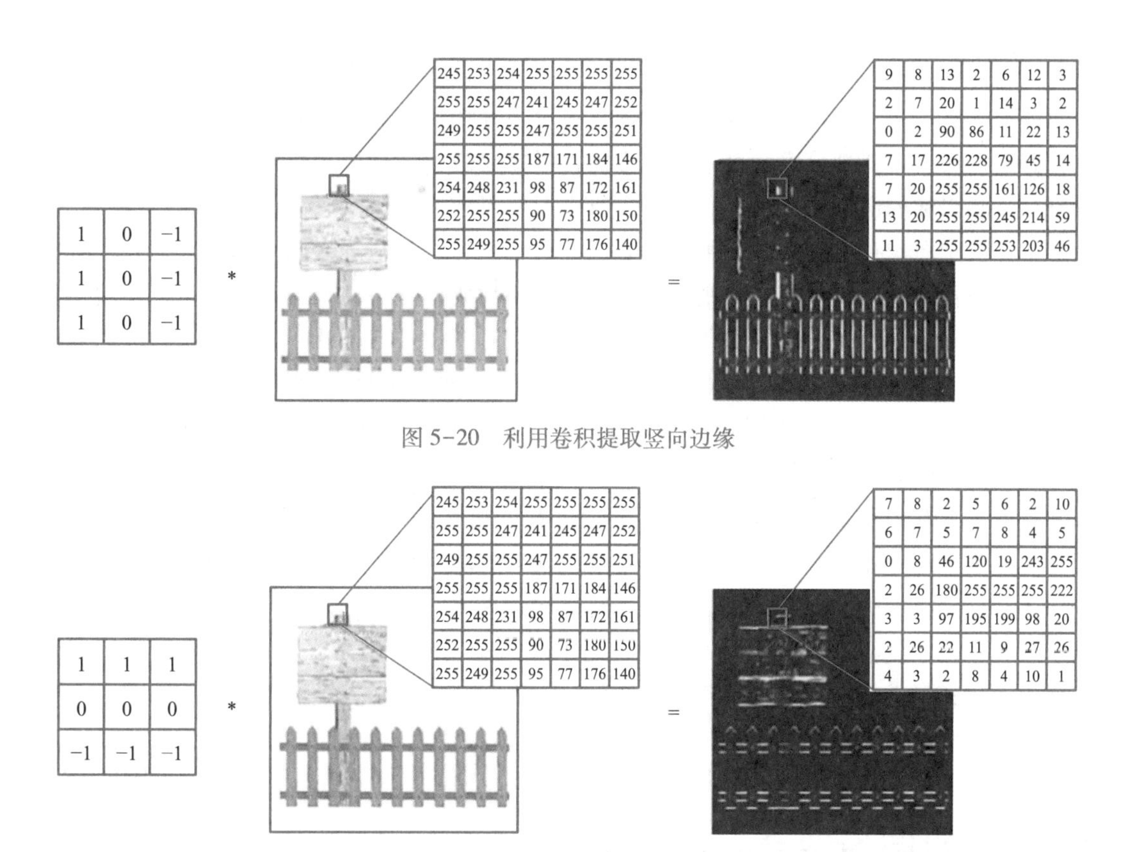

图 5-20 利用卷积提取竖向边缘

图 5-21 利用卷积提取横向边缘

除利用卷积提取图像特征以外，研究者们还设计了方向梯度直方图来更有效地提取图像特征。在物体识别和物体检测中都有较好的应用。方向梯度直方图使用边缘检测技术和一些统计学方法，可以表示出图像中物体的轮廓。由于不同的物体轮廓有所不同，因此可以利用方向梯度直方图特征区分图像中不同的物体，图 5-22 所示为不同形状物体的方向梯度直方图。

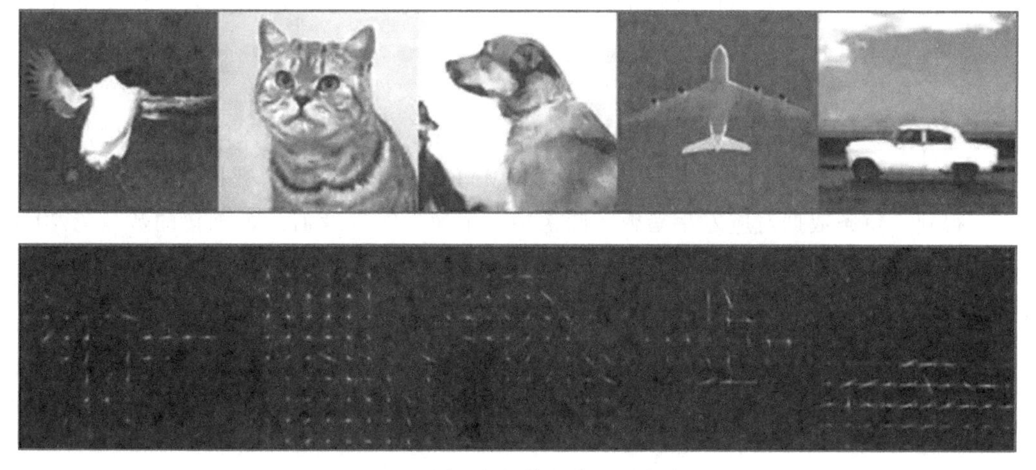

图 5-22 不同形状物体的方向梯度直方图

方向梯度直方图的提取过程主要包括三个步骤。首先，利用卷积运算从图像中提取出边缘特征；然后，将图片划分成若干区域，并对边缘特征按照方向和幅度进行统计，并形成直方图；最后，将划分不同区域的直方图再拼接起来，就形成了特征向量。具体过程相对复杂，感兴趣的同学请查找相关资料进行学习。

学习视觉图像技术一定要了解人脸识别。人脸识别，是基于人的脸部特征信息进行身份识别的一种生物识别技术，是视觉图像技术的一种典型应用。人脸识别技术，使用摄像机或摄像头采集含有人脸的图像或视频流，并自动对图像进行检测、跟踪人脸，进而对检测到的人脸进行脸部识别的一系列相关技术，通常也叫作人像识别、面部识别。20世纪60年代，人们开始研究人脸识别技术，真正进入初级的应用阶段则在90年代后期。人脸识别技术成功的关键在于是否拥有尖端的核心算法，并使识别结果具有实用化的识别率和识别速度。人脸识别技术集成了人工智能、机器识别、机器学习、模型理论、专家系统、视觉图像等多种专业技术，同时需结合中间值处理的理论与实现，是生物特征识别的最新应用，其核心技术的实现，展现了弱人工智能向强人工智能的转化。

近些年，深度学习在很多方面已经得到了广泛应用，特别是在图像识别和分类领域，深度学习达到了空前的火热，机器识别图像的能力甚至超过了人类。下面就一起来看一个视觉图像技术——手写数字识别的案例。

5.5 视觉图像技术——手写数字识别案例

微课5-6
手写数字识别（1）

在手写字符识别系统大规模普及的情况下，手写字符的正确识别已经成为手写字符识别系统的关键核心。目前手机及其他移动设备上安装的手写字符识别系统（手写输入法），在手写数字的识别方面经常出现误判，尤其在输入者处理心情激动或者生病状态的时候，这些输入者进行手写输入的时候经常会出现颤抖等情况，这导致了手写数字识别率的极不稳定，人们在使用手写输入数字的时候也会很小心，这表明现实世界手写数字识别率依然具有较大的提升空间。

本文采用深度学习的方法，利用Python第三方库文件TensorFlow实现深度学习MNIST手写数字识别。MNIST手写数字识别是机器学习和深度学习领域的入门级别实例，使用的数据集是由美国国家标准与技术研究所建立的MNIST数据集，这个数据集由250位不同人员书写得到，每条数据对应着手写数字图像中一个像素的灰度值，数据集的数量为70 000条，其训练集和测试集的数量分别是60 000条和10 000条，MNIST数据集现已成为手写数字分类器识别率检验的标准数据集。

接下来看一下使用卷积神经网络实现手写数字识别的流程。

（1）下载MNIST数据集，并进行数据集的初步探索，确定手写数字的存储形式和特点，便于进行数据预处理。

（2）搭建卷积神经网络，并使用训练数据集进行神经网络模型训练。

（3）使用测试数据集进行模型测试，评估模型，输出最终结果。

1. 数据集下载、 初步探索

微课 5-7
手写数字识别（2）

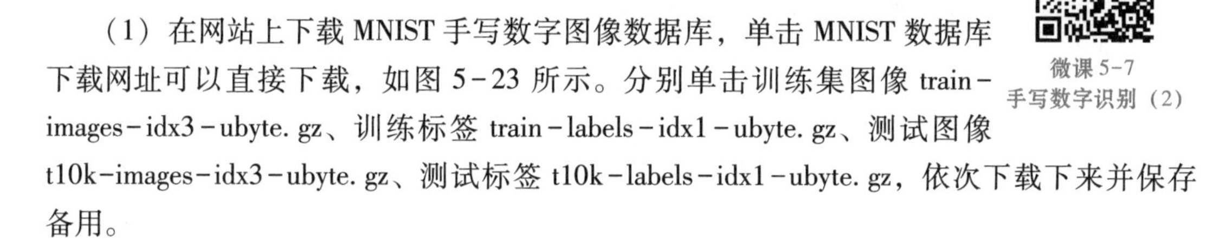

（1）在网站上下载 MNIST 手写数字图像数据库，单击 MNIST 数据库下载网址可以直接下载，如图 5-23 所示。分别单击训练集图像 train-images-idx3-ubyte. gz、训练标签 train-labels-idx1-ubyte. gz、测试图像 t10k-images-idx3-ubyte. gz、测试标签 t10k-labels-idx1-ubyte. gz，依次下载下来并保存备用。

THE MNIST DATABASE

of handwritten digits

Yann LeCun, Courant Institute, NYU
Corinna Cortes, Google Labs, New York
Christopher J.C. Burges, Microsoft Research, Redmond

The MNIST database of handwritten digits, available from this page, has a training set of 60,000 examples, and a test set of 10,000 examples. It is a subset of a larger set available from NIST. The digits have been size-normalized and centered in a fixed-size image.

It is a good database for people who want to try learning techniques and pattern recognition methods on real-world data while spending minimal efforts on preprocessing and formatting.

Four files are available on this site:

train-images-idx3-ubyte.gz:	training set images (9912422 bytes)
train-labels-idx1-ubyte.gz:	training set labels (28881 bytes)
t10k-images-idx3-ubyte.gz:	test set images (1648877 bytes)
t10k-labels-idx1-ubyte.gz:	test set labels (4542 bytes)

please note that your browser may uncompress these files without telling you. If the files you downloaded have a larger size than the above, they have been uncompressed by your browser. Simply rename them to remove the .gz extension. Some people have asked me "my application can't open your image files". These files are not in any standard image format. You have to write your own (very simple) program to read them. The file format is described at the bottom of this page.

图 5-23 MNIST 手写数字图像、数据下载网站

（2）打开 PyCharm，新建工程文件，命名为 minst，如图 5-24 所示。

在 PyCharm 平台中找到刚刚建好的 minst 工程文件，右击此工程文件，如图 5-25 所示。在弹出的对话框中选择 New，新建 Python File 文件，命名为 minst_explore. py，单击 OK 按钮，Python 文件创建成功。

为保存网站上下载的数据，在 minst 工程文件中新建 MNIST_data 文件夹，如图 5-26 所示。右击 minst 工程文件，选择 New，在弹出的菜单栏中选择 Directory 命令，弹出 New Directory 对话框，输入 MNIST_data，单击 OK 按钮，此时，在 minst 工程文件中就成功创建了 MNIST_data 文件夹。

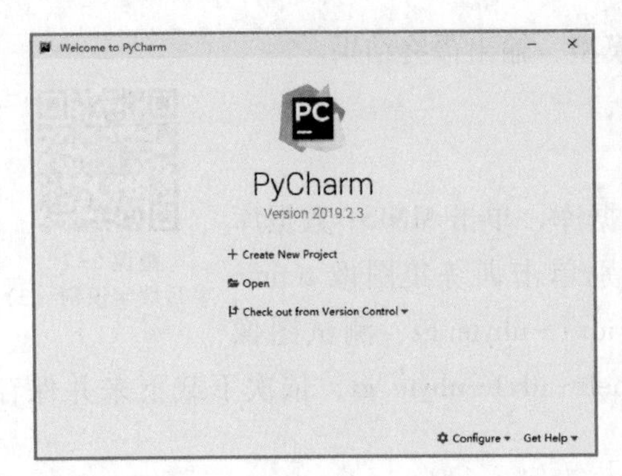

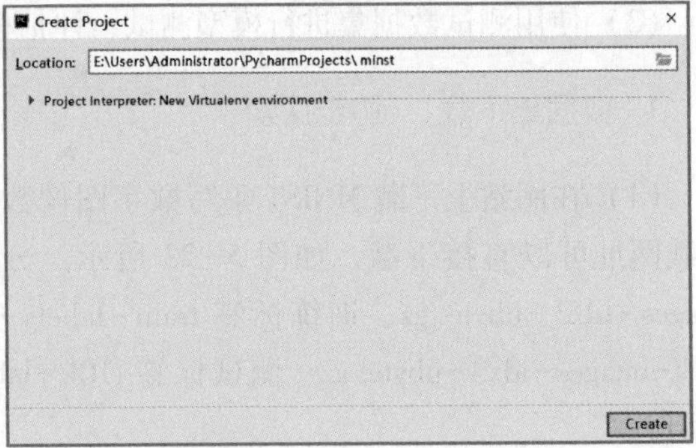

图 5-24 新建名为 minst 的工程文件

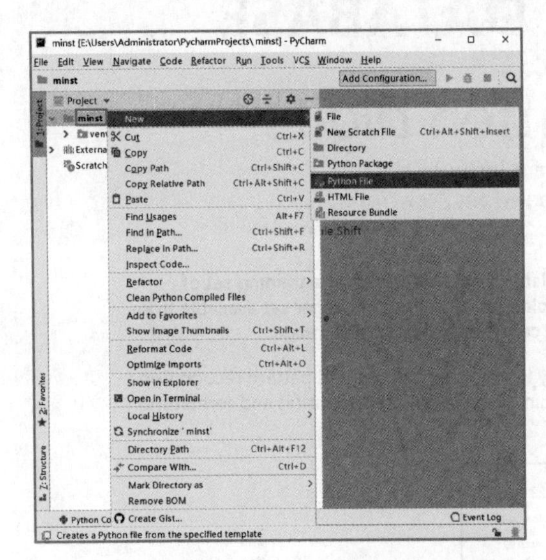

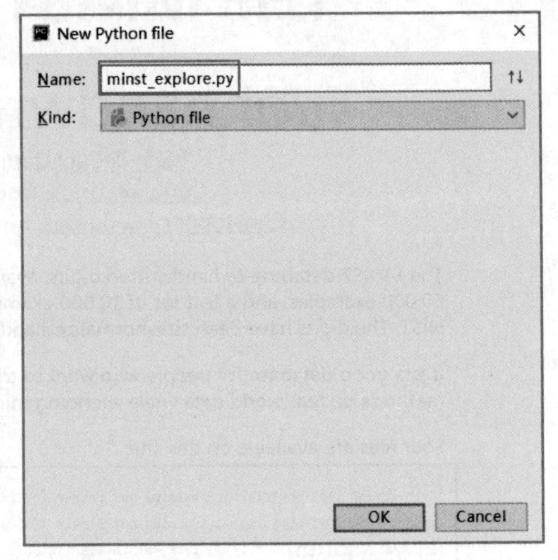

图 5-25 新建名为 minst_cnn 的 Python 文件

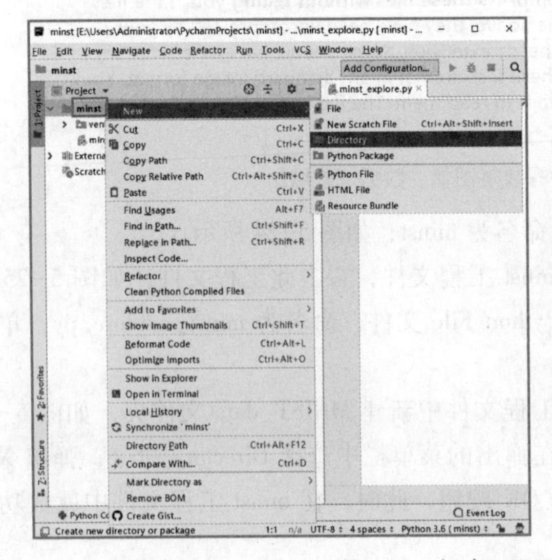

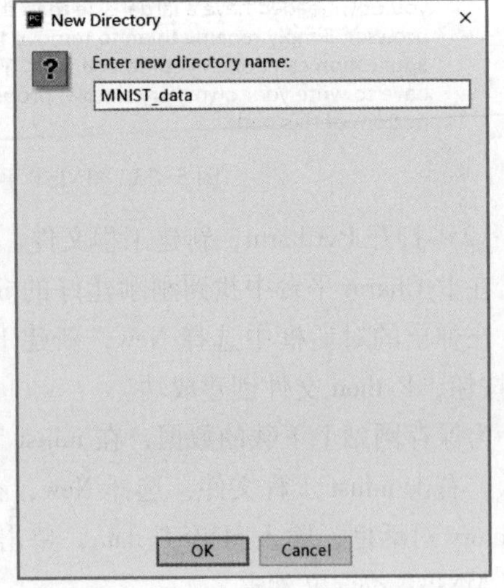

图 5-26 新建 MNIST_data 文件夹

把从网站上下载的 4 个数据集文件复制粘贴到 MNIST_data 文件夹中。找到 4 个数据集，右击选择复制，再粘贴到 MNIST_data 文件夹中，如图 5-27 所示。右击左侧 Project Files 中的 minst，在弹出的菜单栏中单击 Paste，在弹出的 Copy 对话框中可以看到要复制的文件名称及路径，单击 OK 按钮，即在工程文件中出现如图 5-28 所示的数据集文件，则说明数据集已经成功导入到工程中。

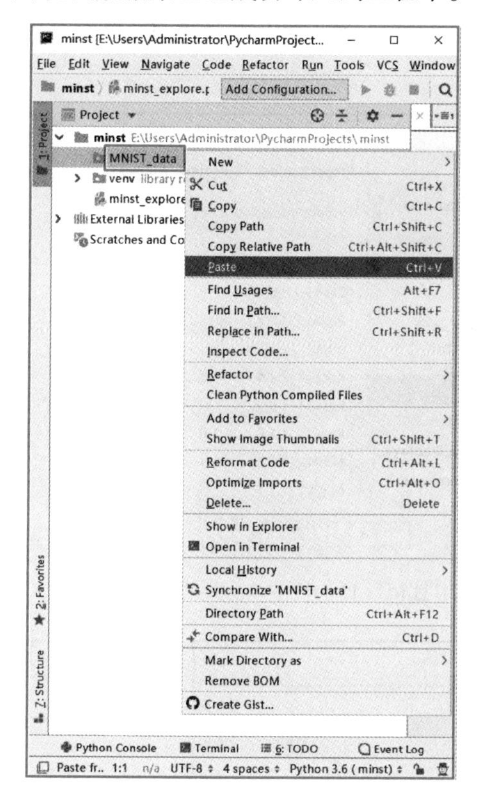

图 5-27　复制数据文件到 MNIST_data 文件夹

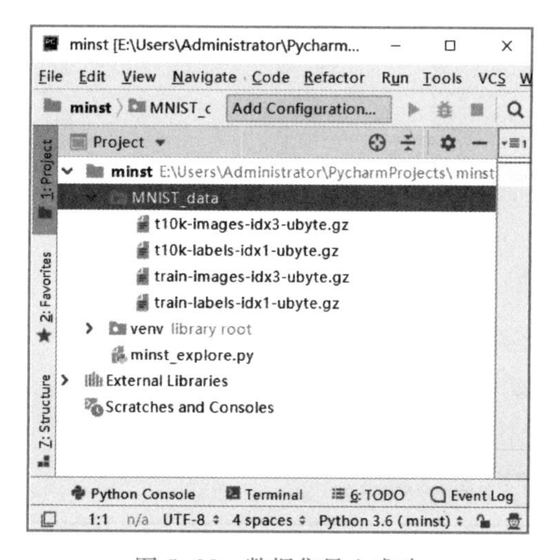

图 5-28　数据集导入成功

（3）下载工具包。把需要的工具包引入到程序中，调用相应的功能。NumPy 系统是 Python 的一种开源的数值计算扩展工具包，它可以用来存储和处理大型矩阵。TensorFlow、Keras 用于搭建、训练神经网络模型。

下面以下载导入 NumPy 工具包为例，具体操作步骤如图 5-29 所示。在 PyCharm 软件中单击 File 中的 Settings 选项，进入 Settings 界面，打开 Project:minst 下拉框，单击 Project Interpreter，弹出工程现有工具包界面，单击右侧“+”号，弹出如图 5-30 所示的页面，添加工具包对话框。

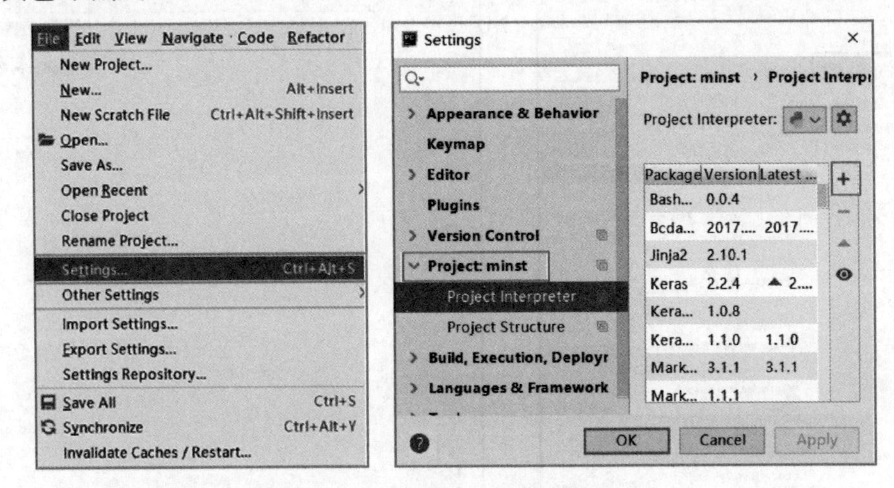

图 5-29 使用 PyCharm 下载工具包（1）

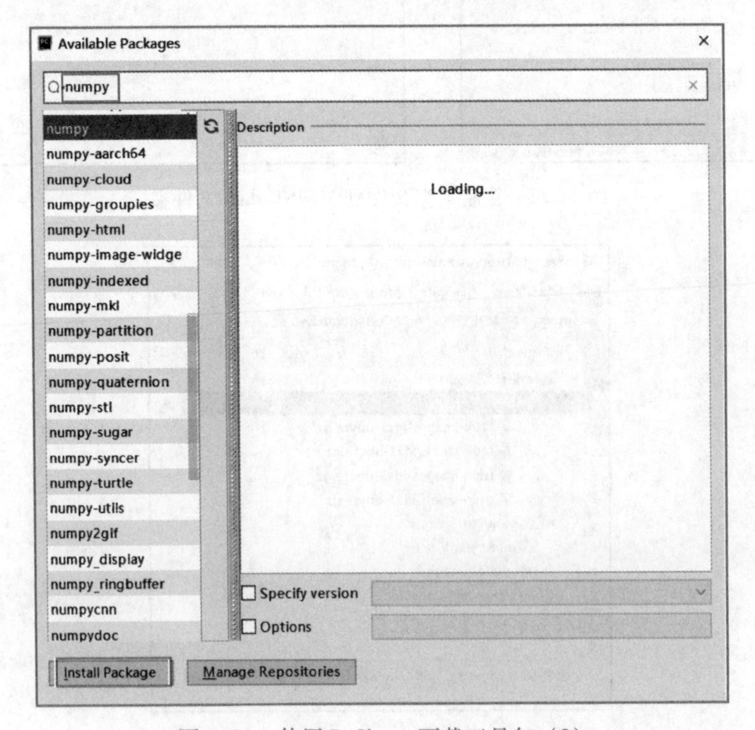

图 5-30 使用 PyCharm 下载工具包（2）

在添加工具包对话框的搜索文本框中输入需要下载的工具包名称 pandas，选择 pandas 后单击 Install Package 按钮进行下载，出现如图 5-31 所示的 Package 'pandas' installed successfully 提示语表明下载成功。关闭图 5-31 左侧当前页面，单击图 5-31 右侧的 OK 按钮即完成工具包导入。同样的方法依次操作下载 tensorflow、numpy 等工具包。

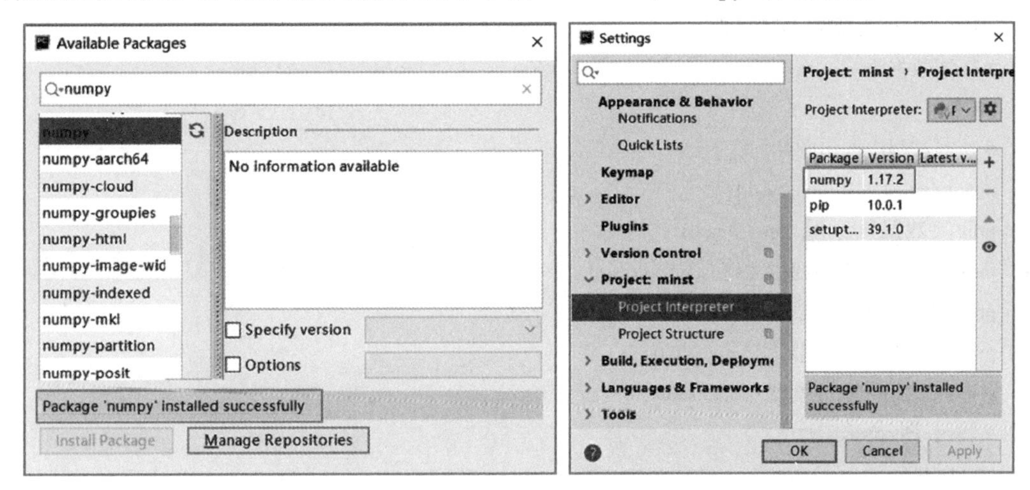

图 5-31 使用 PyCharm 下载工具包成功界面

（4）编辑程序，加载数据集，并探索数据集的结构。

在图 5-32 所示窗口中，找到左侧目录树中的 minst_explore. py 文件，双击此文件打开编辑页面，如图 5-32 所示，编辑此文件代码。

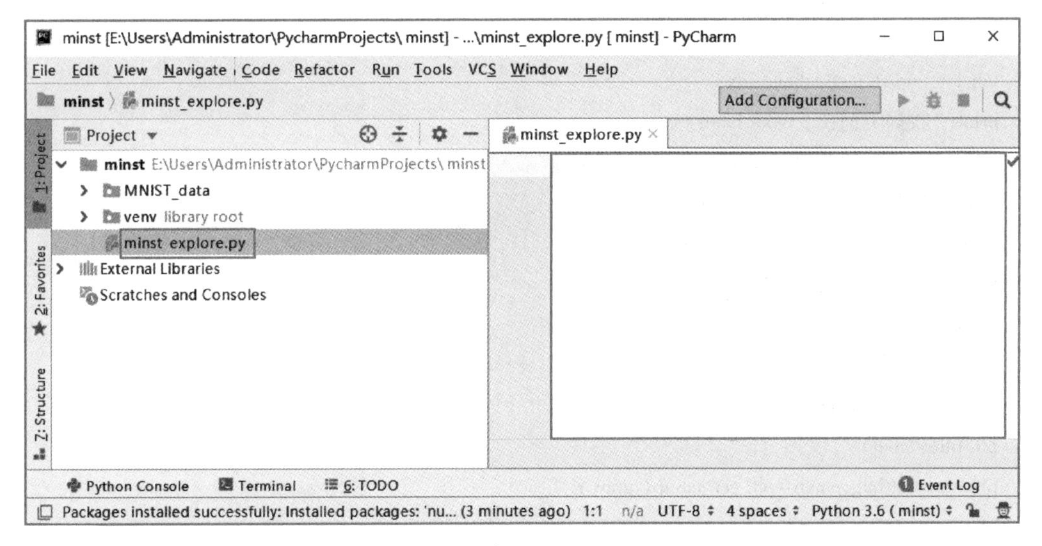

图 5-32 编辑 Python 程序界面

minst_explore. py 代码如下：

```
import tensorflow as tf
from tensorflow. examples. tutorials. mnist import input_data
```

```
import numpy as np
import matplotlib. pyplot as plt
# 加载数据集
mnist = input_data. read_data_sets("MNIST_data/",one_hot=True)
print("mnist 数据集加载完毕……")
# 探索数据集
idx = 1
# 从测试集中取出图片
img = mnist. test. images[idx]
print("数据类型:", type(img))
print("数组元素的数据类型",img. dtype)
print("数组元素的总数",img. size)
print("数组元素的形状",img. shape)
print("数组元素的维度",img. ndim)
# 输出一张测试图片
count=0
for i in img:
    print("%4d" %(int(i*255)),end='')
    count += 1
    if(count%28 == 0):
        print(end="\n")
# 从测试集中取出标签
label = mnist. test. labels[idx]
print("数据类型:", type(label))
print("数组元素的数据类型",label. dtype)
print("数组元素的总数",label. size)
print("数组元素的形状",label. shape)
print("数组元素的维度",label. ndim)
print(label)
#绘图可视化测试图片
img = img. reshape(28,28) *255
plt. title(label)
plt. imshow(img,cmap=plt. get_cmap('gray_r'))
plt. show()
```

程序通过“mnist = input_data. read_data_sets("MNIST_data/",one_hot=True)”把存储在 MNIST_data 文件夹中的数据导入。设置 idx = 1，取出测试数据集中手写数字图片和相应标签的索引号，接下来进行分析它们的存储类型、大小、维度等信息并打印输出。

运行 minst_explore. py 程序，结果如图 5-33 和图 5-34 所示。图 5-33 左侧是训练图像数据存储情况，用32位浮点型的一维数组的形式存储每个手写数字图像的灰度值，每组数据中存储28×28=784个灰度值，每个灰度值的取值范围是0~255，0是白色，数值越大颜色越深，255是黑色。数据集中索引号为1的图像是数字“2”，它灰度值分布情况如图5-34所示。图5-33右侧是训练标签数据存储情况，用64位浮点型的一维数组存储数据标签，探索数据实验中的数字是“2”，它的标签数组是［0. 0. 1. 0. 0. 0. 0. 0. 0. 0］。知道了图像数据和标签数据的存储结构，接下来就可以选择合适的方法进行手写数字识别程序编写。

```
mnist数据集加载完毕……
数据类型：<class 'numpy.ndarray'>
数组元素的数据类型 float32
数组元素的总数 784
数组元素的形状 (784,)
数组元素的维度 1
```

```
数据类型：<class 'numpy.ndarray'>
数组元素的数据类型 float64
数组元素的总数 10
数组元素的形状 (10,)
数组元素的维度 1
[0. 0. 1. 0. 0. 0. 0. 0. 0. 0.]
```

图5-33 探索数据集结果

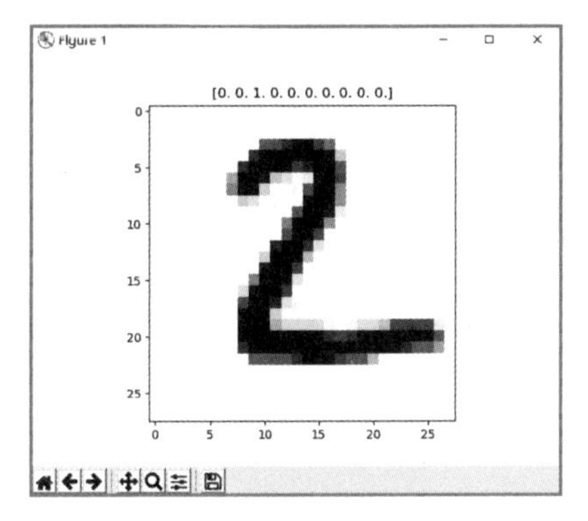

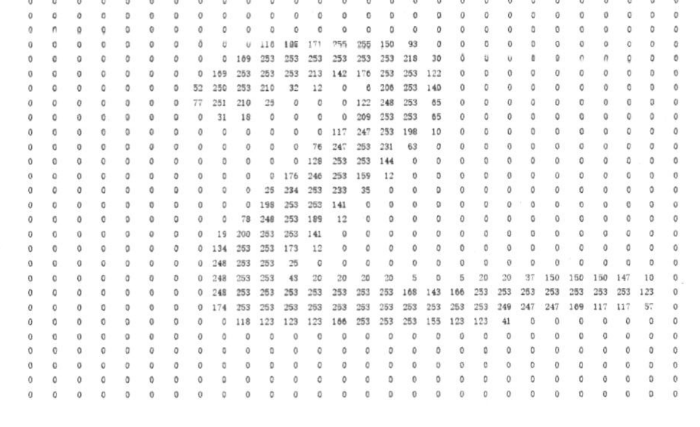

图5-34 训练图像存储结构

2. 搭建卷积神经网络，并使用训练数据集进行神经网络模型训练

采用CNN卷积神经网络训练手写数字识别模型，通过上一步的图像存储数据探索可知，神经网络要输入的图片都是28×28像素的灰度图，数据通过输入层，经过两次卷积和池化展平后经过全连接层输出。具体的实现代码如下：

```
from keras.models import Sequential
from keras.layers import Dense,Flatten
from keras.layers import Conv2D, MaxPooling2D
from tensorflow.examples.tutorials.mnist import input_data
from keras import backend as K
import matplotlib.pyplot as plt
#输出类别0~9十个数字
num_classes=10
# 输入的图片是28*28像素的灰度图
```

```
img_rows, img_cols = 28, 28
# 载入训练集
mnist = input_data.read_data_sets("MNIST_data/",one_hot=True)
print("数据集导入完毕")
x_train = mnist.train.images.reshape(55000,img_rows,img_cols)
y_train = mnist.train.labels
#设置图像数据的维度顺序
if K.image_data_format() == 'channels_first':
    x_train = x_train.reshape(x_train.shape[0], 1, img_rows, img_cols)
    input_shape = (1, img_rows, img_cols)
else:
    x_train = x_train.reshape(x_train.shape[0], img_rows, img_cols, 1)
input_shape = (img_rows, img_cols, 1)
# 搭建 CNN 手写数字识别模型
model = Sequential()
model.add(Conv2D(filters=6,activation='relu',input_shape=input_shape,padding='valid',
kernel_size=(5,5)))
model.add(MaxPooling2D(pool_size=(2, 2)))
model.add(Conv2D(filters=16, activation='relu',padding='valid',kernel_size=(5,5)))
model.add(MaxPooling2D(pool_size=(2, 2)))
model.add(Flatten())
model.add(Dense(120, activation='relu'))
model.add(Dense(84, activation='relu'))
model.add(Dense(num_classes, activation='softmax'))
#训练模型
model.compile(optimizer='sgd',loss='categorical_crossentropy',metrics=['accuracy'])
history=model.fit(x_train, y_train, batch_size=128, epochs=12, verbose=1, shuffle=True)
# 绘制验证的正确率变化曲线
plt.plot(history.history['acc'])
plt.title('Model accuracy')
plt.ylabel('Accuracy')
plt.xlabel('Epoch')
plt.show()
# 绘制损失函数变化曲线
plt.plot(history.history['loss'])
plt.title('Model loss')
plt.ylabel('Loss')
plt.xlabel('Epoch')
```

```
plt.show()
#保存模型
model.save('mnist_cnn_keras.h5')
```

代码中“num_classes = 10”规定了要识别的类别为 0~9 个数字，共 10 个种类，也就是神经网络会有 10 个输出。“img_rows, img_cols = 28, 28”表示要输入的图片都是 28×28 像素的灰度图。前面已经把下载的数据集存放在本地工程文件 MNIST_data 中了，通过“mnist = input_data.read_data_sets("MNIST_data/",one_hot = True)”代码加载本地数据集。x_train 表示训练数据集，y_train 表示训练图像对应的类别标签。

在数据预处理阶段，训练数据集被构造为包括图像长、宽、颜色通道三维数组。shape()和 reshape()都是数组 array 中的方法，shape()函数获得数组的结构，reshape()函数可以对数组的结构进行改变。代码中根据需要设置了图像数据的维度顺序，设置了“input_shape = (1, img_rows, img_cols)”和“input_shape = (img_rows, img_cols, 1)两种方式，用以满足神经网络的不同输入顺序。

建立深度神经网络模型的步骤如下。

（1）选择模型。“model = Sequential()”表示选择基于 Keras 框架的序贯模型搭建深度神经网络。

（2）建网络层。输入层“input_shape”表示 28×28×1 维输入，构建一个具有两个卷积层和两个池化层，两个全连接层的深度神经网络。卷积层的作用是将特征化整为零，通过设置卷积核提取局部特征值以降低整体特征值的维度。池化层的作用是降低局部特征维度，保留主要的特征同时减少参数（降维）和计算量，防止过拟合，提高模型泛化能力。全连接层的作用是把以前的局部特征重新通过权值矩阵组装成完整的图。

（3）训练模型并保存。绘制出了训练模型过程中的损失函数 loss 和识别正确率 accuracy 的变化曲线，如图 5-35 所示。“model.save('mnist_cnn_keras.h5')”将训练好的模型保存为 mnist_cnn_keras.h5，如图 5-36 所示。

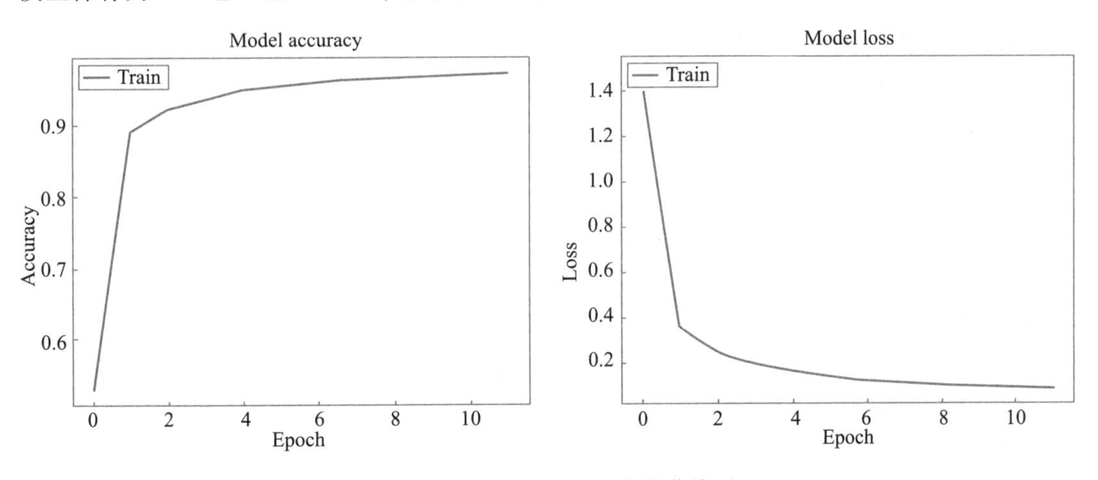

图 5-35 accuracy 和 loss 变化曲线图

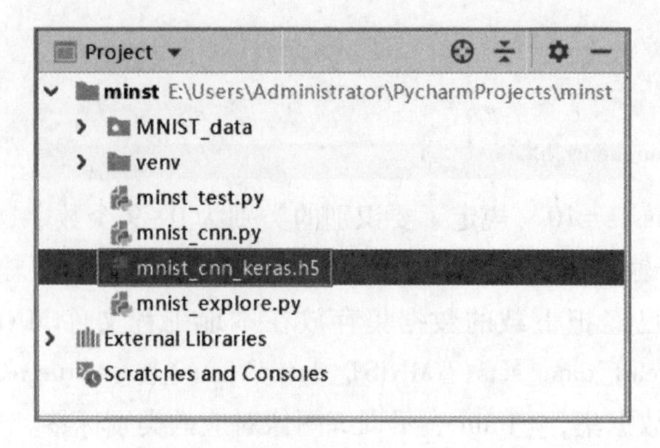

图 5-36 mnist_cnn_keras. h5 文件

使用测试数据集进行模型测试，评估模型。新建测试 minst_test. py 文件如图 5-37 所示。在 minst_test. py 内编辑测试模型程序代码如下：

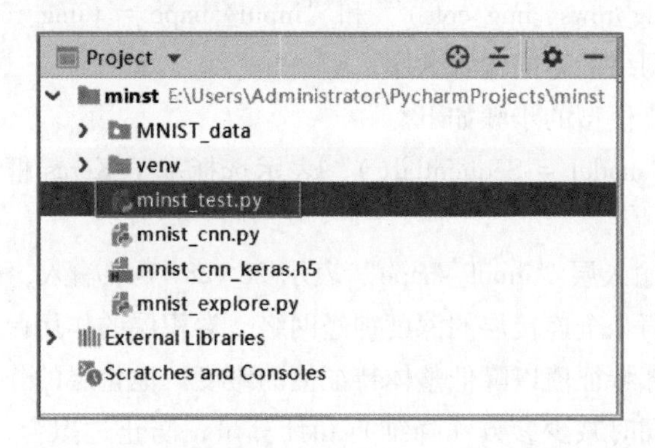

图 5-37 mnist_test. py 文件

```
import tensorflow as tf
import numpy as np
from tensorflow. examples. tutorials. mnist import input_data
from keras import backend as K
np. set_printoptions( threshold = np. inf)
# 输入的图片是 28×28 像素的灰度图
img_rows, img_cols = 28, 28
# 载入测试集
mnist = input_data. read_data_sets( " MNIST_data/" ,one_hot = True)
print( " 数据集导入完毕" )
x_test = mnist. test. images. reshape( 10000,img_rows,img_cols)
y_test = mnist. test. labels
#设置图像数据的维度顺序
if K. image_data_format( ) = = 'channels_first':
```

```
    x_test = x_test.reshape(x_test.shape[0], 1, img_rows, img_cols)
else:
    x_test = x_test.reshape(x_test.shape[0], img_rows, img_cols, 1)
#加载训练好的 model 模型
loaded_model=tf.keras.models.load_model('mnist_cnn_keras.h5')
#测试前 10 条测试数据集预测效果
predict = loaded_model.predict(x_test)
a=list(map(lambda x: x==max(x), predict)) * np.ones(shape=predict.shape)
for i in range(10):
    print("第%d 次测试:" % (i + 1))
    print("真实值:",a[i])
    print("预测值:", y_test[i])
    print("==============================================")
#测试模型对整个测试数据集预测的正确率
score = loaded_model.evaluate(x_test, y_test, verbose=1)
print('Test loss:', score[0])
print('Test accuracy:', score[1])
```

运行结果如图 5-38 所示，将前 10 条测试数据集输入，得到预测结果，全部预测正确。

```
第1次测试:
真实值: [0. 0. 0. 0. 0. 0. 0. 1. 0. 0.]
预测值: [0. 0. 0. 0. 0. 0. 0. 1. 0. 0.]
==============================================
第2次测试:
真实值: [0. 0. 1. 0. 0. 0. 0. 0. 0. 0.]
预测值: [0. 0. 1. 0. 0. 0. 0. 0. 0. 0.]
==============================================
第3次测试:
真实值: [0. 1. 0. 0. 0. 0. 0. 0. 0. 0.]
预测值: [0. 1. 0. 0. 0. 0. 0. 0. 0. 0.]
==============================================
第4次测试:
真实值: [1. 0. 0. 0. 0. 0. 0. 0. 0. 0.]
预测值: [1. 0. 0. 0. 0. 0. 0. 0. 0. 0.]
==============================================
第5次测试:
真实值: [0. 0. 0. 0. 1. 0. 0. 0. 0. 0.]
预测值: [0. 0. 0. 0. 1. 0. 0. 0. 0. 0.]
==============================================
第6次测试:
真实值: [0. 1. 0. 0. 0. 0. 0. 0. 0. 0.]
预测值: [0. 1. 0. 0. 0. 0. 0. 0. 0. 0.]
==============================================
第7次测试:
真实值: [0. 0. 0. 0. 1. 0. 0. 0. 0. 0.]
预测值: [0. 0. 0. 0. 1. 0. 0. 0. 0. 0.]
==============================================
第8次测试:
真实值: [0. 0. 0. 0. 0. 0. 0. 0. 0. 1.]
预测值: [0. 0. 0. 0. 0. 0. 0. 0. 0. 1.]
==============================================
第9次测试:
真实值: [0. 0. 0. 0. 0. 1. 0. 0. 0. 0.]
预测值: [0. 0. 0. 0. 0. 1. 0. 0. 0. 0.]
==============================================
第10次测试:
真实值: [0. 0. 0. 0. 0. 0. 0. 0. 0. 1.]
预测值: [0. 0. 0. 0. 0. 0. 0. 0. 0. 1.]
==============================================
```

图 5-38 数据测试运行结果

依次将 10 000 条手写数字图像数据全部使用训练好的模型测试，预测效果如图 5-39 所示，整体平均预测精度达到 97.71%。

```
   32/10000 [..............................] - ETA: 10s
  608/10000 [>.............................] - ETA: 1s
 1088/10000 [==>...........................] - ETA: 1s
 1568/10000 [===>..........................] - ETA: 1s
 2048/10000 [=====>........................] - ETA: 0s
 2528/10000 [======>.......................] - ETA: 0s
 3072/10000 [========>.....................] - ETA: 0s
 3616/10000 [=========>....................] - ETA: 0s
 4160/10000 [===========>..................] - ETA: 0s
 4736/10000 [=============>................] - ETA: 0s
 5312/10000 [==============>...............] - ETA: 0s
 5856/10000 [================>.............] - ETA: 0s
 6400/10000 [==================>...........] - ETA: 0s
 6944/10000 [===================>..........] - ETA: 0s
 7488/10000 [=====================>........] - ETA: 0s
 8032/10000 [=======================>......] - ETA: 0s
 8576/10000 [========================>.....] - ETA: 0s
 9152/10000 [==========================>...] - ETA: 0s
 9728/10000 [============================>.] - ETA: 0s
10000/10000 [==============================] - 1s 99us/step
Test loss: 0.07334244268145412
Test accuracy: 0.9771
```

图 5-39 数据测试运行结果

课后思考题

1. 试着区分机器视觉与人类视觉的异同。
2. 简述计算机视觉图像系统的框架和处理流程。
3. 人脸识别的主要用途有哪些？
4. 简述视觉图像智能分析的核心技术。

第6章 自然语言处理

——让人工智能与世界沟通

学习目标

- 理解什么是自然语言处理。
- 了解自然语言处理的发展历史、特点和不足。
- 了解自然语言处理的作用及应用。
- 能够讲述自然语言处理的过程。

2011 年，苹果公司在 iPhone 4S 中推出 Siri（苹果智能语音助手），当时的技术还不是很成熟。2014 年 9 月 16 日，机器人“小度”（见图 6-1）首次亮相于江苏卫视《芝麻开门》节目，2018 年 2 月 8 日，小度机器人亮相网络春晚，和主持人秒对飞花令，展现了百度强大的人工智能技术，宣扬了中国传统文化。那么，小度是如何实现与人类自由对话的呢？

图 6-1 机器人“小度”

小度诞生于百度自然语言处理部，依托于百度强大的人工智能，集成了自然语言处理、对话系统、语音视觉等技术，能够流畅地与用户进行信息、服务、情感等多方面的交流。机器人在实现人机交互功能时，主要通过语音识别、自然语言处理、机器学习来实现，其中最核心的技术就是自然语言处理。那么，什么是自然语言处理呢？

微课 6-1
自然语言处理（1）

6.1 何谓自然语言处理

6.1.1 认识自然语言处理

自然语言处理（Natural Language Processing，NLP）可以分为自然语言和处理两部分来理解。首先先来看一下什么是自然语言。一般来说，自然语言是指人类语言，如汉语、英语、法语等人们日常使用的语言，是自然而然地随着人类社会发展演变而来的语言，它是人类学习生活的重要工具。相对于自然语言，人类创造了计算机程序语言，如C语言、Python语言等。在整个人类历史上以语言文字形式记载和流传的知识占到知识总量的80%以上。针对计算机的应用而言，据统计，用于数学计算的仅占10%，用于过程控制的不到5%，其余85%左右计算机都是在进行语言文字的信息处理。

那么处理又如何来理解呢。处理包含理解、转换、生成等过程。自然语言处理，是指用计算机对自然语言的形、音、义等信息进行处理，即对自然语言的字、词、句、篇章的输入、识别、分析、理解、生成以及输入的加工和操作。在一般情况下，用户可能不熟悉机器语言，同样机器也不能直接理解人类的自然语言，两者之间存在着鸿沟。自然语言处理的任务就是帮助计算机接收、处理、理解以及运用人类语言，从而使机器更加高效地与人类进行交流。自然语言处理的具体表现形式包括机器翻译、文本摘要、文本分类、文本校对、信息抽取、语音合成、语音识别等。

自然语言处理机制涉及两个流程，分别是自然语言理解和自然语言生成。自然语言理解是指计算机能够理解自然语言文本的意义，自然语言生成则是指机器能够以自然语言文本的形式把它的意图表达出来。

6.1.2 自然语言处理的应用

人类的自然语言一般分为口语和书面语，两者相互区分但又相互关联。人类可以用口语进行交流，也可以通过书面的符号语言进行交流，计算机处理自然语言也是同样的过程。听、看、想是指自然语言的接收和理解，说和写则是自然语言的生成和表达。

自然语言的理解是个综合的系统工程，涉及语言（语种、方言、语言习惯）、语境和各种语言形式的学科。而自然语言生成的过程恰恰相反，是为了表达理解和决策，由机器采用某种方式生成文本或语音。

自然语言处理可以被应用于很多领域，主要包括以下几个主要方向。

（1）机器翻译。将一种语言翻译成另一种语言，将声音和文字之间相互转换。

（2）情感分析。判断沟通对象的情绪状态。

（3）智能问答。通过提问获取信息，并回答相应的问题。

（4）观点抽取。归纳、总结文本摘要，形成观点。

（5）文本分类。采集文本信息，进行主题分析，从而进行自动分类。

机器翻译是当前广为熟知的场景。市场上有很多比较成熟的机器翻译产品，比如谷歌翻译、百度翻译等，还有支持语音输入的多国语言互译产品，比如科大讯飞的翻译机。

情感分析是机器针对带有主观描述的中文文本，可以自动判断该文本的情感极性的类别并给出相应的置信度，例如积极、消极、中性的概率。情感倾向分析能帮助企业理解用户消费习惯、分析热点话题和危机舆情监控，为企业提供有力的决策支持。比如某餐饮网站的评论中，客人的评价都是又贵又难吃，那谁还想去呢？另外有些商家为了获取客户好评，不惜雇佣“水军灌水”，那就可以通过自然语言处理进行“水军识别”，通过情感分析来判断用户评价是积极还是消极。图 6-2 为百度大脑基于深度学习技术和百度大数据，针对带有主观描述的中文文本，自动判断该文本的情感极性类别并给出相应的置信度。

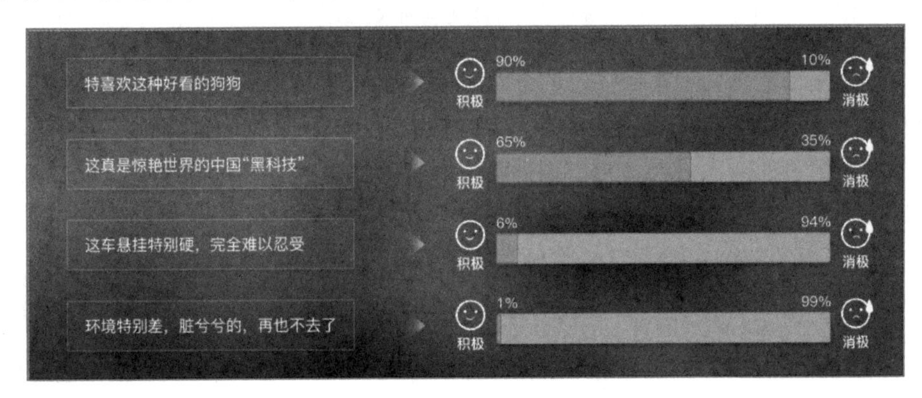

图 6-2　百度大脑情感分析系统

智能问答在一些电商网站有着广泛的应用。通常，客户在商品购买时有很多关于商品的问题需要咨询电商客服。多数客户的问题都集中在商品的价格、质量、邮费等问题，由此，现在很多电商都采用人工客服，也就是智能问答系统来解答客户的相关问题，通过智能问答系统可以应对大量重复的问题，大大减少了人工座席的工作量。

观点抽取可以利用计算机，自动地从原始文字材料中摘取文章摘要，输出观点标签及评论观点极性等。例如，商家可以通过把用户的评论观点进行核心内容的自动抽取，这样可以帮助商家进行用户需求、产品分析，辅助商家进行用户消费决策。这个技术的应用节省了大量的分析时间成本，而且效率和准确性更高。图 6-3 是百度的评论观点抽取系统，左侧输入用户的评论，通过观点抽取，右侧可以抽取、总结、提炼出用户对本次购买的关键评价词及评论观点极性。目前支持 13 类产品用户评论的观点抽取，包括美食、酒店、汽车、景点等，可帮助商家进行产品分析，辅助用户进行消费决策。

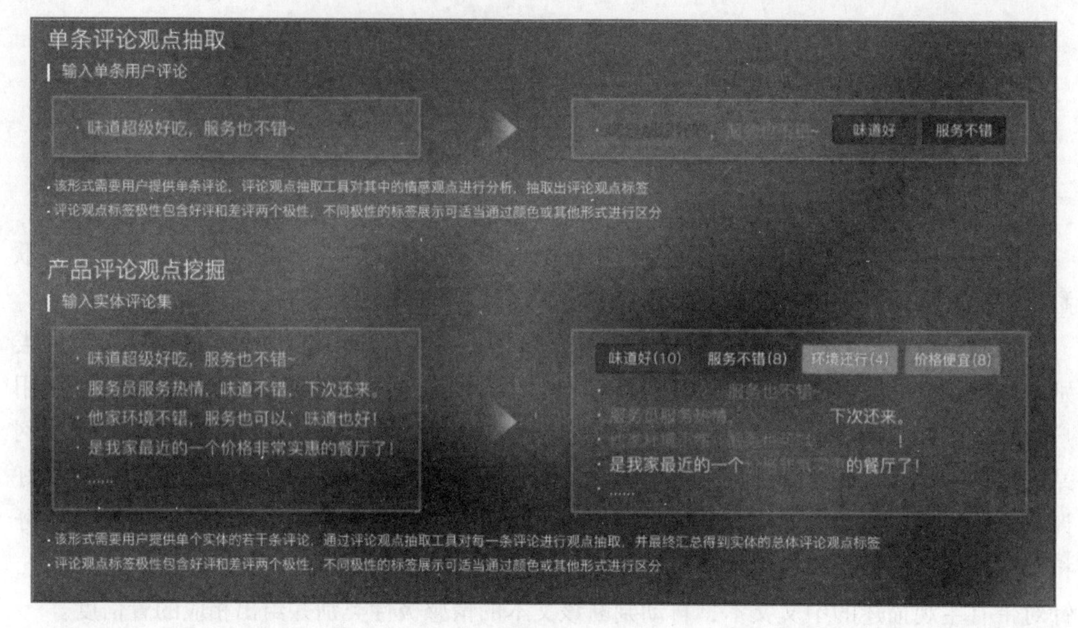

图 6-3 百度观点抽取系统

文本分类是机器对文本按照一定的分类体系自动标注类别的过程。比如垃圾邮件一直是困扰互联网用户的顽疾。利用文本分类的方法可以高效准确地过滤掉不需要的垃圾邮件。结合深度学习的文本分类，可以根据新收到的邮件，进行学习和调整，使机器判断垃圾邮件的准确率越来越高。

6.2 自然语言处理的发展史

微课 6-2
自然语言处理（2）

自然语言处理的发展大致经历了4个阶段：萌芽期、快速发展期、低谷期以及复苏繁荣期。

1. 萌芽期（1956年以前）

1956年以前，可以看作自然语言处理的基础研究阶段。一方面，人类文明经过了几千年的发展，积累了大量的数学、语言学和物理学知识。这些知识不仅是计算机诞生的必要条件，同时也是自然语言处理的理论基础。另一方面，艾伦·图灵在1936年首次提出了“图灵机”的概念。“图灵机”作为计算机的理论基础，促进了1946年电子计算机的诞生。而电子计算机的诞生又为机器翻译和随后的自然语言处理提供了物质基础。

早期的自然语言处理具有鲜明的经验主义色彩。如1913年马尔可夫提出了马尔可夫随机过程。马尔可夫模型的基础就是“手工查频”，通过统计《欧根、奥涅金》长诗中元音与辅音出现频度，来判断字母的出现概率；1948年香农把离散马尔可夫概率模型应用于语言的自动机，同时采用手工方法统计英语字母的频率。

这种经验主义到了乔姆斯基时期出现了转变。1956 年乔姆斯基借鉴香农的经验，把有限状态机作为刻画语法的工具，建立了自然语言的有限状态模型。具体来说就是用“代数”和“集合”将语言转化为符号序列，建立了一大堆有关语法的数学模型，为自然语言和形式语言找到了一种统一的数学描述理论。这一时期，自然语言处理领域的主流仍然是基于规则的理性主义方法。

2. 快速发展期（1957—1970）

自然语言处理在这一时期很快融入了人工智能的研究领域中。由于有基于规则和基于概率这两种不同方法的存在，自然语言处理的研究在这一时期分为了两大阵营：一个是基于规则方法的符号派（symbolic）；另一个是采用概率方法的随机派（stochastic）。

3. 低谷期（1971—1993）

随着研究的逐渐深入，人们看到基于自然语言处理的应用并不能在短时间内得到解决，一连串的新问题又不断地涌现。于是，许多人对自然语言处理的研究丧失了信心。从 20 世纪 70 年代开始，自然语言处理的研究进入了低谷期。

但尽管如此，一些发达国家的研究人员依旧继续着他们的研究。由于他们的出色工作，自然语言处理在这一低谷时期同样取得了一些成果。20 世纪 70 年代，基于隐马尔可夫模型（Hidden Markov Model，HMM）的统计方法在语音识别领域获得成功。20 世纪 80 年代初，话语分析（discourse analysis）也取得了重大进展。

4. 复苏繁荣期（1994 年至今）

20 世纪 90 年代中期以后，有两件事从根本上促进了自然语言处理研究的复苏与发展：一件事是 90 年代中期以来，计算机的速度和存储量大幅增加，为自然语言处理改善了物质基础，使得语音和语言处理的商品化开发成为可能；另一件事是 1994 年互联网商业化普及和同期网络技术的发展，使得基于自然语言的信息检索和信息抽取的需求变得更加突出。这样，自然语言处理的社会需求更加迫切，应用面也更加宽广，不再局限于机器翻译、语音控制等早期研究领域了。基于统计、基于实例和基于规则的语料库技术在这一时期蓬勃发展，各种处理技术开始融合，自然语言处理的研究再次繁荣。

进入 21 世纪以后，自然语言处理又有了突飞猛进的发展。2006 年，以 Hinton 为首的几位科学家历经近 20 年的努力，终于成功设计出多层神经网络深度学习模型，将原始数据通过一些简单、非线性的模型转变成更高层次、更加抽象表达的特征学习方法。目前，深度学习在机器翻译、问答系统等多个自然语言处理任务中均取得了不错的成果，相关技术也被成功应用于商业化平台中。

微课 6-3
自然语言处理的过程和方法（1）

6.3 自然语言处理的过程和方法

自然语言的处理过程也是自然语言理解和分析的过程，许多语言学家为更好地体现语言本身的构成，把这一过程分为了五个层次：语音识别、词法分析、句法分析、语义分析和语用分析。图 6-4 所示为自然语言理解层次关系图。

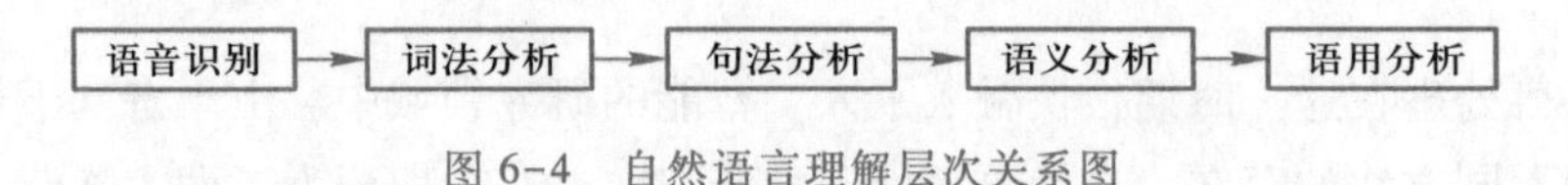

图 6-4　自然语言理解层次关系图

（1）语音识别是要根据音位规则，从语音流中区分出一个个独立的音素，再根据音位形态规则找出音节及其对应的语素或词，也就是将语音转变成文本语句。

（2）词法分析：语音识别而成的文本语句对于人类是可以进行阅读和理解，但是对于机器（计算机）而言，只是一堆语言符号，仍然像是外星语言。要让机器能够理解这些文本，需要做进一步的分析处理。首先是词法分析，也就是分析文本语句的最小语言元素——词，通过分析找出词汇的各个词素，从中获得语言学的信息。

（3）句法分析是在词法分析的基础上对句子和短语的结构进行分析，目的是要找出词、短语等的相互关系以及各自在句中的作用。

（4）语义分析是找出词义、结构意义及其结合意义，从而确定语言所表达的真正含义或概念。

（5）语用分析是对自然真实语言经过语法（词法、句法）分析以及语义分析后，进行更高级的语言学分析，把语句中表述的对象以及针对对象的描述，与现实的真实事物及其属性相关联，研究语言所存在的外界环境对语言使用者所产生的影响。

一般来说，自然语言的处理过程也是遵循这个层次逐步深入的。那么如何判断处理过程是否达到预期效果呢？在人工智能领域或者是语音信息处理领域中，学者们普遍认为采用图灵试验可以判断计算机是否理解了某种自然语言，具体的判别标准有以下几条。

（1）问答。机器人能正确回答输入文本中的有关问题。

（2）文摘生成。机器有能力生成输入文本的摘要。

（3）释义。机器能用不同的词语和句型来复述其输入的文本，对文本进行解释。

（4）翻译。机器具有把一种语言翻译成另一种语言的能力。

通过以上 4 个判别标准就可以来衡量计算机对人类自然语言的理解程度，同时这也代表了自然语言处理的 4 个重要应用方向。接下来，按照自然语言理解层次，来看一下每一个层次的具体工作过程。

6.3.1 语音识别

早在电子计算机出现之前，人们就有了让机器识别语音的梦想。1920 年生产的 Radio Rex 玩具狗被认为是最早的语音识别器，当有人喊 Rex 的时候，这只机器狗能够从底座上弹出来，如图 6-5 所示。

图 6-5　Radio Rex 玩具狗

但实际上它所用到的技术并不是真正的语音识别技术，而是通过一个弹簧，这个弹簧在接收到 500 Hz 的声音时会自动释放，而 500 Hz 恰好是人们喊出 Rex 中元音的第一个共振峰。

现在人们生活中常用的语音识别已经逐渐演化成一个相对复杂的过程。语音转换成文本的一般流程如图 6-6 所示。语音识别的过程主要包含特征提取、声学模型、语言模型以及字典与解码四部分。

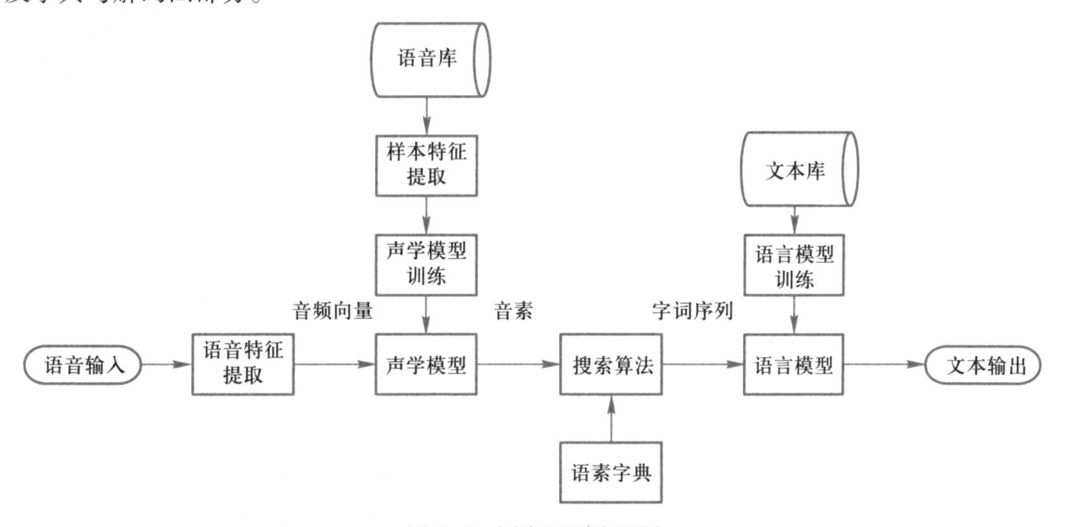

图 6-6　语音识别流程图

首先，针对输入的语音进行有效提取语音特征。对所采集到的声音信号进行滤波、分帧等数据预处理工作，将需要分析的声音信号从原始信号中提取出来。然后把声音信号从时域状态转换到频域状态，也就是把随时间变化的声音信号转换成有规律的具有声波的频率、幅度变化的音频信息。例如可以提取出音频在时域和频域的几个特征：低能量帧率、最大带宽和基音周期可信度标准差等，形成特征向量。

其次，将通过特征提取出来的特征向量作为已经训练好的声学模型的输入，声学模型可以根据声学特性计算每一个特征向量在声学特征上的得分，确定其特征向量所对应的音素，最终输出音素信息。

再次，根据字典（存储音素与字或者词的对应关系）把声学模型输出的音素信息转换成对应的字或者词。

最后，根据语言学相关的理论，利用文本数据库所提供的大量文本信息进行训练所得到的语言模型，找到转换后的单个字或者词之间相互关联的概率，从而生成最有可能的词组序列，最终输出对应的文本信息，完成语音识别的解码。

为进一步理解语音识别的流程，下面举一个简单的例子（此处只是对流程的简单描述）。例如，要把一句语音“我是机器人”转换成对应的文字，其对应的转换流程如下。

（1）语音信号采集。通过话筒等语音设备把语音“我是机器人”输入计算机。

（2）特征提取。提取出语音中相应的特征向量［1 2 3 … n］。

（3）声学模型。把特征向量［1 2 3 … n］输入训练好的声学模型，得到音素：w o sh i j i q i r e n。

（4）字典。通过字典查询音素对应的可能文字。窝—w o；我—w o；是—shi；机—j i；级—j i；器—q i；人—r en；忍—r en。

（5）语言模型。根据训练好的语言模型，确定最大词组合概率。我：0.0786，是：0.0546，我是：0.0898，机器：0.0967，机器人：0.6785。

（6）输出文字。我是机器人。

微课6-4
自然语言处理的过程和方法（2）

6.3.2 词法分析

通过语音识别，已经将声音信息转换成了文本信息，但是机器人并不理解这些文本。因此，接下来要对文本信息进行处理，让计算机能够真正地理解它的含义。

语言是以词为基本意义的单位，而词又是由词素构成的，即词素是构成词的最小的有意义的单位。汉语结构与印欧体系语种差异甚大，对词的构成边界很难进行界定。例如，在英语中，单词本身就是“词”的表达，一篇英文文章就是“单词”加分隔符（空格）来表示的，而在汉语中，词是以字为基本单位的，但是一篇文章的语义表达却仍然是是以词来划分的。因此，在处理中文文本时，需要进行分词处理，将句子转化为词的表示。这个切词处理过程就是中文分词，就是通过算法自动识别出句子的词，在词间加入边界标识符，分隔出各个词汇。中文分词与词性标注、命名实体识别共同构成了词法分析的主要内容，以此来定位基本语言元素，消除歧义，支撑自然语言的准确理解。可以说词法分析是理解自然语言中最小的语法单位——单词的基础。

【相关链接】中文分词：将连续的自然语言文本切分成具有语义合理性和完整性的词汇序列。

词性标注：将自然语言文本中的每个词赋予一个词性，如动词、名词、副词。

命名实体识别：即专名识别，对自然语言文本中具有特定意义的实体，也就是一些专有名词进行识别，如人名、机构名、地名、时间日期等。

词法分析包括两方面的任务：第一个是要能正确地把一串连续的字符切分成一个一个的词；第二个是要能正确的判断每一个词的词性，以便于后续的句法分析的实现。以上两个方面的处理的正确性和准确度将对后续的句法分析产生决定性的影响，并最终决定语言理解的正确与否。

自然语言处理中的词法分析在日常生活中也是非常常见的。举个例子，当我们使用"百度"搜索引擎，输入关键字"毕业和尚未毕业"时，百度会对输入的关键字进行词法切分以及词性分析，同时，也会完成自然语言处理中的句法分析、语用分析等工作流程。根据词法分析切分后的结果"毕业/和/尚未/毕业"以及其他分析结论，百度会提供相应的搜索结果，如图 6-7 所示。如果在词法分析中进行了错误的词法切分，比如切分成"毕业/和尚/未毕业"，那么就完全改变了句子的原意，搜索的结果当然也不会正确。

图 6-7 通过"百度"搜索引擎搜索资料

很多句子在进行不同的词法切分时，它的意思会完全不同，比如"大学生活"，可以切分成"大学/生活"和"大学生/活"；"乒乓球拍卖完了"可以切分成"乒乓球/拍卖/

完了”和“乒乓球拍/卖完了”。因此正确的词法切分对自然语言理解有重要的影响。

不同自然语言对词法分析有不同的要求。例如，英语和汉语在词法分析处理方面就存在着很大的差异。英语语言中，由于单词之间是以空格自然分开的，而汉语则不具备英语以空格划分单词的特点，其单词的切分是非常困难的，不仅需要构词的知识，还需要解决可能遇到的切分歧义。对于词性分析和判断，由于英语单词有词性、时态、变形等繁杂的变化，再加上英语的单词往往有多种解释，词义的判断非常困难，仅仅依靠查词典常常是无法实现的。而汉语中的每个字就是一个词素，所以找出词素是相当容易的。可见，在自然语言理解的词法分析处理中，汉语、日语、韩语等语言的词法分析的难点在于分词切词，而英语、法语等语言的难点则是词素区分。汉语自动分词是汉语语言处理和理解中的关键技术，也是中文信息处理发展的瓶颈，其困难主要在“词”的概念缺乏清晰的界定、未登录词的识别、歧义切分字段的处理三个方面。

可以通过腾讯文智开放平台来体验词法分析的效果，其登录主页面如图6-8所示。在图6-8中单击“开始使用”按钮，弹出如图6-9所示的腾讯云注册页面，首次使用需要按照页面提示进行注册，单击图6-9左侧“立即注册”选项进行注册，可以选择通过微信快速注册，也可以选择使用邮箱或者QQ进行注册。注意，在腾讯云的账户中心要选择“个人认证”，进行个人用户的实名注册，如图6-10所示。填写个人信息完成认证后，用户可以看到个人认证信息和认证方式，如图6-11所示，说明已经完成腾讯云个人实名认证。在图6-11中左上角单击“云产品”，弹出如图6-12所示的云服务产品选择页面，此时，用户可以选择腾讯云开放平台所提供的计算、存储、网络、人脸识别、数据库等众多开放服务。此处，选择“自然语言处理”，单击进入自然语言处理操作指引界面（基础版NLP每日50w次免费调用），如图6-13所示。单击左侧“基础NLP”选项，展开下拉菜单选项，包括“资源管理”“快速使用”和“运营数据”3项。选择“快速使用”选项，弹出如图6-14所示页面，单击页面中“打开工具”蓝色按钮，进入腾讯云自然语言处理控制台窗口，如图6-15所示。

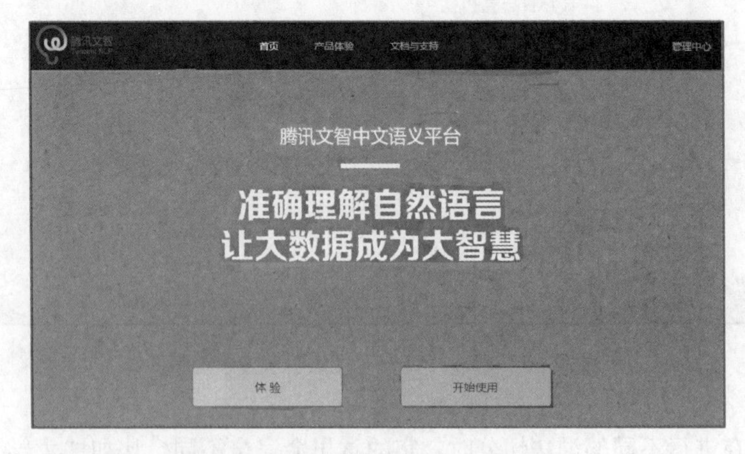

图6-8 腾讯文智开放平台登录主页面

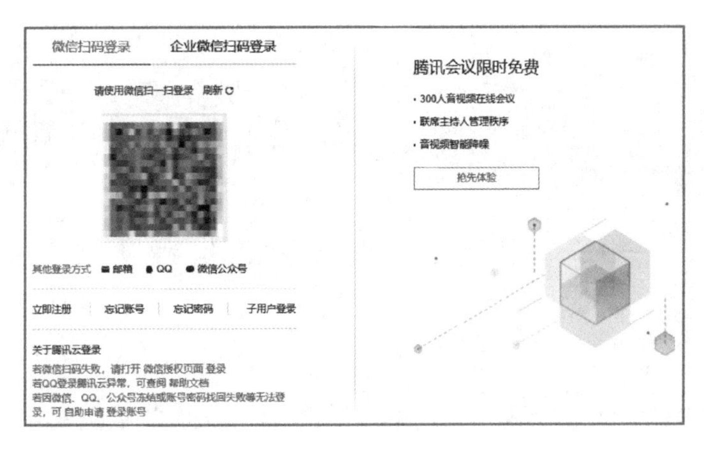

图 6-9　腾讯云注册页面

图 6-10　腾讯云账户中心

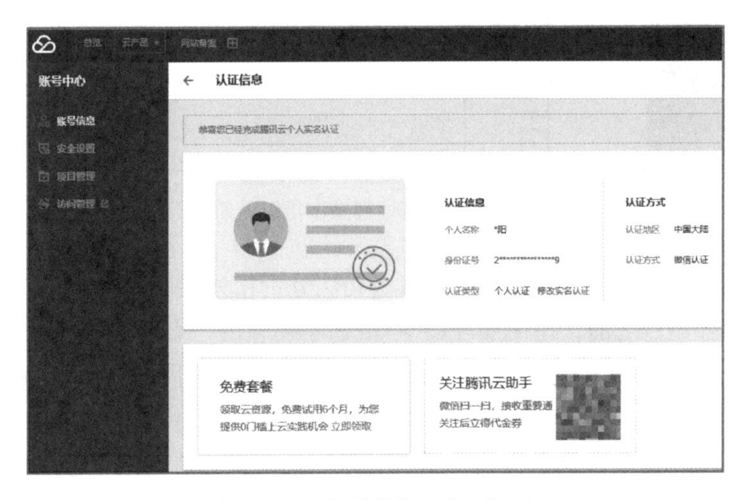

图 6-11　完成腾讯云账户认证

图6-12 云服务产品选择页面

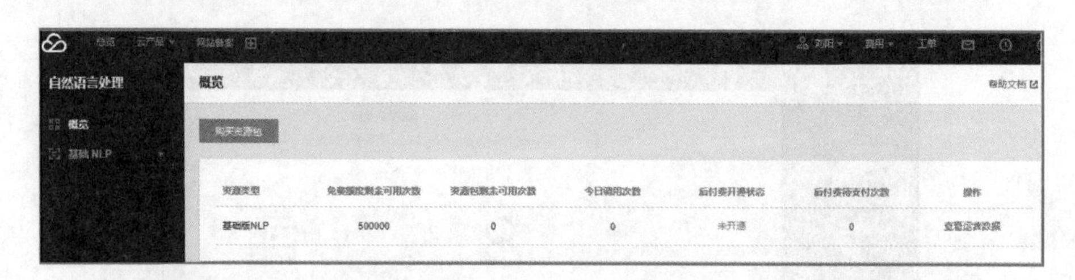

图6-13 自然语言处理操作指引界面（1）

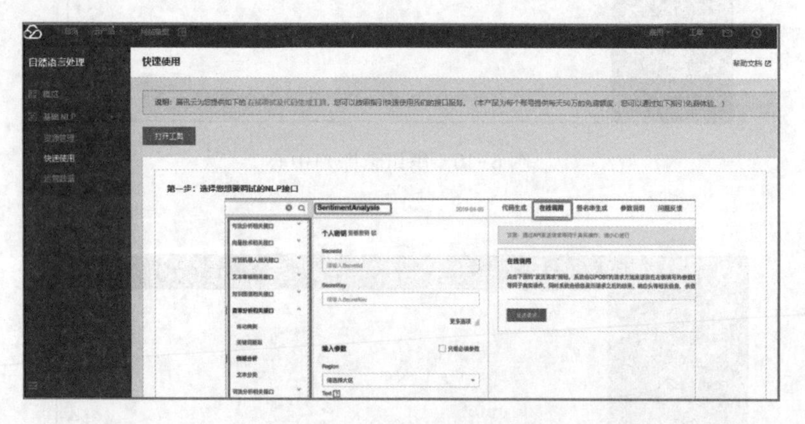

图6-14 自然语言处理操作指引界面（2）

该窗口为用户提供了词法分析相关接口、句法分析相关接口、篇章分析相关接口等模块。在开始使用控制台之前，还需要在图6-15所示窗口的“蓝框”中间填入个人账户ID和秘钥（通过“查看密钥”选项获得），同时输入参数，在下方“输入参数”项目栏的“Region”文本框中选择“华南地区（广州）”作为访问接口。单击窗口左侧的“词法分析相关接口”菜单，选择“词法分析”选项，最后把需要分析的文字输入在“输入参数”项目栏的“Text”文本框中。

图 6-15 腾讯云自然语言处理控制台窗口

可以尝试输入一段话来体验词法分析的效果，例如输入文字“谢尔盖·科罗廖夫(1907 年 1 月 12 日—1966 年 1 月 14 日)，苏联宇航事业的伟大设计师与组织者，第一枚射程超过 8000 公里的洲际火箭的设计者，第一颗人造地球卫星的运载火箭的设计者、第一艘载人航天飞船的总设计师。”

单击图 6-15 中右侧的“发送请求”蓝色按钮，向平台接口发送分析请求，返回结果如图 6-16 所示。查看下面的词法分析结果，可以看到分词的情况，包括每个词组的词头位置、词的长度和词性等。

代码生成 在线调用 签名串生成 参数说明 问题反馈

响应结果 响应头 真实请求


```
{
  "Response": {
    "RequestId": "c8e3ae55-509c-4b3d-9ce8-e416b4cfcf0a",
    "PosTokens": [
      {
        "BeginOffset": 0,
        "Word": "谢尔盖·科罗廖夫",
        "Length": 8,
        "Pos": "nr"
      },
      {
        "BeginOffset": 8,
        "Word": "（",
        "Length": 1,
        "Pos": "w"
      },
      {
        "BeginOffset": 9,
        "Word": "1907年1月12日",
```


图 6-16 词法分析结果

6.3.3 句法分析

句法分析是自然语言处理的核心技术，是对语言进行深层次理解的基石。它分析句子的句法结构（主谓宾结构）和词汇间的依存关系（并列、从属等），从而提取句子主干，获取核心词。通过句法分析，可以为语义分析、情感倾向、知识抽取、机器翻译等自然语言处理应用场景打下坚实的基础。

句法分析主要有三个作用。

（1）精准理解用户意图。当用户搜索时输入一个 query，通过句法分析，抽取语义主干及相关语义成分，实现对用户意图的精准理解。

（2）知识挖掘。对大量的非结构化文本进行句法分析，从中抽取实体、概念、语义关系等信息，构建领域知识。

（3）语言结构匹配。基于句法结构信息，进行语言的匹配计算，提升语言匹配计算的准确率。

相较于词法分析，句法分析成熟度要低很多。为此，学者们投入了大量精力进行探索，他们基于不同的语法形式，提出了各种不同的算法。句法分析中所用方法可以简单地分为基于规则的方法和基于统计的方法两大类。基于规则的方法在处理大规模真实文本时，会存在语法规则覆盖有限、系统可迁移性差等缺陷。随着大规模标注树库的建立，基于统计学习模型的句法分析方法开始兴起，句法分析器的性能不断提高，最典型的就是 20 世纪 70 年代的 PCFG（Probabilistic Context Free Grammer，概率上下文无关文法），它在句法分析领域得到了极大的应用，也是现在句法分析中常用的方法。此外还有基于最大间隔马尔可夫网络和基于条件随机场（CRF）模型的句法分析方法。

【相关链接】基于规则的方法——一般也称为句法结构分析方法。其基本思路是，由人工组织语法规则，建立语法知识库，通过条件约束和检查来实现句法结构歧义的消除。通俗地讲就是识别句子的主谓宾定状补等成分，并分析各成分之间的关系。

基于统计的方法——主要是指现在广泛应用的依存句法分析方法，通常是以概率的形式评价若干可能的句法分析结果（通常表示为语法树形式），并在这若干可能的分析结果中直接选择一个最可能的结果。

句法分析属于自然语言处理中较为高阶的问题，故本节不会深陷算法的细节中。读者了解这些算法即可，重要的是在实践环节中使用。通过前面体验过的腾讯文智开放平台，还可以体验句法分析的效果。再一次登录网址 https://nlp. qq. com/index. cgi，在图 6-15 所示窗口左侧选择“句法分析相关接口”，按照词法分析的使用方法，在“输入参数”项目栏下得“Text”文本框中输入一段测试文字“句法分析是 NLP 的核心技术”，单击右侧的“发送请求”蓝色按钮，此时下方就会出现对应的响应结果，如图 6-17 所示，即为测试文字词与词的依存关系及核心词。通过这个体验可以发现，计算机对文本语句的含义已经有了初步的理解。

代码生成 在线调用 签名串生成 参数说明 问题反馈

响应结果 响应头 真实请求


```
{
  "Response": {
    "RequestId": "79fb1023-a08a-4098-a663-885111b1d5fa",
    "DpTokens": [
      {
        "HeadId": 2,
        "Relation": "动宾关系",
        "Word": "核心技术",
        "Id": 5
      },
      {
        "HeadId": 3,
        "Relation": "右附加关系",
        "Word": "的",
        "Id": 4
      },
      {
        "HeadId": 5,
        "Relation": "定中关系",
        "Word": "NLP",
        "Id": 3
      },
      {
        "HeadId": 0,
        "Relation": "核心关系",
        "Word": "是",
        "Id": 2
      },
      {
        "HeadId": 2,
        "Relation": "主谓关系",
        "Word": "句法分析",
        "Id": 1
      }
    ]
  }
}
```


图 6-17 句法依存分析结果

6.3.4 语义分析

语义分析（semantic analysis）是指运用各种机器学习方法，让机器学习与理解一段文本所表示的语义内容。

一段文本通常由词、句子和段落来构成。根据分析对象的语言单位不同，语义分析又可进一步分解为词汇级语义分析、句子级语义分析以及篇章级语义分析。语义分析的结构如图 6-18 所示。

一般来说，词汇级语义分析关注的是如何获取或区别单词的语义，句子级语义分析则是试图分析整个句子所表达的语义，而篇章语义分析旨在研究自然语言文本的内在结构并理解文本单元（可以是句子从句或段落）间的语义关系。

1. 词汇级语义分析

词汇层面上的语义分析主要体现在如何理解某个词汇的含义，主要包含两个方面。

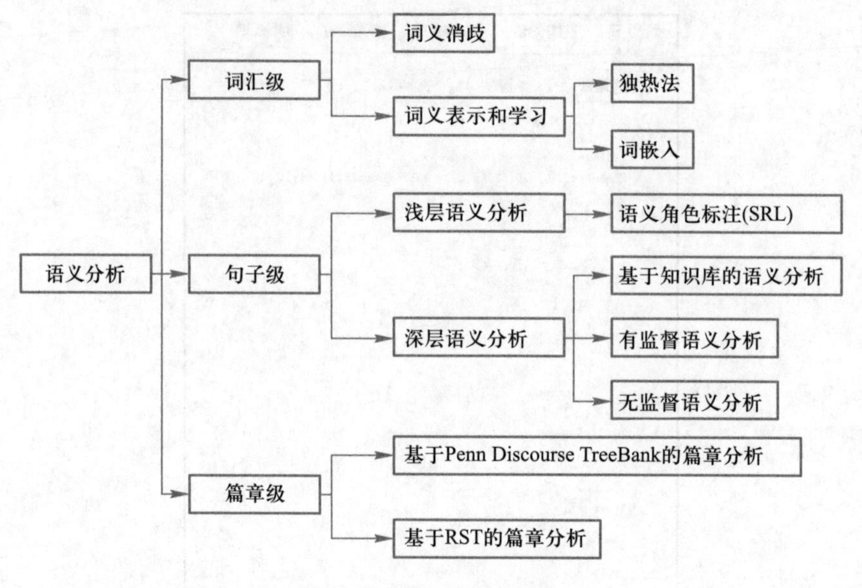

图6-18 语义分析的结构

（1）在自然语言中，一个词具有两种或更多含义的现象非常普遍。如何自动获悉某个词存在着多种含义，以及假设已知某个词具有多种含义，如何根据上下文确认其含义，这些都是词汇级语义研究的内容。在自然语言处理领域，这又称为词义消歧。

（2）如何表示并学习一个词的语义，以便计算机能够有效地计算两个词之间的相似度，并区别不同的词，这也是词汇级语义分析要研究的问题。

下面就词义消歧来简单描述一下自然语言处理采用的方法和算法。

词汇的歧义性是自然语言的固有特征。词义消歧根据一个多义词在文本中出现的上下文环境来确定其词义，是自然语言处理的基础步骤和必经阶段。词义消歧包含两个必要的步骤。

（1）在词典中查找描述词语的意义。

（2）在语料中进行词义自动消歧。

例如，“苹果”一词在词典中描述有两个不同的意义：一种常见的水果；美国一家科技公司。

对于下面两个句子：

A：苹果让牛顿发现了万有引力；

B：苹果在中国的营收最近出现了严重下滑。

词义消歧的任务是自动将第一个苹果归为“水果”，而将第二个苹果归为“公司”。

词义消歧常用的算法如下。

（1）监督学习算法。

- 确定词表和释义表。如目标词“苹果”，有两个释义：水果-苹果，公司-苹果。
- 获取语料。可以通过百度、搜狗等搜索引擎。

- 特征提取。一般先设定一个窗口，只关心这个窗口的词。
- 选择分类器。朴素贝叶斯、逻辑回归、支持向量机 SVM、KNN、神经网络等。

（2）半监督学习算法。当目标词没有足够的语料的时候，从少量手动标注启动，按照同一共现释义中，不同词出现频率进行扩展，如苹果的水果解释一般与食物、食用、果树等词共现；苹果公司的解释一般与品牌、手机、产品等词共现。因此可以标注所有这类语句。

（3）无监督学习算法。一种贝叶斯分类器，参数估计不是基于有标注的训练语料，而是先随机初始化参数 $p(v \mid s)$，根据最大估计算法重新估计概率值，对每个词义上下文计算得到 $p(c \mid s)$，不断迭代，从而得到最终分类的模型，最终利用余弦相似性计算得到结果。

2. 句子级语义分析

句子级的语义分析是根据句子的句法结构和句中词的词义等信息，推导出能够反映这个句子意义的某种形式化表示。根据句子级语义分析的深浅，可以划分为浅层语义分析和深层语义分析。

（1）浅层语义分析。给定一个句子，浅层语义分析的任务是找出句子中谓词的相应语义角色成分，包括核心语义角色（如动作主体、动作目标等）和附属语义角色（如地点、时间、方式、原因等）。浅层语义分析的实现通常是基于句法分析的结果，主要围绕着句子中的谓词，为每个谓词找到相应的语义角色。所以浅层语义分析往往被称为语义角色标注。

（2）深层语义分析。深层的语义分析有时直接称为语义分析，不再以谓词为中心，而是将整个句子转化为某种形式化表示，例如谓词逻辑表达式、基于依存的组合式语义表达式等。以下给出了 GeoQuery 数据集中的一个中英文句子对，以及对应的一阶谓词逻辑语义表达式：

中文：列出得克萨斯州最长的河流

英文：Name the longest river in Texas

语义表达式：answer(longest(river(loc_2(stateid('Texas')))))

虽然各种形式化表示方法采用的理论依据和表示方法不一样，但其组成通常包括关系谓词（如上例中的 loc_2、river 等）、实体（如 Texas）等。语义分析通常需要知识库的支持，在该知识库中，预先定义了一系列的实体、属性以及实体之间的关系（可以用元组表示）。

3. 篇章级语义分析

篇章是指由一系列连续的子句、句子或语段构成的语言整体单位。篇章语义分析是指在篇章层面上，将语言从表层的没有结构的文字序列转换为深层的有结构的机内表示，刻画篇章中的各部分内容的语义信息，并识别不同部分之间存在的语义关联，进而融合篇章内部信息和外部背景知识，更好地理解原文语义。篇章语义分析的研究建立在词汇级、句子级语义分析之上，融合篇章上下文的全局信息，分析跨句的词汇之间，句子与句子之间，段落与段落之间的语义关联，从而超越词汇和句子分析，达到对篇章等级更深层次的理解。

目前的篇章语义分析主要还是围绕着判定子句与子句的篇章语义关系。通过前面体验过的腾讯文智开放平台还可以体验篇章级语义分析的效果。再一次登录腾讯文智开放平台，在图6-15所示窗口左侧选择“篇章分析相关接口”，按照前述方法在“输入参数”项目栏下的“Text”文本框输入要分析的中文语句，可以分别对其进行自动摘要、关键词提取、情感分析或文本分类（篇章级语义分析结果不同应用和表现形式）。单击右侧的“发送请求”蓝色按钮，此时下方就会出现对应的响应结果。有兴趣的读者可以自行输入其他文字段落，进行篇章类语义分析体验。

6.3.5 语用分析

语用分析是把语句中表述的对象和针对对象的描述，与现实的真实事物及其属性相关联，找到真实具体的细节，把这些细节与语句系统对应起来，形成动态的表意结构。把话语放在语言使用者和语言使用环境（语境）对它的制约中进行分析，为的是了解语言在不同环境下的不同含义以及语言的结构在这些环境制约下的变化，从而发现其中的规律。

语用分析有4个基本要素。

（1）发话者——语言信息的发出者。

（2）受话者——指听话人或信息接受者。

（3）话语内容——发话者用语言符号表达具体内容。

（4）语境——语言使用的环境及语言行为发生的环境。

之前的语义分析通常是研究句子的字面含义，语用分析则是综合研究句子在不同语言对象和不同语境中的真实含义。

举个例子说明。比如小明约小红去看电影，小红说：“天气预报说今晚会有大暴雨。”那么，语义分析研究的就是小红说的那句话的意思为：天气预报预测将会下雨，就在今天晚上，而且还非常大；而语用分析研究的就是小红这句话背后的含义，比如小红说今晚预报有雨是想让小明带上雨伞，或者今晚不想去看电影，或者想改天去看电影，等等。

设想有人到商场看见一件衣服很喜欢，就问售货员：“这件衣服多少钱？”如果售货员回答说：“打折后200元。”这是从语义的角度一般正常的回答。如果售货员又加了一句：“只剩下这一件了。”意思是：“要买快掏钱，否则就轮不上您了。”这就涉及一种特殊的“语用”：售货员委婉地用“言外之意，弦外之音”的方式来表达她真正想要表达的意思。

语用分析对人工智能技术有重大理论意义和实用价值。让计算机可以真正理解人类语言的情感和真实含义，这也是实现人机交互系统的必备条件。

6.4 自然语言处理平台和开源库 

当前，自然语言处理 NLP 在智能分析、大数据分析中的应用越来越广泛，出现了一大批 NLP 开源库、分析工具和平台，这为我们工作提供了便利，前面就已经通过腾讯文智开放平台体验了自然语言的处理效果。通过这些体验平台，大家不必再关注于底层的算法和模型，只需集中精力于 NLP 的应用。接下来，再给大家介绍一些常用的自然语言处理平台，提供大家对自然语言处理的体验和学习。

常用的自然语言处理平台如下。

1. Boson 中文语义开放平台 BosonNLP

Boson 中文语义开放平台专注中文语义分析技术，拥有丰富的经验积累。自主研发千万级中文语料库，为精准和深度的中文语义分析提供坚实基础。提供使用简单、功能强大、性能可靠的中文自然语言分析商业 API 服务。从情感倾向、实体、分类、聚类等多种维度分析海量非结构化文本，可定制数据分析模型和解决方案，针对需求提供分类、消歧、典型意见提取等定制机器学习模型的建立。Boson 中文语义开放平台主界面如图 6-19 所示。

图 6-19 Boson 中文语义开放平台主界面

在图 6-19 中单击“查看演示”按钮，弹出如图 6-20 所示的文本输入窗口。首先，可以通过选择最上面的“单文本演示”按钮和“多文本演示”按钮进行切换，选择输入的文本类型。然后，在下面的文本框中输入想要分析的文本信息。最后，单击图 6-20 最下面的“提交文本”。向下滑动窗口最右侧的导航条来查看对此文本的分析结果，可以看到如图 6-21 所示的词性分析结果。

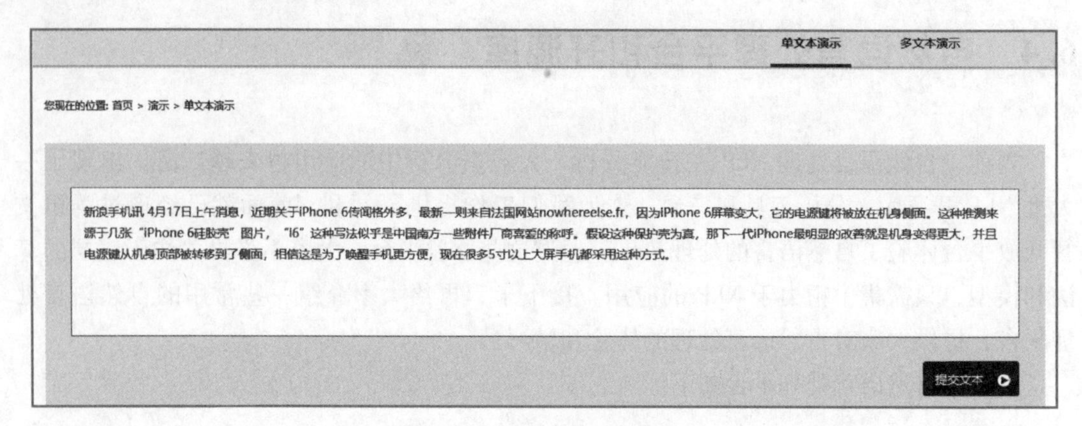

图 6-20 输入文本信息

图 6-21 词性分析结果

从图 6-21 中可以看到，左侧是自然语言处理中针对不同分析阶段的分析结果，包括“词性分析”“实体识别”“依存文法”“情感分析”等。通过依次单击不同的选项，可以查看相应的分析结果。在图 6-21 右侧可以看到词性类别图示，不同的词性用不同的颜色来表示，要分析文本中的词也按照不同词性与对应的词性颜色相同，这样就清楚地看到要分析文本的词性分析情况了。

依次选择图 6-21 中左侧的选项，体验和学习其他自然语言处理不同阶段的分析过程。

2. NLPIR 汉语分词系统

NLPIR 汉语分词系统是针对大数据内容处理的需要，融合了网络精准采集、自然语言理解、文本挖掘和网络搜索技术的 13 项功能，提供客户端工具、云服务、二次开发接口。图 6-22 所示为 NLPIR 汉语分词系统的主页面。

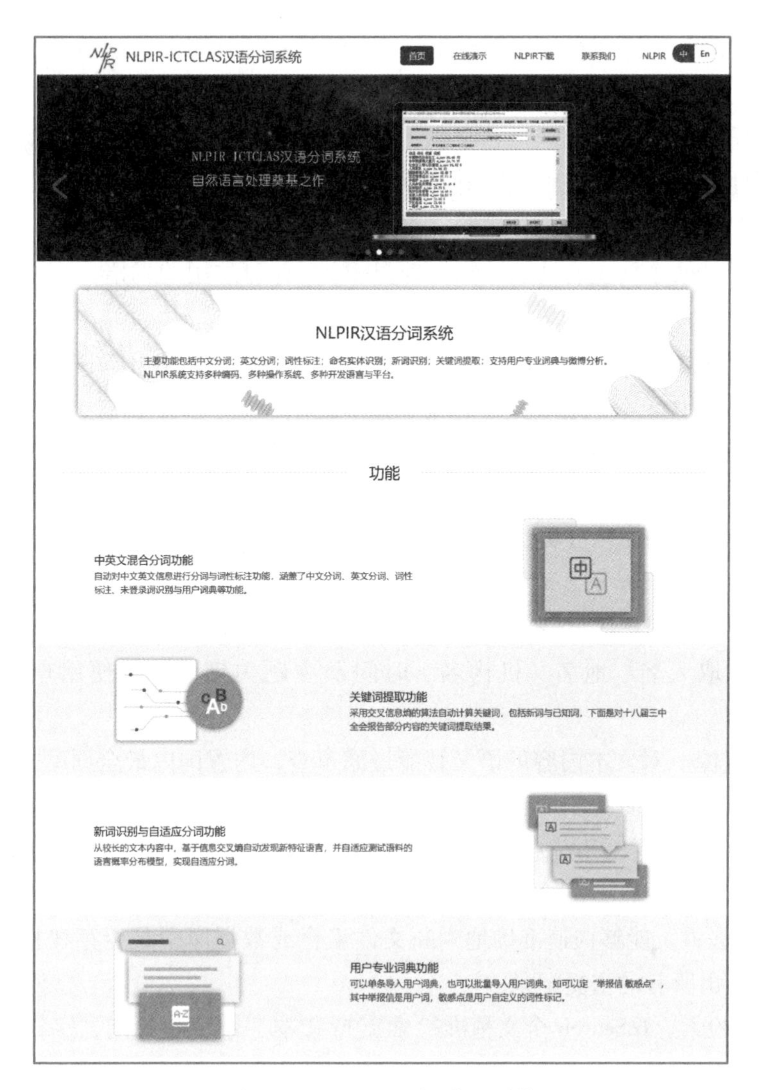

图 6-22 NLPIR 汉语分词系统

在图 6-22 中，首先把需要测试的文字输入上面的文本框中，然后在图的中间位置需要单击按钮进行验证，验证通过后在下面就可以看到体验的结果，可以通过单击圆形选项按钮体验不同的功能效果。NLPIR 汉语分词系统集成了 NLP 的 13 大功能（应用）。

（1）精准采集。对境内外互联网海量信息实时精准采集，有主题采集（按照信息需求的主题采集）与站点采集两种模式（给定网址列表的站内定点采集），可帮助用户快速获取海量信息，尤其是境外信息与情报的挖掘。

（2）文档转换。对 DOC、EXCEL、PDF 与 PPT 等多种主流文档格式进行文本信息格式转换，信息抽取准确率极高，效率达到大数据处理的要求。

（3）新词发现（新词发现+关键词提取）。新词发现能从文本中挖掘出具有内涵新词、新概念，用户可以用于专业词典的编撰，还可以进一步编辑标注，导入分词词典中，提高分词系统的准确度，并适应新的语言变化；关键词提取能够对单篇文章或文章集合，提取出若干个代表文章中心思想的词汇或短语，可用于精化阅读、语义查询和快速匹配等。

（4）批量分词。对原始语料进行分词，自动识别人名、地名、机构名等未登录词、新词标注以及词性标注。可在分析过程中，导入用户定义的词典。

（5）语言统计。针对切分标注结果，系统可以自动地进行一元词频统计、二元词语转移概率统计（统计两个词左右连接的频次即概率）。针对常用的术语，会自动给出相应的英文解释。

（6）文本聚类。能够从大规模数据中自动分析出热点事件，并提供事件话题的关键特征描述。同时适用于长文本和短信、微博等短文本的热点分析。

（7）文本分类。包括专家规则类与机器训练分类，针对事先指定的规则和示例样本，系统自动从海量文档中识别并训练分类。NLPIR深度文本分类，可以用于新闻分类、简历分类、邮件分类、办公文档分类、评论数据分类等诸多方面。

（8）摘要实体（自动摘要+实体抽取）。自动摘要能够对单篇或多篇文章，自动提炼出内容的精华，方便用户快速浏览文本内容。实体提取能够对单篇或多篇文章，自动提炼出内容摘要，抽取人名、地名、机构名、时间及主题关键词，方便用户快速浏览文本内容。

（9）智能过滤。对文本内容的语义智能过滤审查，内置国内最全词库，智能识别多种变种：形变、音变、繁简等多种变形，语义精准排歧。

（10）情感分析。针对事先指定的分析对象，自动分析海量文档的情感倾向：情感极性及情感值测量，并在原文中给出正负面的得分和句子样例。

（11）文档去重。能够快速准确地判断文件集合或数据库中是否存在相同或相似内容的记录，同时找出所有的重复记录。

（12）全文检索。JZSearch全文精准检索支持文本、数字、日期、字符串等各种数据类型，多字段的高效搜索，支持AND/OR/NOT以及NEAR邻近等查询语法，支持多种少数民族语言的检索。

（13）编码转换。自动识别文档内容的编码，并进行自动转换，目前支持Unicode/BIG5/UTF-8等编码自动转换为简体的GBK，同时将繁体BIG5和繁体GBK进行繁简转换。

除了本章所提到的三个自然语言处理体验平台以外，还有一些其他的体验平台。例如达观数据开放平台和百度大脑AI开放平台，大家可以登录其官方网站进行在线体验，不仅可以进行语义分析，还可以进行中文分词与词性标注、命名实体识别、依存句法分析、自动语义标签等工作，可以建立语义分布模型、语义概率模型、主题分析模型、语义图谱网络等，完成自动摘要生成、文本自动分类、情感自动识别、文本智能审核、事件智能抽取、观点意见分析等应用。

6.5 自然语言处理未来展望

未来十年，自然语言处理将会进入爆发式的发展阶段。从NLP基础技术到核心技术，再到NLP+的应用，都会取得巨大的进步。比尔·盖茨曾经说过：人们总是高估在一年或者两年中能够做到的事情，而低估十年中能够做到的事情。

不妨进一步想象十年之后NLP的进步会给人类生活带来哪些改变？

十年后，机器翻译系统可以对上下文建模，具备新词处理能力。那时候的讲座、开会都可以用语音进行自动翻译。除了机器翻译普及，其他技术的进步也令人耳目一新。家里的老人和小孩可以跟机器人聊天解闷。

机器个人助理能够理解用户的自然语言指令，完成点餐、送花、购物等下单任务。人们已习惯于客服机器人来回答关于产品维修的问题。

设想登临泰山发思古之幽情，或每逢佳节倍思亲时，拿出手机说出感想或者上传一幅照片，一首情景交融、图文并茂的诗歌便跃然于手机屏幕上，并且可以选择格律诗词或者自由体的表示形式，亦可配上曲谱，发出大作引来点赞。

可能未来每天看到的体育新闻、财经新闻报道是机器人写的。

可以用手机跟机器人老师学英语，老师教授口语、纠正发音，跟学习者亲切对话，或者帮助修改论文。

机器人定期自动分析浩如烟海的文献，给企业提供分析报表、辅助决策并作出预测。搜索引擎的智能程度大幅度提高。很多情况下，可以直接给出答案，并且可以自动生成细致的报告。

利用推荐系统，所关心的新闻、书籍、课程、会议、论文、商品等可直接收到推送。

机器人帮助律师找出判据，挖掘相似案例，寻找合同疏漏，撰写法律报告。

……

未来，NLP将跟其他人工智能技术一道深刻地改变人类的生活。

课后思考题

1. 根据你的理解，请简述自然语言和机器语言的区别。

2. 结合本章内容请思考：让计算机可以真正理解人类语言的情感和真实含义，实现人机交互，还有哪些问题需要解决？

3. 结合6.5节内容，想象十年之后NLP的进步还会给人类生活带来哪些改变？请举例说明。

4. NLP 目前已被应用于很多领域，主要有机器翻译、情感分析、智能问答、观点抽取、文本分类等方向。请结合自己生活学习的经历，简述两个 NLP 的应用场景。

5. 2018 年 2 月 8 日，小度机器人亮相网络春晚，和主持人秒对飞花令，展现了百度强大的人工智能技术，宣扬了中国传统文化。那么，小度是如何实现理解主持人的对话呢？请结合本章 6.3 节的内容，简述其过程（可用框图表示）。

第7章 大数据和云计算

——人工智能的资源和平台

学习目标

- 理解什么是大数据以及大数据的特征。
- 了解大数据的处理流程。
- 理解云计算的概念。
- 理解大数据和云计算对人工智能的支撑作用。

随着人工智能技术的发展和应用，人类进入了智能时代。物联网、云计算、大数据和人工智能形成了智能时代科技的一个整体。海量的数据（大数据）通过物联网搜集，然后存储于云计算平台，最后再通过大数据分析技术，甚至更高形式的人工智能技术提取和分析得到人类生产、生活、科技甚至未来所需要的信息，为人类社会提供更好的服务。

大数据的基础是物联网和云计算，人工智能的基础是大数据。人工智能的决策依赖于大数据的分析。四大科技之间的关系如图 7-1 所示。从层次结构上来看，物联网是第一层，也是底层，负责环境的感知和数据的收集；云计算是第二层，负责为大数据和人工智能提供数据存储和数据转发平台；大数据位于第三层，完成数据的整理和分析；人工智能位于最上层，完成最终的智能决策，把科技最终转换为应用。

人工智能
大数据
云计算
物联网

图 7-1　四大科技层次结构图

各种网站搜索引擎都是大数据的缩影，是用来在互联网上搜索信息的简单快捷工具，其含有用户可以访问的上百亿个网址索引。搜索引擎不但可以存储用户搜索出来的所有网站链接，还存储了人们的所有搜索行为，通过大量的数据分析掌握搜索行为的时间、内容以及它们是如何进行的。这样，网站就可以根据数据分析结果向用户推送有针对性的信息或者广告。除此之外，通过对大量数据分析，网站还可以预测人们接下来会采取怎样的行动，这种对大量数据进行捕捉、存储和分析，并根据这些数据作出预测的能力，就是人们所说的大数据。

图7-2所示为某搜索引擎网站的数据中心，其内部庞大的机群结构如图7-3所示。

图7-2 数据中心

图7-3 数据中心内部

7.1 大数据

微课7-1
大数据的概念和特征（1）

7.1.1 何谓大数据

什么是大数据？维基百科给出的定义是：用现有的一般技术难以管理的大量数据的集合，它是一个包罗万象的概念。如果当一个数据集的规模庞大，处理的复杂性高，采用现有的数据处理系统都难以对其驾驭。那么，这样的数据集就是大数据。

大数据到底有多大？在计算机世界里，用二进制数制来表示数据，即每一位采用“0”或者“1”两个数码来表示，一个二进制位为1bit（比特），8个二进制位为1B（Byte，字节）。目前，个人计算机处理的数据是吉字节（GB）/太字节（TB）级别，硬盘大小通常是1TB/2TB/4TB的容量，内存是4 GB/8 GB容量。

现在数据的规模已经从兆字节（MB）、吉字节（GB）、太字节（TB）级别发展到拍字节（PB）、艾字节（EB）、泽字节（ZB），各个级别相差1024倍，1 KB=1024B，1 MB=1024 KB，1 GB=1024 MB，1 TB=1024 GB。那么，大数据是什么级别呢？是PB/EB级别，1PB=1024 TB，1 EB=1024 PB、1 ZB=1024 EB。图7-4所示为大数据的数据单位。

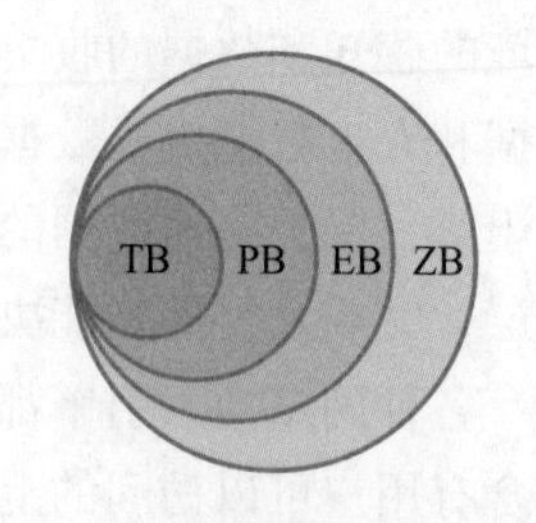

图7-4 大数据的数据单位

到2020年全球电子设备存储的数据将达到35ZB，如果建一个机房来存储这些数据，那么这个机房的面积将比42个鸟巢（国家体育场）还大。

大数据是从哪儿来的？

大数据来源于每一个人，可以说人们的衣食住行，时时刻刻都产生着数据，例如网上消费和购物、发送邮件、用手机上网聊天、发表博客、浏览网页等。人们在互联网上的每一步操作都可以产生数据。当然，大数据不仅是由互联网产生的。工业设备、智能制造、仪表仪器等都可能产生数据，这些数据集合在一起，就形成了大数据。

大数据能做什么？

可以通过大数据分析，获得有价值的信息，以数据来驱动企业业务，为社会提供发展动力。例如，电商企业通过数据分析了解，用户通过点击站内广告最终购买产品的比率较高，因此，可以针对客户过去的点击记录来展示其可能感兴趣的商品广告，从而提高其最终购买商品的概率。超市的产品供应商可以利用植入购物车中的IC标签来收集顾客的行动路线数据，通过与商品销售数据相结合，从而分析出顾客买或不买某种商品的理由。

7.1.2 大数据的特征

微课 7-2
大数据的概念和特征（2）

目前，根据大数据在不同场景中的应用，主要具有4个特征：数量（Volume）、种类（Varity）、速度（Velocity）和价值（Value），简称4V，即庞大的数据量、丰富的数据种类、极快的数据处理速度和巨大的商业价值4个特征。

1. 数量

数量表示大数据的数据体量巨大。近年来，互联网上的数据量已经从GB级增加到TB级再增加到PB级，甚至开始以EB级和ZB级来计数。例如百度导航每天需要提供的数据超过1.5PB，如果将这些数据打印出来，会超过5000亿张A4纸，一天之中，互联网产生的全部内容可以刻满1.68亿张DVD，发出的邮件有2940亿封之多。

2. 种类

种类表示大数据的数据类型繁多。传统IT产业产生和处理的数据类型较为单一，大部分是结构化数据。随着传感器、智能设备、社交网络、移动计算等新的技术不断涌现，数据的来源越来越多样化，数据的种类也越来越复杂，它不仅包含传统的关系型数据库数据，还包含网络日志、音频、视频、图片、地理位置信息等半结构化和非结构化的数据。图7-5所示为互联网上大数据的主要来源。

【相关链接】 关系数据库是由二维表格及其之间的联系所组成的一个数据组织。

- 结构化的数据是具有固定格式和有限长度的数据。例如填的表格就是结构化的数据：国籍：中华人民共和国；民族：汉；性别：男等。
- 非结构化的数据，是不具有固定长度、无固定格式的数据。例如日志文件、语音、视频都是非结构化的数据。
- 半结构化数据是一些XML或者HTML的格式的数据。

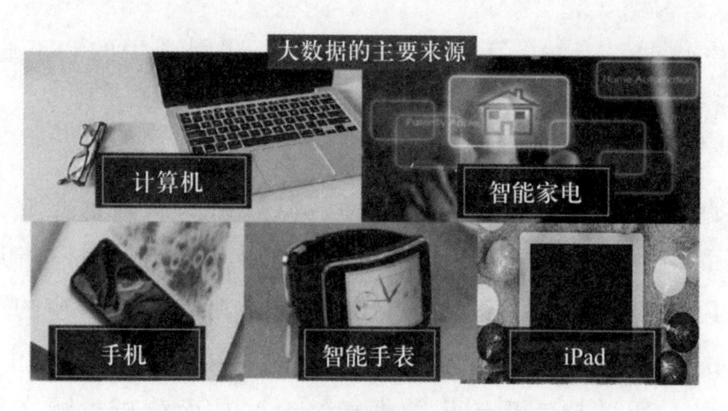

图7-5 大数据的主要来源

3. 速度

速度表示大数据的产生、处理和分析的速度不断加快。加速的原因是数据创建的实时特点，以及将数据结合到业务流程和决策过程中的需求加快。大数据的快速处理能力充分体现出它与传统的数据处理技术的本质区别，处理模式已经开始从批处理转向实时处理。

目前，大数据面临的挑战是数据的实时计算和分析。在波音的飞机上，发动机、燃油系统、液压和电力系统等数以百计的变量组成了在航状态，这些数据不到几微秒就被测量和发送一次。以飞机为例，发动机在飞行中每30 min就能产生10TB数据。这些数据不仅仅是未来某个时间点能够分析的工程遥测数据，而且还为实时自适应控制、燃油使用、零件故障预测和飞行员通报提供依据，能有效实现故障诊断和预测，时刻保障飞机的安全和乘客的安全。图7-6所示为飞机监控系统。

图7-6 飞机监控系统

4. 价值

价值表示大数据中隐藏着无限的商业价值，但其数据价值密度低。虽然大数据拥有海量的信息，但是真正可用的数据可能只有很小一部分，从海量的数据中挑出一小部分数据本身就是个巨大的工作量。尽管其价值密度低，但大数据整体具有巨大的潜在价值。以视频监控为例，在1h的视频中，有用的数据可能只有几秒，但是可能却非常重要。现在许多专家已经将大数据等同于黄金和石油的价值。

7.1.3 大数据处理流程

微课 7-3
大数据处理流程

上面提到大数据中隐藏着无限的商业价值，那么大数据处理系统就是从大数据中提取价值的基础装备。大数据的数据来源广泛，应用需求和数据类型都不尽相同，但是最基本的处理流程是一致的。下面将介绍大数据处理系统处理数据的基本流程。

大数据处理流程主要包括数据采集、数据预处理、数据存储、数据分析与挖掘、数据展示、数据应用6个环节，如图7-7所示。其中数据的质量影响着整个大数据的流程。相反，每一个数据处理环节也会对大数据的质量产生影响作用。通常，一个好的大数据产品要有大的数据规模、快速的数据处理、精确的数据分析与预测、优秀的可视化图表以及简练易懂的数据结果解释。

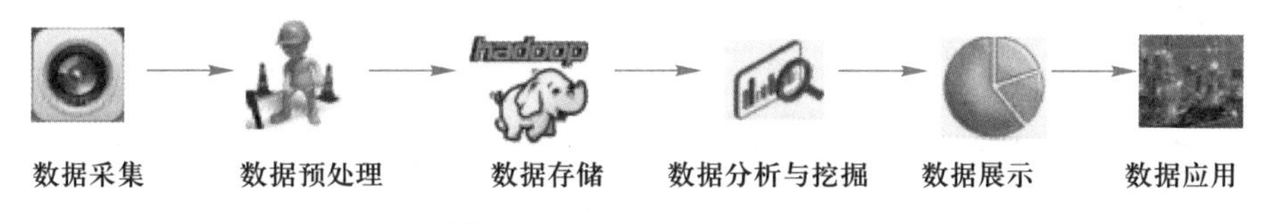

图 7-7 大数据处理流程图

整个大数据处理的基本流程可以具体描述为，在合适工具的辅助下，从实际业务系统中采集数据，并将结果按照一定的标准进行存储，然后利用合适的数据分析技术对数据进行预处理和分析，然后将分析后的数据建立数据模型，进行人工智能识别，最后将结果进行可视化展示给终端用户。各个阶段的具体功能如下。

1. 数据采集

数据采集是指从传感器、智能设备、仪器仪表、企业在线系统、互联网平台、移动互联App、RFID射频等数据源获取数据的过程。

大数据采集过程的主要特点和挑战是并发数据高，因为同时可能会有成千上万的用户进行访问和操作。例如，12306火车售票网站峰值时的用户并发访问量可达上百万/秒，2018年淘宝“双11”的用户并发量可达到上千万/秒。因此在采集端要部署大量的数据库才能对其支撑，另外还要考虑这些数据库的负载均衡。

【相关链接】 并发性是指两个或多个事件在同一时间间隔内发生，峰值是指在所考虑的时间间隔内，数据变化最大瞬间值。

2. 数据预处理

现实世界采集的数据存在不完整性（遗漏）、含有噪声（错误）、数据不一致、数据质量不高等问题。而在使用数据时要求数据具有一致性、准确性、完整性等特性。因此在使用数据之前要对数据进行处理，即数据预处理。

【相关链接】遗漏数据是指感兴趣的数据属性值为空值，噪声数据是指数据中存在错误或异常的数据（例如，2月30日），不一致的数据是指数据属性值出现不一致的情况（例如，作为关键字的同一部门编码出现不同值）。

数据预处理就是在数据进行分析或数据挖掘之前对原始数据进行数据清洗、数据集成和数据转换等一系列操作。数据清洗是指清除数据中存在的噪声及纠正不一致数据和遗漏数据；数据集成是把不同来源、不同格式、不同特点及性质的数据在逻辑上或物理上有机地集中，从而为企业提供全面的数据共享；数据转换是指将一种格式的数据转换为另一种格式的数据。

3. 数据存储

将海量的、来自前端的数据经预处理后，快速导入到一个集中的大型分布式数据库或者分布式存储集群，利用分布式技术来对存储于其内的、集中的海量数据进行查询、分类和汇总，以此满足分析需求。

【相关链接】在大数据时代，需要处理分析的数据集的大小已经远远超过了单台计算机的存储能力，需要将数据集存放到多台计算机上，这就需要一项技术来管理多台计算机上的文件，这就是分布式技术（distributed file system）。

分布式技术是把分布在不同地理位置的不同计算机通过网络相互连接，组成分布式系统。然后将需要处理的大量数据划分成多个部分，分散存储在不同的计算机上，并由分布系统内的计算机同时计算。最后将这些计算结果合并，得到最终的结果。尽管分布式系统内的单个计算机的计算能力不强，但由于每台计算机只计算一部分数据，而且是多台计算机同时计算，所以就整个分布式系统而言，处理数据的速度会远高于单台计算机。

4. 数据分析与挖掘

数据分析是整个大数据处理流程的核心，只有通过数据分析才能获取更多智能的、有价值的信息。预处理后的数据构成了数据分析的原始数据，根据不同实际应用的需求可以从这些数据中选择全部或者部分进行分析。

大数据无法用人脑来推算、估测，或者用单台的计算机进行处理，必须采用分布式计算架构，依托云计算的分布式处理、分布式数据库、云存储和虚拟化技术，因此，大数据分析与挖掘必须用到云计算技术。

5. 数据展示

大数据处理流程中用户最关心的是数据处理的结果，正确的数据处理结果只有通过合适的展示方式才能被终端用户正确理解。利用计算机以及可视化工具，将处理的结果通过图形以及交互方式直观地呈现给用户，使用人机交互技术可以引导用户对数据进行逐步的分析，使用户参与到数据分析的过程中，增加用户对数据的认知和理解。

支付宝 App 中提供了记账本服务，该服务可以统计和展示用户每个月甚至一年的消费和收入情况，并以环形图的形式直观显示，如图 7-8 所示，让用户一目了然看清消费和收入的差别。

图 7-8 环形图

目前，对少量数据的可视化表示常用的图表有柱状图、折线图、散点图、饼图等。饼图或环图用于表示一个维度各项指标占总体的占比情况。图 7-9 通过柱状图，展示了一年内各个月份的销售情况，从中可以分析月份对产品销售的影响背后的原因。

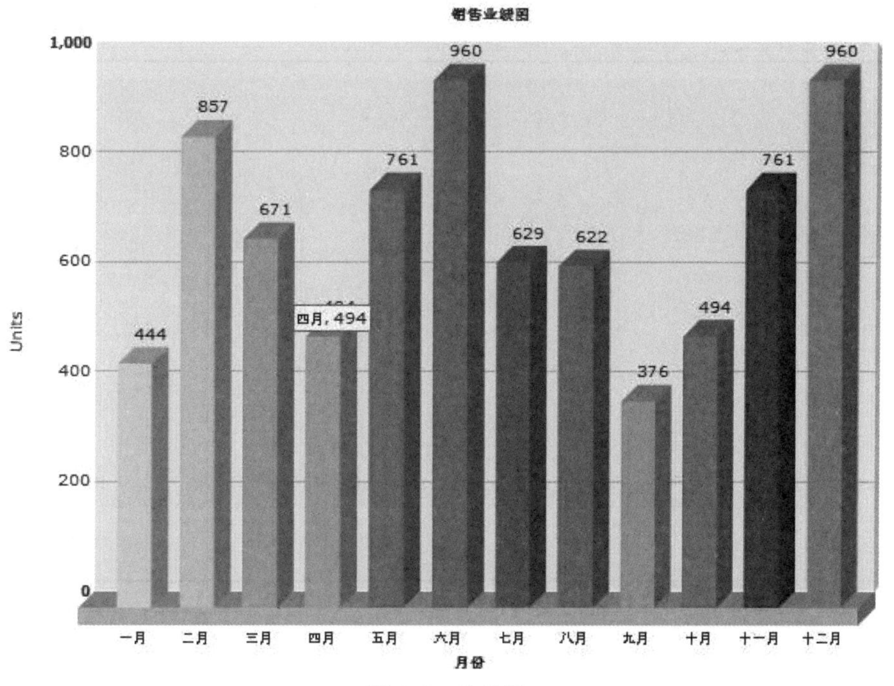

图 7-9 柱状图

对大量的多维数据进行可视化表示，常用的有散点图、热力图等。图 7-10 为散点图，表示了性别、年龄、身高三维的数据之间的关系，用浅色表示女性，深色表示男性，点的多少表示数据量的多少。

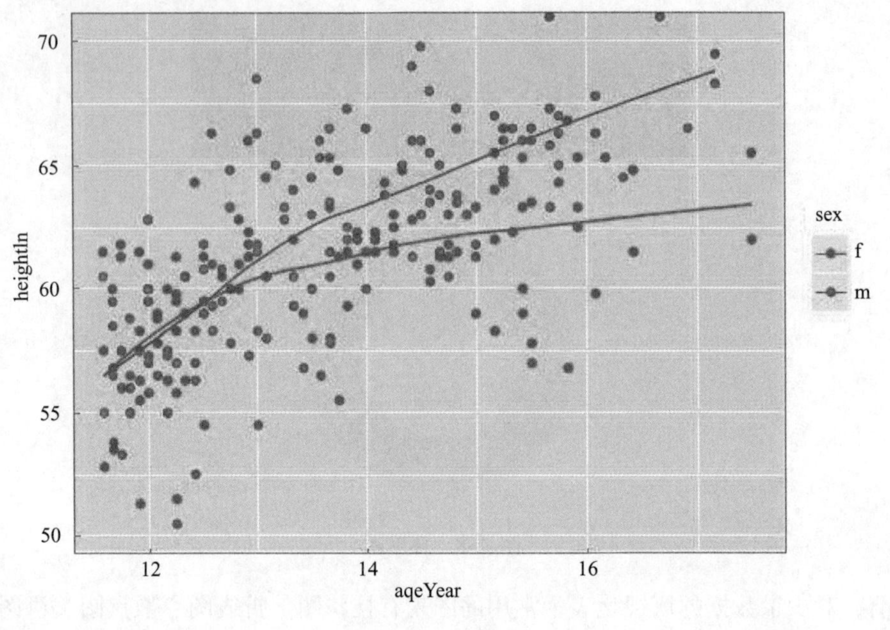

图 7-10 散点图

图 7-11 是使用 Python 的数据可视化库 PyEcharts，基于某热点事件的一周关注度数据制作的热力图，用不同颜色的区块分时排列，颜色越鲜艳，表示关注人数越多。

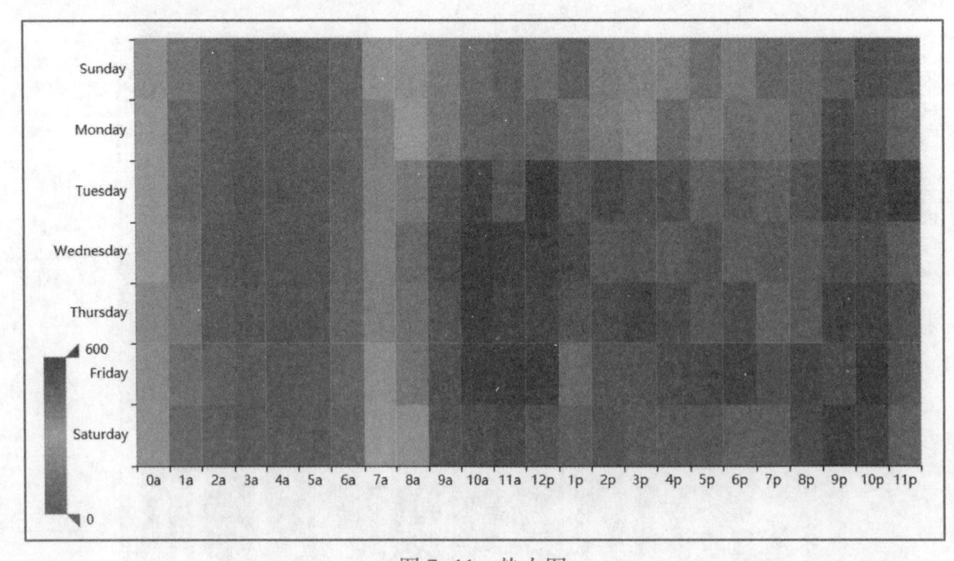

图 7-11 热力图

本页彩图

7.2　大数据的应用

在2009年出现了一种新的流感病毒甲型H1N1，在短短几周内迅速传播开来。很多国家都要求医生在发现新型流感病例时告知疾病控制与预防中心，但由于人们可能患病多日实在受不了才去医院，同时这个信息传达回疾病控制中心也需要时间。因此，告知新流感病例往往会有一两周的延迟。然而，对于一种飞速传播的疾病，信息滞后两周的后果将是致命的。

在甲型H1N1流感暴发的几周前，某人工智能研发公司的工程师们在《自然》杂志上发表了一篇引人注目的论文，文中阐述了该公司团队通过对人们在网上的搜索记录进行分析，能够预测冬季流感的传播。

公司团队做了一个实验：把5000万条网上最频繁检索的词条和疾控中心当年在季节性流感传播时期的数据进行了比较，希望通过分析人们的搜索记录来判断这些人是否患上了流感。

为此，公司团队建立了一个称为“流感趋势”（Flu Trends）的系统，该系统搜索并分析人们在互联网上关于流感的特定检索词条，通过对这些检索词条的使用频率与流感在时间和空间上的传播之间进行分析，来判断这些人是否患上了流感。为了测试这些检索词条，该系统总共处理了4.5亿个不同的数学模型，再将得出的预测与疾控中心记录的实际流感病例进行对比后，发现软件分析出了45条检索词条的组合，将这些词条用于一个特定的数学模型后，得出的预测与官方数据的相关性高达97%，能够判断出流感是从哪里传播出来，而且判断非常及时和准确，不会像疾控中心一样要在流感爆发一两周之后才可以做到。

但是，在2014年，哈佛大学的学者在《科学》发文报告了该系统在2011—2013年间的表现。在2011—2012年度，该系统预测的发病率是疾控中心报告值的1.5倍多；而到了2012—2013年度，该系统流感发病率预测已经是疾控中心报告值的两倍多了。这也宣告该流感趋势预测的失败。

学者们认为造成这种结果的两个重要原因分别是“大数据傲慢”（Big Data Hubris）和算法变化。所谓“大数据傲慢”，就是人们认为大数据可以完全取代传统的数据收集方法，而非作为后者的补充。这种观点的最大问题在于，绝大多数大数据与经过严谨科学试验得到的数据之间存在很大的不同。

因此，要重视大数据，但是不要过分迷恋大数据。它并不是法力无边的科学方法，有很多局限性，如果一个人陷入数据的汪洋大海中，往往还会限制自己的想象力和创造力。

微课 7-4
大数据实训案例（1）

7.3 大数据实训案例

金融科技（Financial Technology）正在越来越深刻地影响量化投资领域。量化投资领域最有名的公司当属量化交易之父——詹姆斯·西蒙斯（James Simons）创立的文艺复兴对冲基金，该基金使用复杂的数学模型去分析并执行交易，通过寻找那些非随机行为来进行市场预测。从1989年起，文艺复兴对冲基金旗下的大奖章基金（Medallion）年回报率平均高达35%，被誉为“最成功的对冲基金”。量化对冲基金投资的好处之一是可以避免人性的诸多弱点，并且可以从量化的角度分散化投资风险，因为它主要依赖于大数据程序进行决策，减少了人的不理性决策。当然，在实际的应用过程中需要大数据分析程序+人工的结合，忽视任何一方都可能会产生巨大的风险。

本篇案例旨在介绍如何使用大数据分析进行量化投资，通过数据获取、数据清洗、数据可视化几个方面介绍大数据在量化交易中的应用。

案例操作的基本流程如下：

首先，使用Tushare财经数据接口包获取格力、美的、京东方、恒瑞医药、苏宁易购5家公司2017年1月1日至2019年6月1日的日股票收盘价数据。

然后，使用Pandas包对获取的数据进行数据清洗。

最后，使用Seaborn包和Matplotlib包对股票数据进行可视化，分析5只股票的走势和收益率波动状况。

接下来，就进行具体的操作介绍。

1. 使用Tushare包获取股票数据

股票交易数据的获取有诸多种方式，一些大型数据商会提供非常详细、实时更新的股票交易数据，同时，也可以通过爬虫等方式获取股票交易数据。但是对于初学者而言，这些方法要么费时间，要么需要付费进行购买。这里，介绍一个免费、开源的财经数据接口包——Tushare，利用它可以方便快捷地获取所需要的数据。

Tushare接口包使用Tushre. get_hist_data()函数来获取所需要的数据。该函数的主要输入参数如下。

- code：股票代码，即6位数字代码。
- start：开始日期，格式为YYYY-MM-DD。
- end：结束日期，格式为YYYY-MM-DD。
- type：数据类型，D=日k线；W=周；M=月；5=5分钟；15=15分钟；30=30分钟；60=60分钟。默认为D。
- retry count：当网络异常后重试次数，默认为3。

微课 7-5
大数据实训案例（2）

该函数的主要返回值如下。

- date：日期。
- open：开盘价。
- high：最高价。
- close：收盘价。
- volume：成交量。

本案例选取格力、美的、京东方、恒瑞医药和苏宁易购共 5 只股票，使用该股票的日度收盘价格，选取的时间段为 2017-01-01 至 2019-06-01，具体操作如下：

（1）使用 PyCharm 建立 stock 工程。进入 PyCharm，单击 File 菜单中的 New Project 选项，如图 7-12（a）所示，弹出 Create Project 对话框，输入工程文件名称“stock”，如图 7-12（b）所示。单击 Create 按钮完成创建，在工程项目中将出现 stock 工程文件，如图 7-12（c）所示。

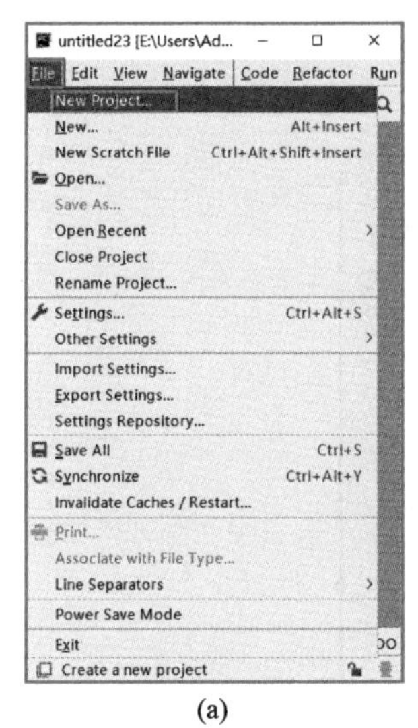

(a)

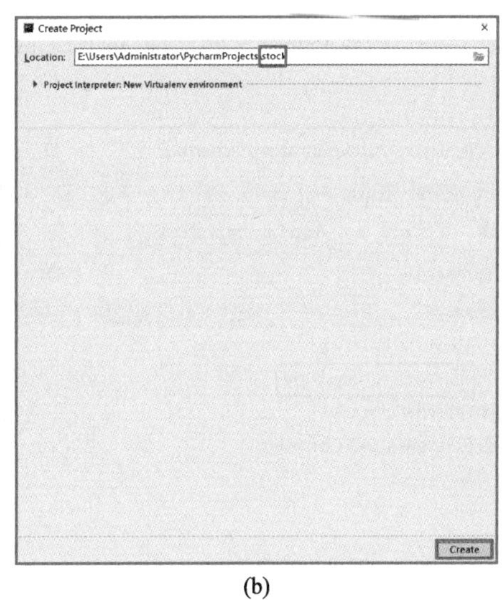

(b)

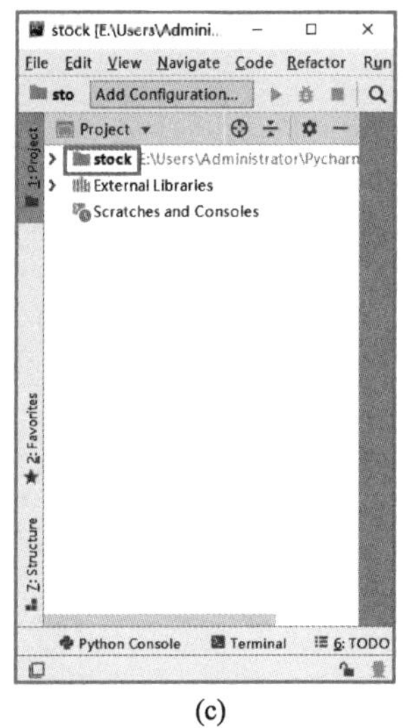

(c)

图 7-12 新建 stock 工程文件

（2）新建 Python 文件 stock_analysis. py。进入 Project 工程窗口，右击 stock 工程，弹出快捷菜单，移动鼠标到 New，出现下级菜单，单击 Python Flie 选项，如图 7-13（a）所示。打开 New Python file 对话框，输入 Python 文件名字“stock_analysis”，单击 OK 按钮，完成 Python 文件的创建，如图 7-13（b）所示。

Python 文件创建成功后，将在工程文件中出现如图 7-14 所示的 stock_analysis. py 文件，表示 Python 文件已经创建成功。

（3）下载工具包。将案例所需要的 sklearn 机器学习库引入到工程中，调用其相应的功能，用以搭建、训练机器学习模型。在 PyCharm 工程项目中，单击 File 菜单中的 Settings 选项，如图 7-15（a）所示，打开 Settings 对话框。打开 Project：stock 下拉框，单

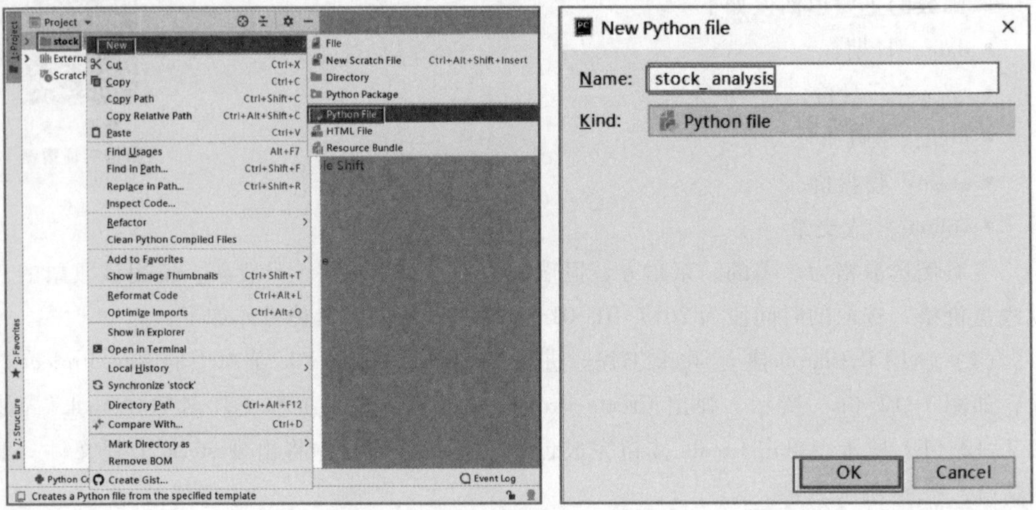

(a) (b)

图 7-13 新建 Python 文件 stock_analysis. py

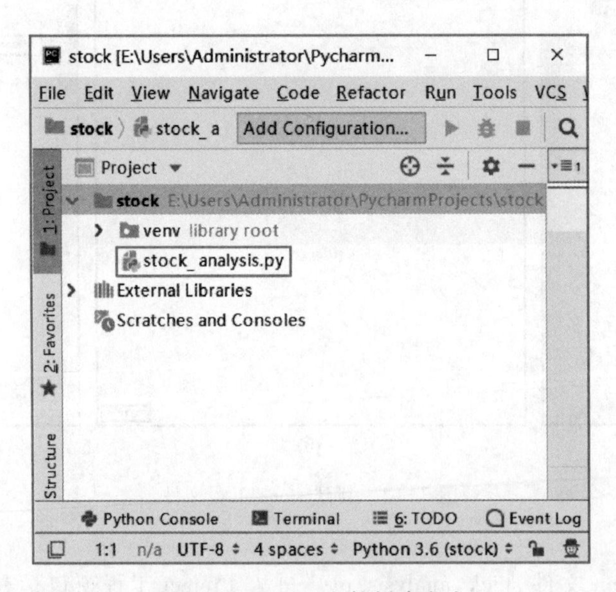

图 7-14 Python 文件创建成功

击 Project Interpreter 项，弹出工程现有工具包界面，如图 7-15（b）所示。单击右侧“+”号，弹出如图 7-16 所示的 Available Packages 对话框。

在对话框中输入需要下载的工具包名称“pandas”，将自动搜索到所需要的 pandas 机器学习库，选中 pandas 后，单击 Install Package 按钮进行下载。当出现如图 7-17 所示的“Package ‘pandas’ installed successfully”提示语，表明此次下载成功。按照同样的方法依次下载 tushare、matplotlib、numpy 和 pylab 库文件。

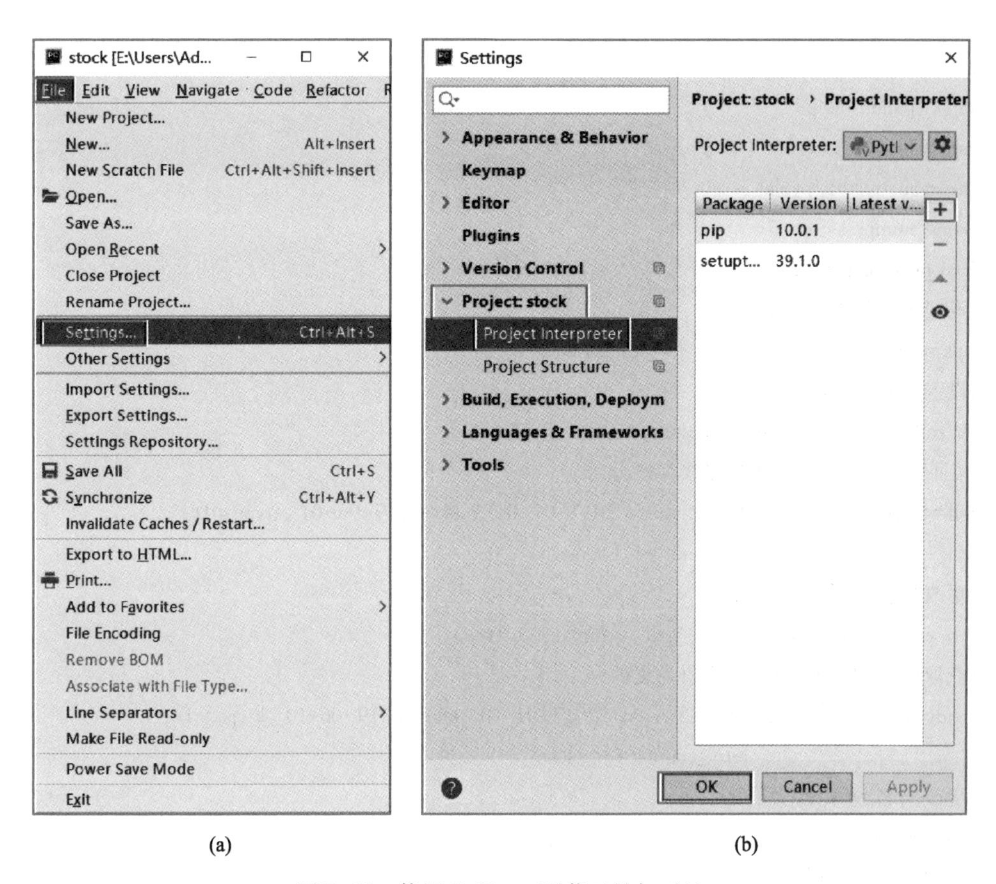

(a) (b)

图 7-15 使用 PyCharm 下载工具包（1）

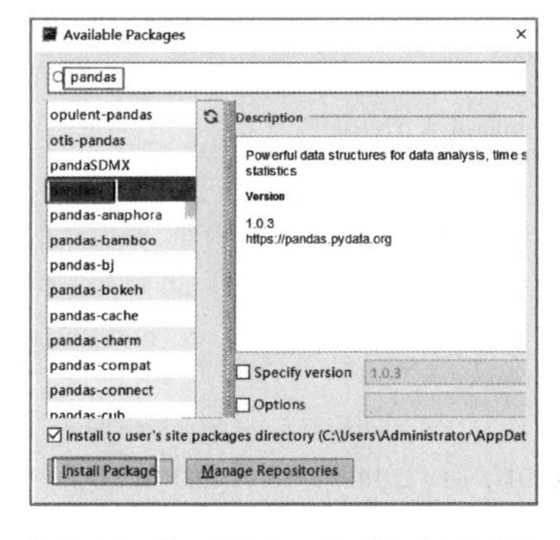

图 7-16 使用 PyCharm 下载工具包（2）

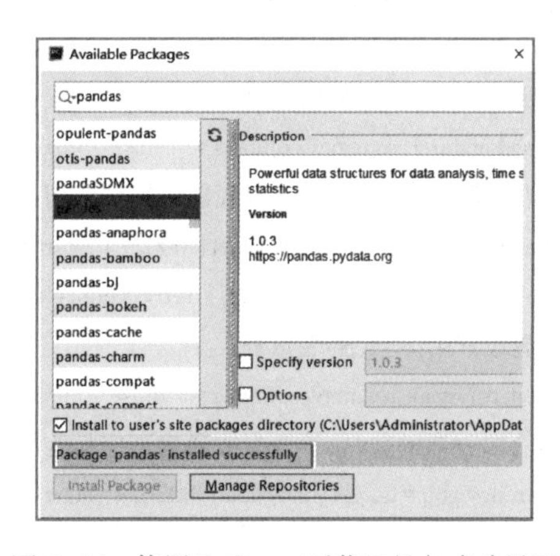

图 7-17 使用 PyCharm 下载工具包成功界面

（4）编程 Python 代码实现案例

在 Python 工程文件中的 stock_analysis.py 文件中编写程序代码，实现数据集的获取。代码如下：

```
#导入库文件
import pandas as pd
import tushare as ts
import matplotlib.pyplot as plt
import numpy as np
from pylab import mpl
#设置可视化中文显示方式
mpl.rcParams['font.sans-serif'] = ['SimHei']
#设置负数的显示方式
plt.rcParams['axes.unicode_minus'] = False
#获取股票的数据,第1只股票为格力
geli = ts.get_hist_data('600848', start='2017-01-01', end='2019-06-01', ktype='D',
                        retry_count=4)['close']
#更改列名,避免列名重复
geli.rename(columns={'close':'geli'}, inplace = True)
#获取股票的数据,第2只股票为美的
meidi = ts.get_hist_data('000333', start='2017-01-01', end='2019-06-01', ktype='D',
                         retry_count=4)['close']
#更改列名,避免列名重复
meidi.rename(columns={'close':'meidi'}, inplace = True)
#获取股票的数据,第3只股票为京东方
jingdongfang = ts.get_hist_data('000725', start='2017-01-01', end='2019-06-01', ktype='D',
                                retry_count=4)['close']
#更改列名,避免列名重复
jingdongfang.rename(columns={'close':'jingdongfang'}, inplace = True)
#获取股票的数据,第4只股票为恒瑞医药
hengruiyiyao = ts.get_hist_data('600276', start='2017-01-01', end='2019-06-01', ktype='D',
                                retry_count=4)['close']
#更改列名,避免列名重复
hengruiyiyao.rename(columns={'close':'hengruiyiyao'}, inplace = True)
#获取股票的数据,第5只股票为苏宁易购
suningyigou = ts.get_hist_data('002024', start='2017-01-01', end='2019-06-01', ktype='D',
                               retry_count=4)['close']
#更改列名,避免列名重复
suningyigou.rename(columns={'close':'suningyigou'}, inplace = True)
geli.head()
#打印格力股票的前5行查看数据信息
print(geli.head())
```

运行 stock_analysis. py 文件，查看输出结果，如图 7-18 所示。可以看出，数据库中格力最新的 5 条数据，包含收盘日期和收盘价格。

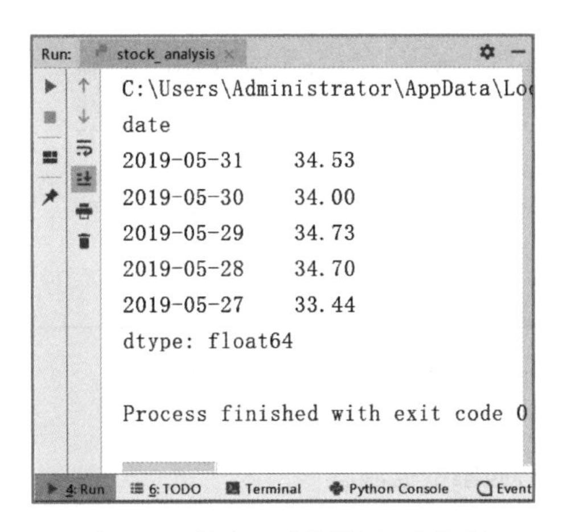

图 7-18 格力股票的最新 5 条数据

Tushre. get_hist_data( ) 函数返回了一个包含某只股票交易量、收盘价、开盘价等多种信息的 DataFrame。因为案例中需要的数据量是收盘价，因此只需要“close”这一列即可，实际上通过上面程序可以得到 5 个时间序列，需要将它们合并到一个 DataFrame 里面，并且对该 DataFrame 按照时间顺序进行排序。因此，继续在 stock_analysis. py 文件中输入以下代码：

```
#生成一个词典
stock_portfolio = {
          '格力':geli,
          '美的':meidi,
          '京东方':jingdongfang,
          '恒瑞医药':hengruiyiyao,
          '苏宁易购':suningyigou
          }
#生成 DataFrame
stock_portfolio = pd. DataFrame( stock_portfolio, index = jingdongfang. index)
stock_portfolio. sort_index( axis = 0, ascending = True, inplace = True)
#aa 打印输出 DataFrame 前 5 行信息
print( stock_portfolio. head( ) )
```

再次运行 stock_analysis. py 文件，查看运行结果，如图 7-19 所示。可以看出，打印输出了 stock_portfolio 的前 5 行，即得到了 5 只股票的收盘价。

```
Run:  stock_analysis
C:\Users\Administrator\AppData\Local\Programs\Python\Python37
              格力      美的    京东方    恒瑞医药    苏宁易购
date
2017-10-23   29.79   47.63   5.25   65.11   14.09
2017-10-24   28.05   48.59   5.22   64.85   13.78
2017-10-25   29.73   50.40   5.72   66.81   13.77
2017-10-26   32.41   49.96   5.76   66.27   14.45
2017-10-27   33.11   50.72   5.92   65.88   14.51

Process finished with exit code 0
```

图 7-19 5 只股票的收盘价

2. 使用 Pandas 包进行股票数据清洗

获得股票数据之后，需要对其进行清洗。继续在 stock_analysis. py 文件中输入如下代码，进行数据清洗的第一步，查看数据是否存在缺失值：

```
#查看是否数据缺失
print(stock_portfolio.info())
```

程序运行结果如图 7-20 所示，数据库中 2017 年 10 月 23 日到 2019 年 6 月 1 日之间共有 392 条数据，其中格力有 315 条、美的有 352 条、京东方有 392 条、恒瑞医药有 392 条、苏宁易购有 392 条，可以看到格力、美的数据存在少量缺失值。

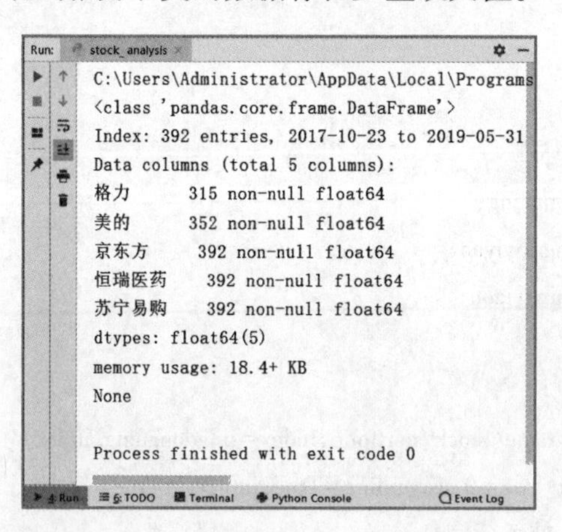

图 7-20 查看数据是否存在缺失值

存在缺失值的原因有很多，比如，股票有时候会被停牌。对于缺失值的处理，一种常见的方法是，如果某一行有任何缺失值，则将其删除；另外一种常见的方法是，对缺失值进行填充。本案例中使用线性插值的方法填充缺失值，也就是使用缺失值的前一个（非缺失的）值和后一个（非缺失的）值的平均数来对缺失值进行填充。继续在 stock_analysis. py

文件中输入填充缺失值代码如下：

```
#使用线性插值法填充缺失值
stock_portfolio. interpolate( method = " linear" , inplace = True)
#打印查看信息
print( stock_portfolio. info( ) )
```

程序运行结果如图 7-21 所示。可以看出，已经不存在缺失值。

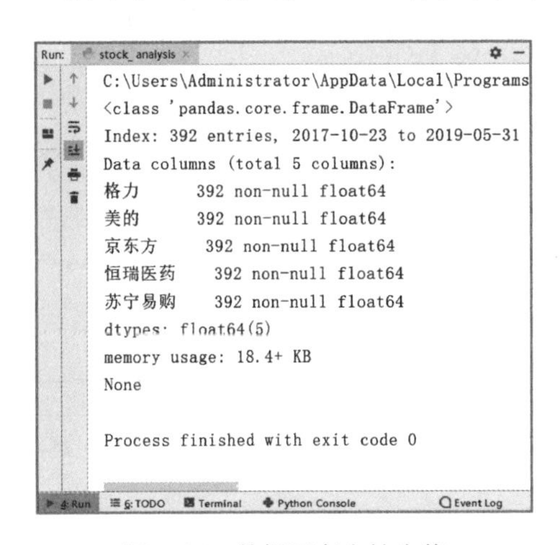

图 7-21 数据不存在缺失值

股票数据最主要的问题就是有缺失值，除此之外不需要进行比较复杂的预处理，除非需要特定类型的数据，比如说把日收益率转化为月收益率。

3. 股票数据可视化

最后，进入数据可视化环节，先来看一下 5 只股票价格的历史走势如何。继续在 stock_analysis. py 文件中输入如下代码：

```
#可视化股票走势情况
stock_portfolio. index = pd. DatetimeIndex( stock_portfolio. index)
plt1 = stock_portfolio. plot( figsize = ( 12,10) , title = " 股票价格历史走势" , grid = False)
plt1. set_xlabel('日期')
plt1. set_ylabel('股票价格')
plt. show( plt1)
```

程序运行结果如图 7-22 所示。可以看到，5 只股票的走势的总体趋势类似，表明它们的股价都受到了同样的宏观因素的影响，比如政府推行的减税政策对于全行业来说都是一个利好消息。但是股票肯定也会有一些公司层面的独特风险，比如公司的经营策略等。

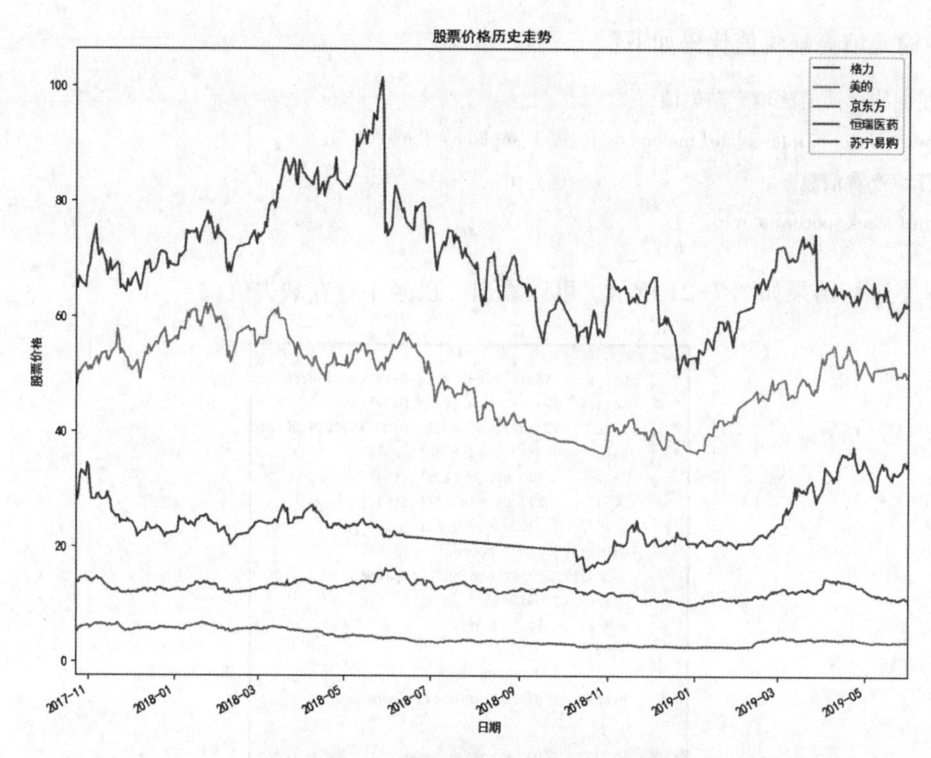

图 7-22 5只股票价格的历史走势情况

在股票投资领域，人们关注的并不是股票的价格，而是股票收益率。如上图所示，恒瑞医药股价一直比较高，但是这并不意味着投资恒瑞医药就一定比投资京东方赚钱，因此，就需要计算出股票的收益率。股票的日收益率计算公式如下：

$$r_t = \log(P_t) - \log(P_{t-1})$$

其中，r_t表示股票日收益率，P_t表示第 t 日股票价格，P_{t-1}表示第 t 日的前一日股票价格。

继续在 stock_analysis. py 文件中输入计算日收益率的程序代码，实现运行结果的可视化：

```
#计算日收益率
stock_portfolio=np.log(stock_portfolio)-np.log(stock_portfolio.shift(1))
#去掉空值
stock_portfolio.dropna(inplace=True)
#绘制股票收益情况波动图
plt_volatility=stock_portfolio.plot(figsize=(18,10),title="股票日收益率波动情况",grid=False)
plt_volatility.set_xlabel('日期')
plt_volatility.set_ylabel('日收益率波动范围')
plt.show(plt_volatility)
```

程序运行结果如图 7-23 所示。可以看出，各股票日收益率波动相对而言是非常小的，大多都在-5%到 5%之间，格力和恒瑞医药这两只股票相对而言波动比较大。

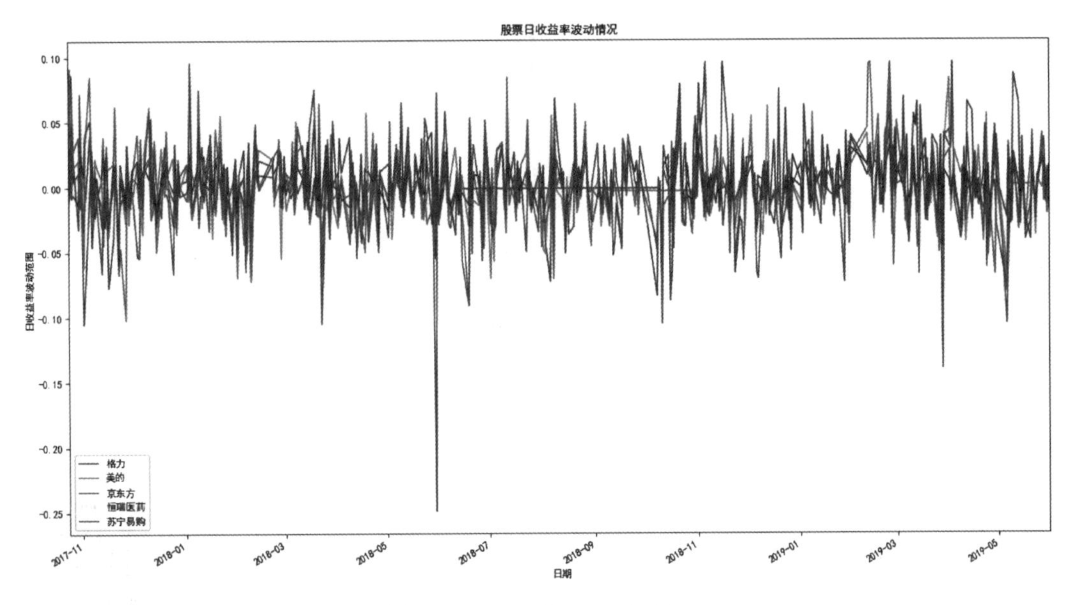

图 7-23 5 只股票的日收益率

理论上，对于完全有效的金融市场，股票收益率应该服从期望收益为 0 的正态分布。接下来，继续在 stock_analysis. py 文件中输入代码，查看一下 5 只股票的收益率分布：

```
#图显示各股票收益状况
plt_dis=stock_portfolio. plot(kind="density",figsize=(10,8),title="股票日收益率分布状况",grid=
False)
plt_dis. set_xlabel('日期')
plt_dis. set_ylabel('日收益率密度')
plt. show(plt_dis)
#直方图显示各股票收益
plt_hist=stock_portfolio. hist(figsize=(20,5),grid=False,layout =(1,5))
plt. show()
```

程序运行结果如图 7-24 和图 7-25 所示。可以看出，除了恒瑞医药之外，其他 4 只股票的日收益率都接近正态分布。

接下来可以继续在 stock_analysis. py 文件中输入如下代码，查看一下 5 只股票的年化收益率：

```
print(stock_portfolio. mean() * 365)
```

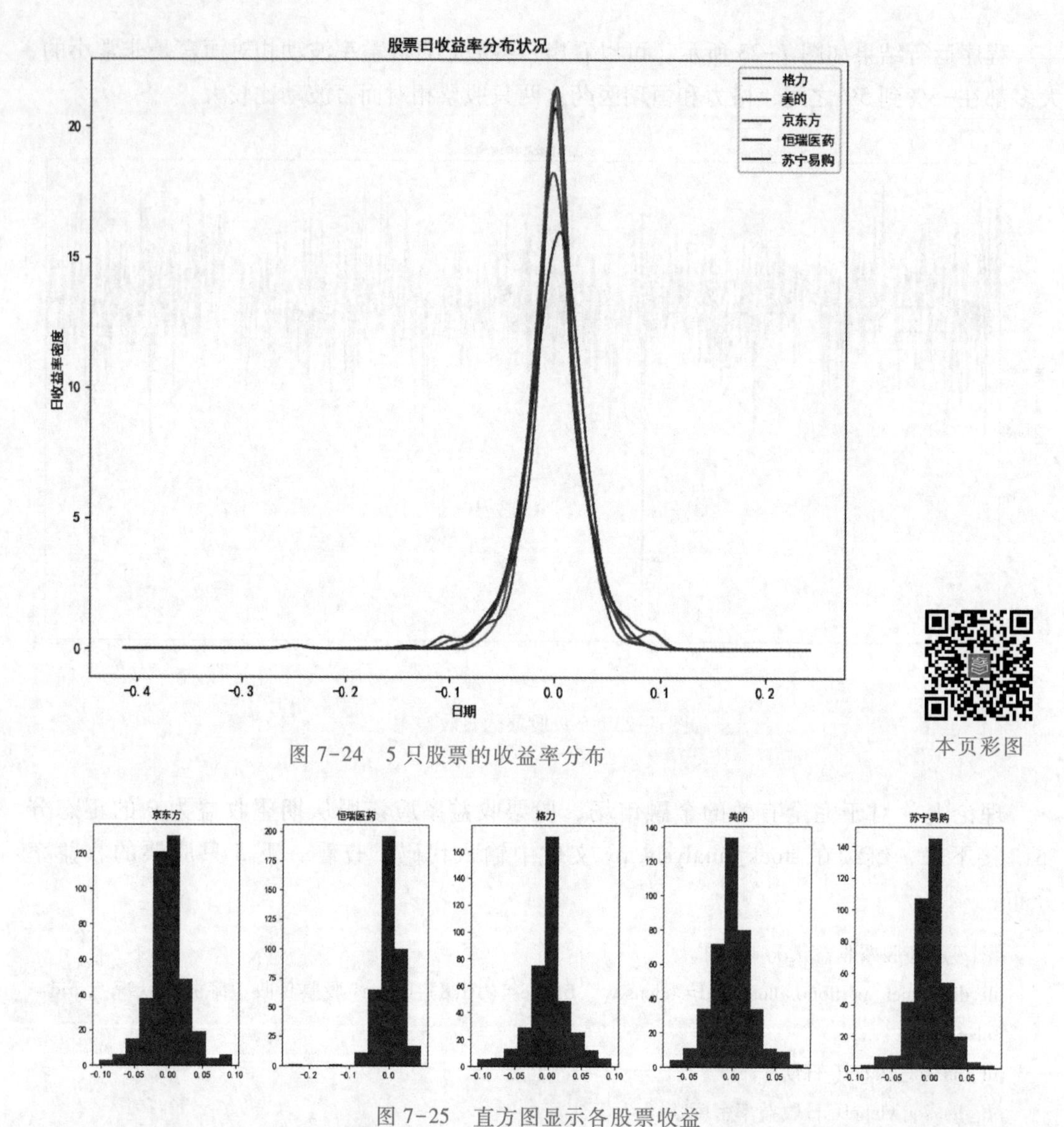

图 7-24　5 只股票的收益率分布

本页彩图

图 7-25　直方图显示各股票收益

程序运行结果如图 7-26 所示。可以看出，在案例考察的样本期内，格力的年化收益率最高，为 13%左右，美的为 3.7%，而京东方最低，为-3.9%。当然，这是理想状况下

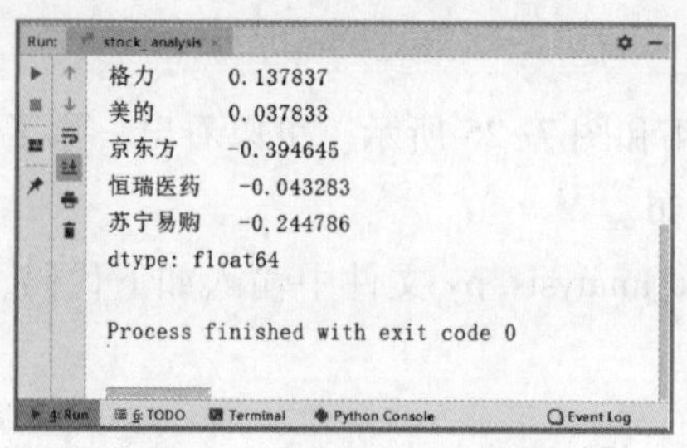

图 7-26　5 只股票的年化收益率

的年化收益率，实际上必须考虑买入、卖出涉及的相关交易费用以及股票停牌等因素。

由此，通过大数据分析手段完成了对本案例中 5 只股票的数据获取、数据清洗和数据可视化等过程，有效分析了股票的投资情况。通过本案例，可以使读者对大数据在金融科技、量化投资领域的应用有一个初步的认识。

微课 7-6
云计算的概念和特征（1）

7.4 云计算

很多人都在使用“12306 火车票购票系统”来通过线上购买火车票，这是一套典型的云计算应用系统。12306 火车购票网站与阿里云签订了战略合作，由阿里云提供计算能力，以满足业务高峰期查票检索服务，而购买支付费用等关键性业务则在 12306 自己的私有云环境中运行。两者组合成一个新的混合云，对外呈现还是一个完整的系统——12306 火车购票网站。

采用阿里云技术，12306 把余票查询系统从自身后台分离出来，在“云上”独立部署了一套余票查询系统。余票查询环节的访问量几乎占 12306 网站的九成流量，这也是往年造成网站拥堵的最主要原因之一。把高频次、高消耗、低转化的余票查询环节放到云端，而将下单、支付这种“小而轻”的核心业务仍留在 12306 自己的后台系统上，大大提升了票务处理效率和稳定性。

7.4.1 何谓云计算

云是网络、互联网的一种比喻说法。云计算（cloud computing）是一种按使用量付费的新型互联网商业模式，这种模式可以为用户提供可用的、便捷的网络访问，可按需提供给用户网络计算资源。用户如同超市购物、自助点餐一样，从云计算服务平台上申请使用 ICT（Information Communications Technology，信息通信技术）软硬件资源，诸如 CPU、内存、存储、网络、软件等，用户只需要通过付费的方式使用所需网络资源即可。

企业为了获得相应的网络资源，传统的方式是建立本企业的数据中心，需要进行网络设计、招标采购、机房建设、软件开发等一系列建设工作，还需要招聘 ICT 专业人才负责整个系统的运行维护以及后期的管理。采用租用网络云计算服务资源的方式，用户通过付费的方式选择自己需要的网络资源，用多少交多少费用，就像使用水、电付费一样，当然也不用考虑后期网络运维的问题。图 7-27 所示为云计算的形象化表示。

从技术角度来定义：云计算是分布式计算（distributed computing）、并行计算（parallel computing）、效用计算（utility computing）、网络存储（network storage）、虚拟化（virtualization）、负载均衡（load balance）、热备份冗余（high available）等技术发展融合的产物。通过网络将大量分布式计算资源集中管理起来，实现并行计算，并通过虚拟化技术形成资源池，为用户提供计算资源，按需、弹性分配，极大提高了 IT 资源的效能。

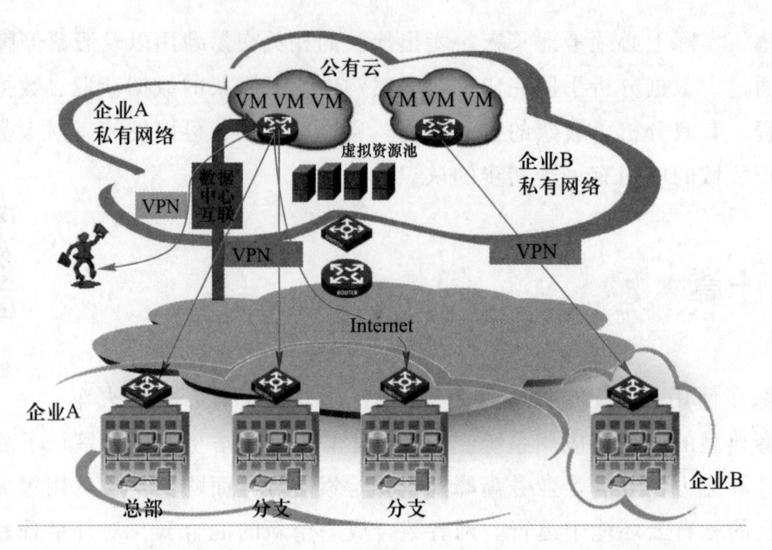

图7-27 云计算的形象化表示

7.4.2 云计算的特征

微课7-7
云计算的概念和特征（2）

云计算主要有按需自助服务、无处不在的网络接入、与位置无关的资源池、快速弹性和按使用付费五大特征。

1. 按需自助服务（on-demandself-service）

在自助餐厅中，消费者可以自主挑选各式各样的美食，自己控制食物的分量，省去了消费者点菜，服务员下单制作的过程，能更快速地获得想要的美食。与之类似，在云计算中，客户可以根据业务的需求，自主向云端申请资源（服务器和网络存储的大小），省去了与云提供商人工交互的过程，避免了人力、物力资源的浪费，提高了工作效率，节约了成本。

2. 无处不在的网络接入（ubiquitous network access）

用户可以借助一些客户端产品，如移动电话、笔记本计算机和PAD等，能够通过互联网访问云资源，不受地理位置的限制，可以随时随地接入云平台。

3. 与位置无关的资源池（location independent resource pooling）

资源池中的这些资源包括服务器、存储、处理器、网络等，由云提供商集中管理，以便以多用户租用的模式来提供服务。不同的物理机和虚拟机资源可以根据客户的需求动态分配。客户一般无须知道资源的确切物理位置，只需要根据自身的需求申请相应的资源即可。而客户所获得的资源可能来自于北京云计算中心的资源，也可能来自于上海云计算中心的资源。

4. 快速弹性（rapidelastic）

采用云计算网络，客户可以通过租用云提供商的网络设备资源，只需要利用这些资源来部署自己的业务即可，无须额外租用场地、购买相应设备等，同时硬件的运维成本也得到降低，有效地缩短了业务的部署周期。这就是云计算关键特征“快速”的具体表现。

对客户来说，可以租用的资源看起来似乎是无限的，并且可在任何时间购买任何数量的资源。这些资源可以根据客户自身的需要进行扩容或者减容，实现资源的有效利用和节约成本。如某公司的业务流量存在不确定性，该业务可能在未来的某段时间突发大规模并发访问，现有资源已经无法承载这种突发行为。在传统的 IT 环境中，可以采用增加 CPU、硬盘等硬件资源提高服务器性能，或是添加多台服务器资源来承载业务。而在云计算环境中，就不需要如此复杂。当现有资源已经无法承载现有业务时，只需要向云提供商增加租赁资源扩容到业务系统中即可。如果当前业务减少了，现有资源承载业务会有大量资源的盈余。在传统的 IT 环境中，一般不会对服务器进行减容，在线减容工作量大，存在风险，盈余资源只能让它闲置。而在云计算环境中，消费者可以根据需求减少资源的租赁，释放多余的资源，从而节约租赁资源的成本，实现云计算的关键特征“弹性”。

5. 按使用付费（pay peruse）

在云计算环境中，为了促进资源的优化利用，将收费分为两种情况：一种是基于使用量的收费方式；另一种是基于时间的收费方式。两种方式可以根据实际需求灵活选择。

7.4.3 云计算的商业模式

微课 7-8
云计算的商业模式和部署模式（1）

云计算按照商业运作模式和服务类型可以分为 IaaS、PaaS 以及 SaaS 三种模式，如图 7-28 所示。

1. 基础设施即服务

基础设施即服务（Infrastructure as a Service，IaaS），指消费者租用云提供商的基础设施。例如，阿里把自己的一部分硬件基础设施，包括计算、存储、网络和其他的计算资源，以服务的形式提供给最终用户使用。用户能够在此硬件设备上部署和运行任意软件，包括操作系统和应用程序。例如在上面安装 Web 软件，它就是一台 Web 服务器，省去了购买服务器和后期维护的费用，因此 IaaS 常常是服务器管理员来申请的。

代表性企业和产品有 VMwarevCloudSuite、IBMBlueCloud、阿里云平台、华为 FusionSphere 等。

案例 1：在阿里云平台上申请一台服务器资源，要求 2 核 CPU，2 GB 的内存，40 GB

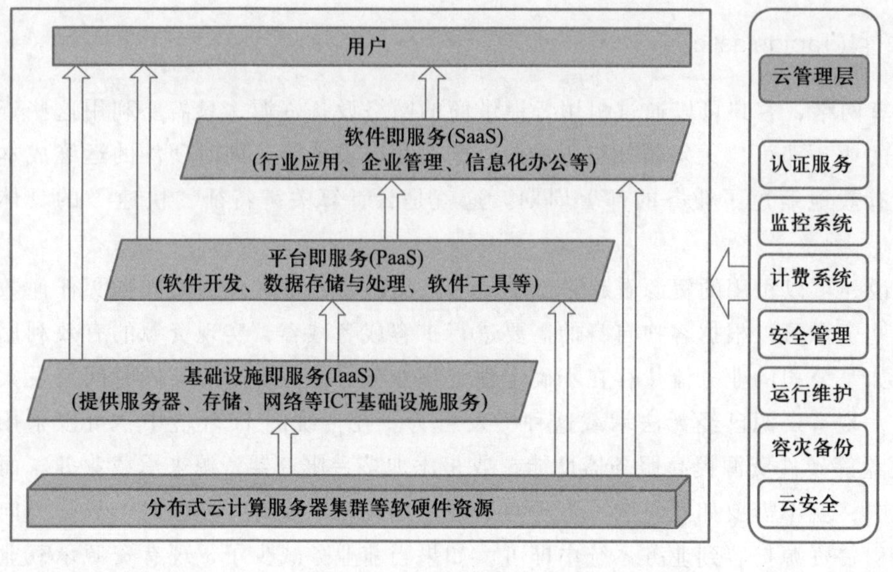

图 7-28 云计算商业模式

微课 7-9
云计算案例（1）

的系统硬盘，连接此服务器的带宽是 1 Mbit/s。

阿里云是阿里巴巴集团旗下的云计算技术和服务提供商，云服务器（Elastic Compute Service，ECS）是阿里云提供的性能卓越、稳定可靠、弹性扩展的 IaaS 级别云计算服务。云服务器 ECS 免去了采购 IT 硬件的前期准备，让用户像使用水、电、天然气等公共资源一样便捷、高效地使用服务器，实现计算资源的即开即用和弹性伸缩。

一个云服务器 ECS 实例等同于一台虚拟机，包含 CPU、内存、操作系统、网络、磁盘等最基础的计算组件。用户可以方便地定制、更改实例的配置，可以对该虚拟机拥有完全的控制权。

申请阿里云计算服务器 ECS 的步骤参考如下。

微课 7-10
云计算案例（2）

（1）进入阿里云平台网站并注册阿里云账户，如图 7-29 和图 7-30 所示，填写相关信息，进行注册。

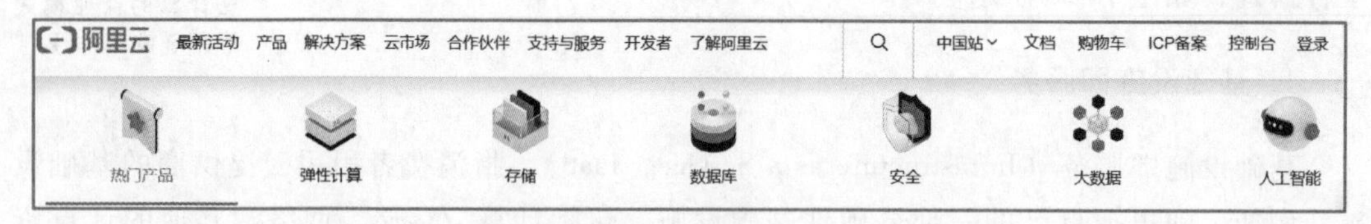

图 7-29 阿里云平台

（2）注册好账户后，选择首页左下方的“立即购买”按钮，如图 7-31 所示。

（3）进入 ECS 工作台的配置页面，依次进行基础配置、网络和安全配置、系统配置和分组配置，如图 7-32 所示。

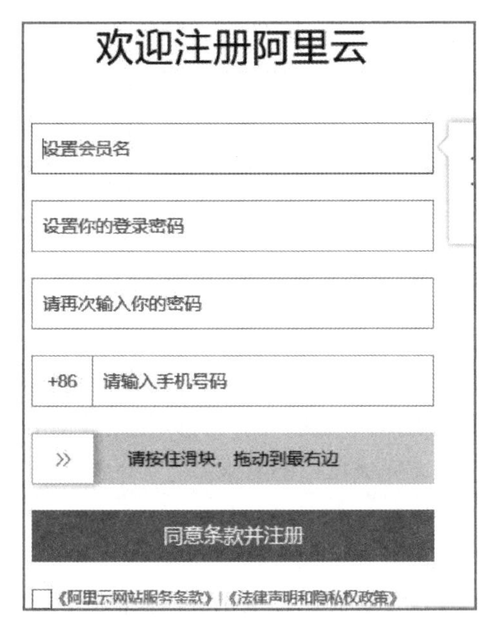

图 7-30 阿里云账户注册

图 7-31 立即购买 ECS

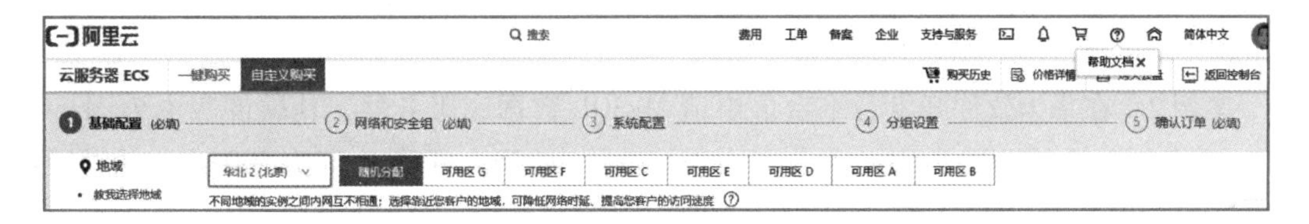

图 7-32 配置页面

（4）在基础配置部分，可配置计费方式、地域和实例。计费方式有包年包月、按量计费和抢占式实例 3 种。区域设置用于选择用户或用户群集中的地理位置，比如选择（华北 1 青岛），区域离用户越近，网络服务的速度会越快，但地域一旦选好，就不能更改了。实例配置可以选择不同架构和不同类型的服务器，也可以选择 vCPU 的数据和内存大小，这里选择 2vCPU 和 2 GiB，如图 7-33 所示，选择后可生成 ESC 实例。

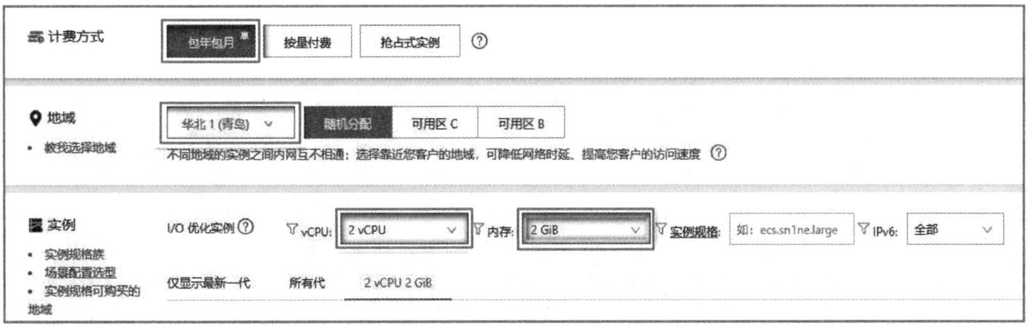

图 7-33 ECS 基本配置

（5）在存储部分，系统盘选择40 GB 云盘，如图7-34 所示。

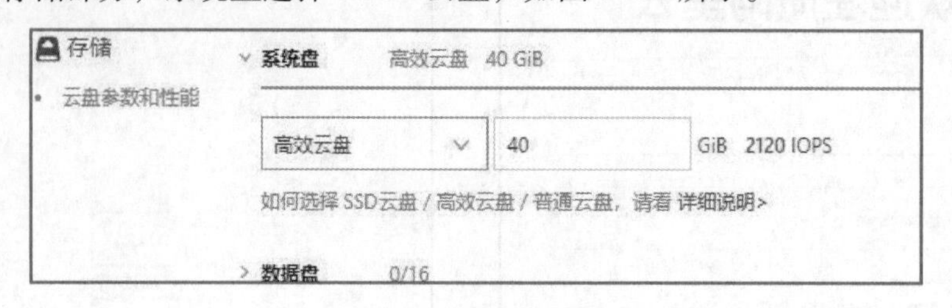

图7-34 系统盘配置

（6）选好ECS的配置以后，单击“下一步”按钮，然后按照要求依次完成购买即可。

这样，用户就完成了从阿里云上租用服务器的工作。后期，用户可以使用此服务器资源，安装相应的操作系统、工具软件、应用软件等，完成用户的需求。

2. 平台即服务

平台即服务（Platform as a Service，PaaS），指的是云提供商为用户提供的是一个软件开发环境和软件开发平台，用户不需要管理或控制底层的云计算基础设施。因此，PaaS常常是软件开发人员来申请使用的。代表性企业和产品有华为软件开发云、微软Visual Studio开发平台。

案例2：在华为软件开发云平台上申请MySQL数据库服务器，其软件版本为MySQL 5.7，服务器为2核CPU 8GB内存，最大连接数数为2500，存储空间为500GB，并设置数据库密码为Qdjsj@308。

华为软件开发云平台DevCloud是集华为研发实践、前沿研发理念、先进研发工具为一体的研发云平台，面向开发者提供研发工具服务，让软件开发简单高效。它提供项目管理、配置管理、代码检查、编译构建、测试管理、发布管理等软件开发功能。

CloudIDE是面向软件开发者的云端开发环境，支持在线编写代码、智能提示、代码提交、代码片段搜索等功能。

申请华为云开发平台参考步骤如下。

（1）打开华为软件开发云官网，单击右上角的“登录”按钮，若尚未注册，需要先单击网页右侧的“注册”按钮，如图7-35 所示。

图7-35 华为云平台

（2）注册华为云账号，如图 7-36 所示，填写手机号、密码，以及短信验证码，单击“同意协议并注册”项，完成账户的注册。

图 7-36 注册界面

微课 7-11
云计算案例（3）

（3）注册成功后，进行登录。进入用户首页，选择“控制台”菜单，如图 7-37 所示。进入用户控制台页面，在该页面中，用户可以申请要使用的软件资源。

图 7-37 选择“控制台”

（4）在用户控制台页面，单击“我的资源”，在此栏目中选择“云数据库 RDS”项，如图 7-38 所示，进入“关系数据库”申请页面，选择“购买数据库实例”，如图 7-39 所示。

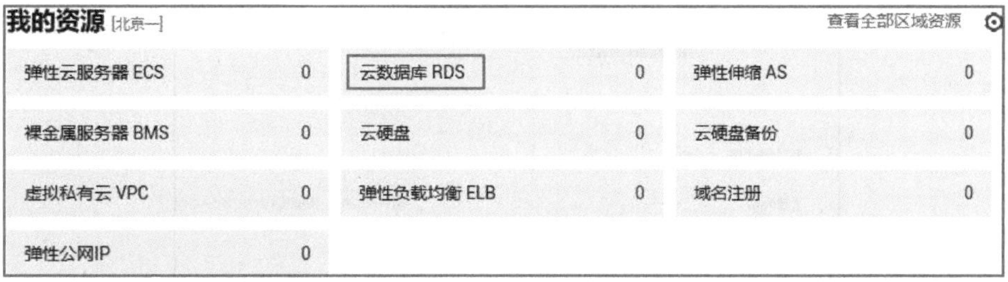

我的资源 [北京一] 查看全部区域资源

弹性云服务器 ECS	0	云数据库 RDS	0	弹性伸缩 AS	0
裸金属服务器 BMS	0	云硬盘	0	云硬盘备份	0
虚拟私有云 VPC	0	弹性负载均衡 ELB	0	域名注册	0
弹性公网IP	0				

图 7-38 用户控制台界面

图 7-39 关系数据库申请页面

（5）在购买“数据库实例”页面，可以设置计费模式、区域、数据库引擎以及版本、服务器性能规格、存储空间大小、数据库的密码等，如图 7-40 所示。

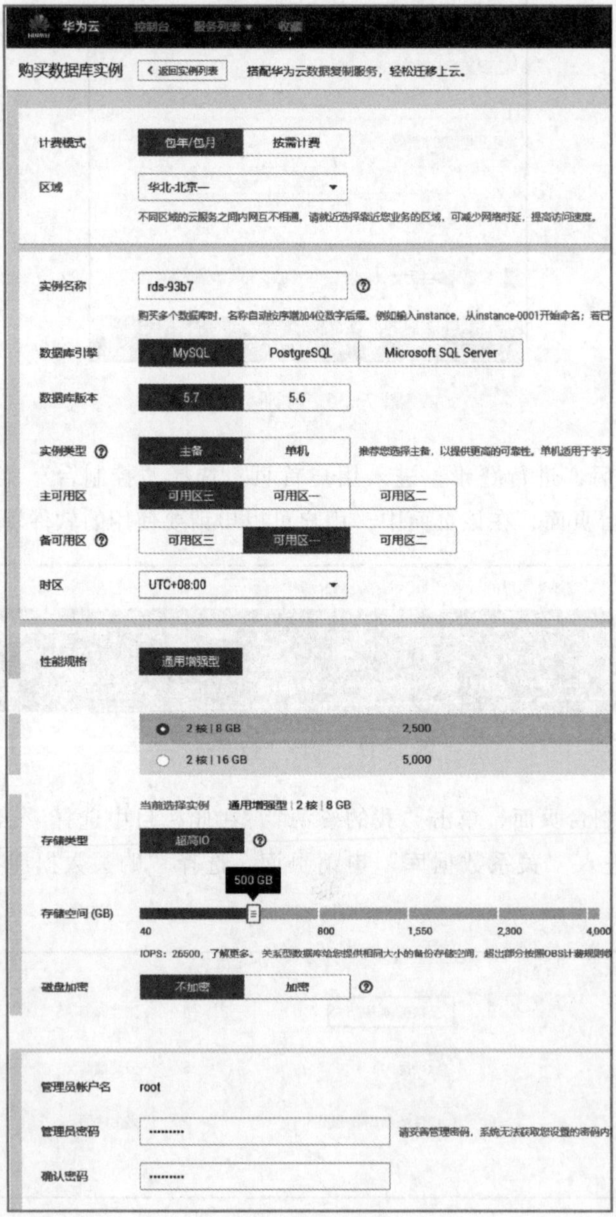

图 7-40 申请配置页面

（6）完成申请配置页面后，单击“立即购买”按钮，完成后续操作。到此，申请华为软件开发云平台 MySQL 数据库完成。

3. 软件即服务

软件即服务（Software as a Service，SaaS），云提供商提供给用户的是运行在云计算基础设施上的应用程序。例如，在网络上使用邮件服务器发送邮件，实际使用的就是供应商提供给用户的应用程序。用户计算机上不需要安装任何软件，只要登录云服务平台，使用平台上提供的软件，如 Office 进行办公就可以了。云提供商负责维护和管理软件和硬件设施，按出租方式向最终用户提供软件应用服务。这类服务既有面向普通用户的产品，也有直接面向企业团体的，用以帮助处理工资单流程、人力资源管理、客户关系管理等企业信息化管理系统。该商业模式减少了客户安装和更新软件的时间和运维成本，还可以通过按使用付费的方式减少软件许可证费用的支出。

代表性企业和产品有淘宝、京东、Office365 等。

7.4.4 云计算的部署模式

微课 7-12
云计算的商业模式
和部署模式（2）

1. 公有云

公有云（public cloud）通常由云提供商运营，不需要用户自己构建硬件、软件等基础设施和后期维护，用户以付费的方式根据业务需要弹性使用 IT 分配的资源，使用互联网终端或移动互联设备接入使用。公有云面向众多用户，以低廉的价格提供相应的服务。

代表产品有阿里云、腾讯云、百度云、华为云等。

2. 私有云

私有云（private clouds）是一个企业或组织内部建有专用的云服务平台。私有云在物理上位于企业内部云数据中心，也可委托第三方专业机构负责运维。在私有云中，服务和基础结构始终在私有网络上，硬件和软件专供该企业使用。这样，企业可以更加方便地对私有云进行自定义资源，从而满足特定的内部 IT 需求。私有云的使用对象通常为政府机构、金融机构以及其他具备业务关键性运营且希望对网络资源拥有更大控制权的中型到大型企业或者组织。

3. 混合云

混合云是公有云和私有云两种服务方式的结合。由于安全和控制原因，并非所有的企业信息都能放置在公有云上。企业为节省投资、运维成本以及共享资源的利用，可以选择同时使用公有云和私有云，混合云为其弹性需求提供了一个很好的基础。图 7-41 所示为混合云的逻辑示意图。

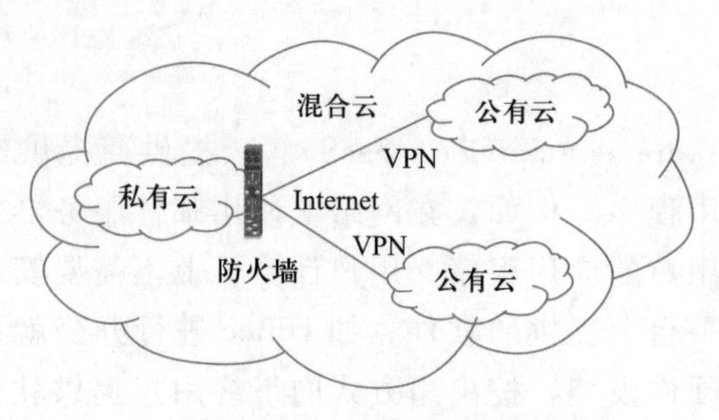

图 7-41 混合云示意图

混合云是未来云发展的方向。混合云既能利用企业在 IT 基础设施的巨大投入，又能解决公有云带来的数据安全等问题，例如灾难恢复。这意味着私有云把公有云作为灾难转移的平台，并在需要的时候去使用它。混合云强调基础设施是由两种或多种云组成的，但对外呈现的是一个完整的运行系统。企业可以把重要数据保存在自己的私有云里，把不重要的信息或需要对公众开放的信息放到公有云里。比如前面提到的“12306 火车票购票系统”，就是采用阿里云的公有云和 12306 的私有云相结合的形式。

代表产品有 OpenStack、ZStack 等。

7.5 云计算与物联网、大数据、人工智能、移动互联网融合发展

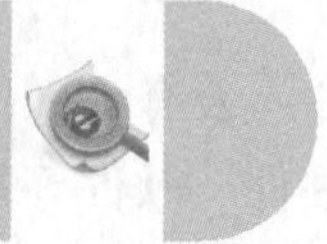

1. 云计算未来发展方向

有数据统计，未来云计算的“超级计算机”将是全球几亿部的手机、平板计算机、智能电视、智能终端等组成的一个超大规模的分布式集群。未来的计算能力都来自智能手机或智能终端，把丢弃的或是经常处于闲置的设备组织在一起，高效地利用起来，提供对外的计算服务，只需手指控制，即可开始或停止计算。未来或许每个人都是云计算的一朵小云或者一个云角色，为服务他人开启自己的云计算模式。

未来的云计算将结合大数据，为人工智能时代的到来提供重要的技术支撑。其中人工智能中最重要的环节是机器将具有人类一样的自学习能力，这种自学习能力需要大量数据在后台做支撑，通过大量计算对数据进行处理和分析，最终作出合理的判断，模拟人类的思维，并为人们提供各种服务。只有云计算才能为大数据的应用提供技术上的支撑，同时为其他行业提供各种方便、快捷的云服务。

随着云计算的不断发展，对大数据的分析和挖掘将带给人们更多、更好的智能体验，在工业制造、航天科技、基因工程、物联网等多个领域将开启新的智能时代，并带领人们

进入全新的云计算时代。

2. “物大云智移”融合发展

未来五大科技趋势是“物大云智移”（即物联网、大数据、云计算、人工智能、移动互联网）。未来物联网时代才是真正产生大数据的时代，依据物联网的行业大数据，依托云计算和开源的人工智能算法，对超海量数据进行分析和挖掘，提供更有价值的商业服务，开启真正的人工智能时代。通过云计算对物联网的数据进行分析和挖掘，提供人工智能的大数据平台，只有物联网的大数据平台才能促使人工智能形成质的飞跃。它们之间的关系是物联网产生大数据，云计算运用大数据分析和挖掘产生有价值的数据，智能设备的算法使用云计算处理后的数据变得具有人类的意识和思维。

云计算与人工智能的融合发展，将把人类推向一个万物智能的世界，任何事物都有学习、发现、倾听和感知的能力。它将颠覆人与物之间的相处模式，借助科技的力量可以改变人们的生活。

课后思考题

1. 什么叫大数据？大数据具有哪些特征？
2. 大数据的处理流程分为哪些步骤？
3. 什么叫云计算？
4. 大数据和云计算对人工智能的支撑作用是什么？

第8章 智能机器人

——真正“懂”你的“人”

学习目标

- 了解智能机器人的定义。
- 了解智能机器人的主要应用。
- 了解智能机器人的发展历史。
- 理解智能机器人的主要组成。
- 理解智能机器人与人工智能的关系。

随着科学技术的进步和社会的发展，人们希望更多地从烦琐的日常事务中解脱出来。家庭中越来越多地出现了清洁机器人，它具有高度自主能力，可以游走于房间各家具缝隙间，灵巧地完成清扫工作。高级的清洁机器人内置搜索雷达，可以迅速地探测到并避开桌腿、玻璃器皿、宠物或任何其他障碍物。一旦微处理器识别出这些障碍物，它可重新选择路线，并对整个房间作出重新判断与计算，以保证房间的各个角落都被清扫。

当客户走进某银行大厅办理相关业务时，会有一个样子“萌萌哒”、声音“嗲嗲的”的可爱机器人走近他们身边，用中文和英文询问是否需要帮助，让人眼前一亮。“您好，我是机器人 Abao，请问：有什么可以帮助您吗?”这个机器人不仅能够解答银行相关业务问题，还能够引导客户到相应的窗口办理相关业务。图 8-1 所示为银行服务机器人。

图 8-1　银行服务机器人

不知不觉中，智能机器人已经悄悄来到我们身边，各行各业都可以看到它的身影，下面就来认识一下智能机器人。

8.1 何谓智能机器人

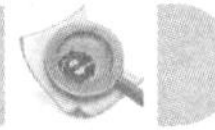

微课 8-1
智能机器人的概念和应用

8.1.1 智能机器人

智能机器人（Smart Robot）有相当发达的“大脑”，在其中起作用的是中央处理器，它可以通过运行预先编排的程序，按照提前制定好的原则纲领行动。有些智能机器人能够理解人类语言，用人类语言同操作者对话，完成人类设定的工作，如在生产业、建筑业或是危险的工作中替代人类。国际标准化组织（International Organization for Standardization，ISO）采纳了美国机器人协会给机器人下的定义：“一种可编程和多功能的，用来搬运材料、零件、工具的操作机；或是为了执行不同的任务而具有可改变和可编程动作的专门系统。一般由执行机构、驱动装置、检测装置、控制系统和复杂机械等组成。”

智能机器人是综合了机械、电子、计算机、传感器、控制技术、人工智能、仿生学等多种学科的复杂智能机械。目前，智能机器人已成为世界各国的研究热点之一，成为衡量一个国家工业化水平的重要标志。通常来说，智能机器人是具有思维、感知和行动能力，模拟人的机器系统。它可以获取、处理和识别多种信息，建立并实时修正环境模型，自主地完成较为复杂的操作任务，是人类智慧发展和机器进化的飞跃性标志。

8.1.2 智能机器人的三要素

如何来判断一个机器人是否具备“智能”呢？智能机器人必须具备 3 个基本要素，即感知、决策和行动。

（1）感知：机器人具有能够感觉内部、外部的状态和变化，理解这些变化的某种内在含义的能力。

感知要素相当于人的五官，通过非接触型传感器和接触性传感器来接收外部各种信息。非接触型传感器可以感知物像测量距离，接触型传感器可以感知力、触、压等。这些功能一般可以通过一些机电元器件来实现，比如摄像机、图像传感器、激光传感器、超声波传感器等。

（2）决策：机器人具有能够依据各种条件、状态、约束的限制自主产生目标，规划实现目标的具体方案、步骤的能力。

决策要素相当于人的大脑，要求智能机器人要像人一样拥有一定的智力活动，是机器人最核心和最关键的要素。这些智力活动一般包括决策判断、逻辑分析、理解体会等。智能机器人的智能活动和人的脑力活动一样，都是一个信息处理的过程，只不过智能机器人是通过计算机运算来完成信息处理过程。

（3）行动：智能机器人能够对外界做出反应性动作，完成一些基本工作的能力。

行动要素相当于人的四肢，通常智能机器人会借助一些辅助器材来实现自身运动，比如履带、吸盘、支脚、轮子和气垫等。同时这些行动需要适应不同的地理环境，这样智能机器人才能真正通过行动来完成任务。在智能机器人的行为中，其本身要时刻被辅助器进行有效控制。这些控制既包括位置控制、力度控制、位置与力度混合控制，还包括一些与决策要素相关联的控制，如伸缩率控制等。

8.2 智能机器人的应用场景

机器人技术最早应用于工业领域。但随着机器人技术的发展和各行业需求的提升，在计算机技术、网络技术、人工智能技术等新技术发展的推动下，近年来，机器人技术正从传统的工业制造领域向医疗服务、教育娱乐、勘探勘测、生物工程、救灾救援等领域迅速扩展，适应不同领域需求的机器人系统被深入研究和开发。

8.2.1 工业机器人

工业机器人被应用的主要目的是提高工业产品质量和代替人类完成流程性的、重复性的、烦琐性的以及危险性的生产任务。它主要应用于汽车工业、机电工业、通用机械工业、建筑业、金属加工、铸造以及其他重型工业和轻工业部门，主要包括移动机器人（AGV）、焊接机器人、切割机器人、搬运机器人、码垛机器人、喷涂机器人、装配机器人等，如图 8-2 所示。表 8-1 是以汽车生产为例介绍工业机器人的应用。

表 8-1 工业机器人在汽车生产中的应用

汽车生产工序	工业机器人的应用
搬运	能够快速、准确地从指定位置抓取零部件并且将其搬运至指定工位，搬运过程中不会对零部件造成损坏
焊接	根据不同的程序安装不同的焊枪，从而对汽车的各个部位进行焊接，焊接精度高，如图 8-2 所示
喷涂	快速对车身部位进行不同厚度、不同形状的喷涂
组装	可以针对不同的装配工件进行不同结构的组装
检测	对汽车进行部件检测，从而反馈出误差信息，具有速度快、精度高等特点，可以提高汽车的整体合格率，减小生产误差等

图 8-2 焊接机器人

8.2.2 服务机器人

服务机器人尚处于开发及普及的初期阶段，目前国际上对它还没有普遍严格的定义。根据国际机器人联合会（IFR）采用的初步定义，所谓服务机器人是一种半自主或全自主工作的机器人。它的工作主要针对益于人类健康的服务业，主要包括维护保养、修理、运输、清洗、保安、救援、监护、医疗等服务类工作。

家用机器人能够代替人从事清扫、洗刷、守卫、煮饭、照料小孩、接待、接电话、打印文件等，不过它的价格目前还较高，影响到它的推广应用。随着家用机器人造价的大幅度降低，它将获得日益广泛的应用。图 8-3 所示为正在做饭的家用机器人。

日益完善的医用机器人不仅能够代替护士的工作，还是医科教学中不可替代的助手，甚至能够在水下、外太空和战场大显身手。医用机器人分为诊断机器人、护理机器人，伤残瘫痪康复机器人和医疗手术机器人等，如图 8-4 所示。

图 8-3 家用机器人

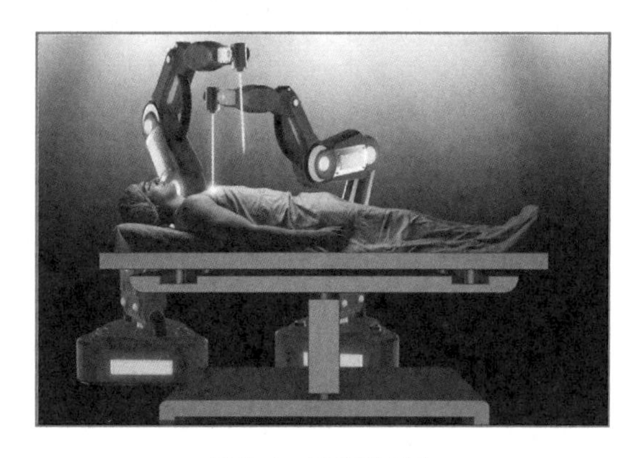

图 8-4 医疗机器人

服务机器人还有娱乐机器人、送信机器人、导游机器人、加油机器人等。

8.2.3 特种机器人

特种机器人通常是用于非制造行业的特殊用途机器人，包括军用机器人、消防机器人、水下机器人、管道机器人、军用机器人、农业机器人等。

军用机器人主要用于军事上代替或辅助军队进行作战、侦察、探险等工作。根据不同的作战空间可分为地面军用机器人、空中军用机器人（即无人飞行机）和水下军用机器人等。军用机器人的控制方式一般有自主操控式、半自主操控式、遥控式等多种方式。图8-5所示为军用机器人。

水下机器人通常用于水下施工、水下打捞、水下摄像、深海挖掘、深海采矿、水下采矿、深海捕捞、深海沉船考古、管道清淤、疏通水下工程等，还可搭载灭火器，实现消防机器人的功能。图8-6所示为水下机器人。

图8-5 军用机器人

图8-6 水下机器人

8.3 机器人的发展史

微课8-2
机器人的发展史（1）

1. 记里鼓车

在1800年前的西汉时期，大科学家张衡发明了记里鼓车，又称记里车，是一种用来记录车辆所行距离的马车。《古今注》记载：“记里车，车上为二层，皆有木人，行一里，下层击鼓，行十里，上层击镯（古代一种小钟）。”这种车分上下两层，上一层设有一口钟，下一层设有一面鼓。车上有个头戴峨冠、身穿袍服的木头人。车子行走十里，木人就会击鼓一次，击鼓十次，就会敲钟一次，以此自动计算行走的路程。图8-7所示为记里鼓车模型。

2. 僧侣机器人

16世纪的西班牙工匠们设计出了一种能够自动祈祷的机械僧侣。通过藏在底座里的发条装置，它们会自动地把手放到胸前，向天主祈祷——教徒们利用这种装置来创造所谓的“神迹”，吸引教众。图 8-8 所示为僧侣机器人。

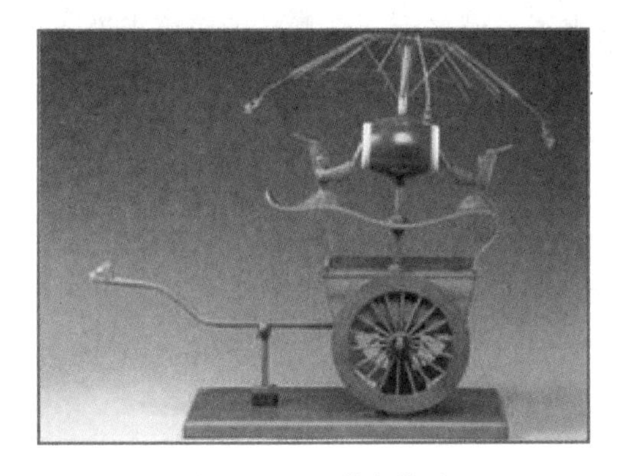

图 8-7 记里鼓车模型

图 8-8 僧侣机器人

3. 现代机器人

1920 年，捷克童话作家卡雷尔·恰佩克（Karel Capek）在他的剧本《罗素姆万能机器人》里，首次提出了机器人（Robot）的概念。这个词的灵感来自于捷克语中的“奴隶”（robota）和“工人”（robotnik）。图 8-9 所示为卡雷尔·恰佩克的话剧《罗素姆万能机器人》剧照。

4. 英国史上第一个人形机器人 Eric

微课 8-3
机器人的发展史（2）

1928 年，在伦敦工程展览会上，展出了英国首个人形机器人 Eric。当时，Eric 能够移动四肢，旋转头部，回应语音，一下子就征服了全场的观众，被誉为“未来科技”。图 8-10所示为人形机器人 Eric。

图 8-9 《罗素姆万能机器人》剧照

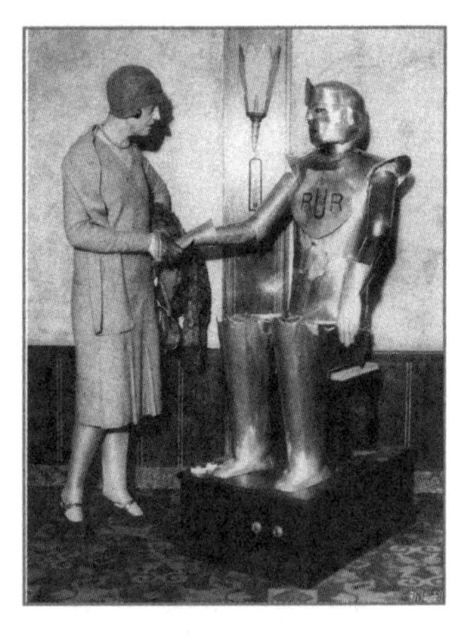

图 8-10 人形机器人 Eric

5. 机器人三定律

1942年，美国科幻作家艾萨克·阿西莫夫发表了一篇名为《环舞》的短篇小说，其中提出了“机器人三大原则”（也称为“机器人三定律”）。

第一原则：机器人不得伤害人类，或坐视人类受到伤害。

第二原则：在不违背第一原则的前提下，机器人必须服从人类的命令。

第三原则：在不违背第一及第二原则下，机器人必须保护自己。

这是给机器人赋予的伦理性纲领。机器人学术界一直将这三大原则作为机器人开发的准则。

6. 世界上第一台工业机器人产业诞生

1959年，英格伯格和德沃尔联手制造出第一台工业机器人。由英格伯格负责设计机器人的“手”“脚”“身体”，即机器人的机械部分和实现操作部分，德沃尔负责设计机器人的“头脑”“神经系统”“肌肉系统”，即机器人的控制装置和驱动装置。它成为世界上第一台真正的实用工业机器人。图8-11所示为英格伯格和德沃尔及他们制造的第一台工业机器人。

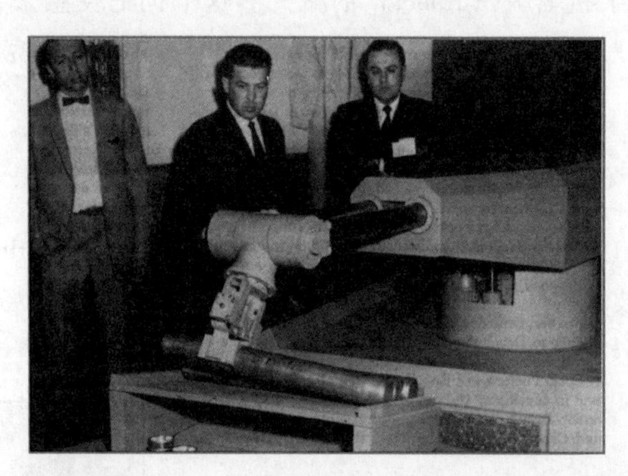

图8-11 英格伯格（左一）、德沃尔（左二）与第一台工业机器人

7. 能走路的阿西莫机器人

2000年，本田汽车公司出品的人形机器人阿西莫（ASIMO）走上了舞台。它身高1.3 m，能够以接近人类的姿态走路和奔跑。图8-12所示为阿西莫机器人。

8. “勇气号” 探测器

2004年，美国宇航局（NASA）的“勇气号”探测器（SpiritRover）登陆火星，开始了探索这颗星球的任务（见图8-13）。这台探测器在原先预定的90天任务结束后继续运行了6年时间，总旅程超过7.7 km。

图 8-12 丰田公司出品的阿西莫机器人

图 8-13 “勇气号”探测器

9. 类人机器人 GeminoidF

2013 年，美国科技博客 Business Insider 评选出了历史上最性感、最逼真的人形机器人（见图 8-14），日本大阪大学教授石黑浩（Hiroshi Ishiguro）打造的拟人机器人 GeminoidF 排名榜首。GeminoidF 的神态和外形与真人模特极为相似，正因为如此，石黑浩才认为随着机器人技术的不断进步，它们将在几年内达到以假乱真的地步。

图 8-14 拟人机器人 GeminoidF

10. 智能机器人

2016 年 3 月，AlphaGo（阿尔法围棋）作为智能机器人的代表战胜了人类围棋冠军，它采用了很多新技术，如神经网络、深度学习等，其实力有了实质性飞跃。

目前研制中的智能机器人智能水平并不高，只能说是智能机器人的初级阶段。智能机器人当前研究的核心问题有两方面：一方面是，提高智能机器人的自主性，即希望智能机器人进一步独立于人，具有更为友善的人机界面；另一方面是，提高智能机器人的适应性，即提高智能机器人适应环境变化的能力，这是就智能机器人与环境的关系而言，希望加强它们之间的交互关系。

8.4 机器人的组成 

微课 8-4
机器人的组成

机器人系统可以分成四大组成部分：执行机构、驱动装置、控制系统、感知系统，如图 8-15 所示。

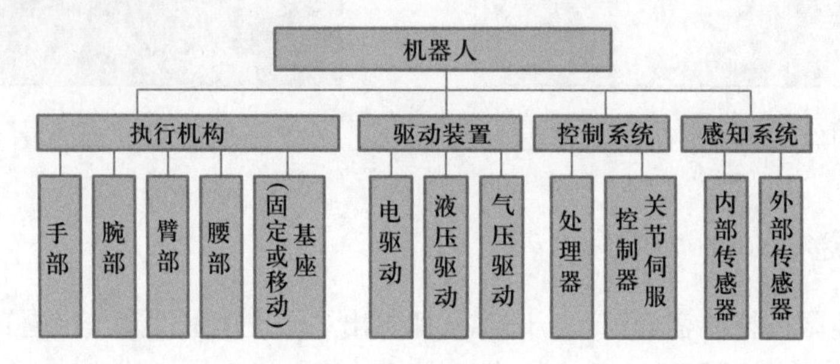

图 8-15 机器人的组成

1. 执行机构

机器人的执行机构即机器人的本体。机器人的臂部一般采用空间开链连杆机构，其中的运动副（转动副或移动副）常称为关节，关节个数通常即为机器人的自由度数。根据关节配置形式和运动坐标形式的不同，机器人的执行机构可分为直角坐标式、圆柱坐标式、极坐标式和关节坐标式等类型。面向某些应用场景，出于拟人化的考虑，常将机器人本体的有关部位分别称为基座、腰部、臂部、腕部、手部（夹持器或末端执行器）和行走部（对于移动机器人）等。图 8-16 所示为机器人的执行机构。

图 8-16 机器人的执行机构

2. 驱动装置

驱动装置是驱使执行机构运动的装置，相当于人的肌肉、筋络。它按照控制系统发出的指令信号，借助于动力元件使机器人进行相应的动作。驱动装置输入的通常是电信号，输出的是线、角位移量。机器人使用的驱动装置主要是电力驱动装置，如步进电机、伺服电机等。图 8-17 所示为机器人的伺服驱动器。此外，面向某种特定场景的特定需求，也有采用液压驱动装置或者气动驱动装置。

图 8-17 机器人的伺服驱动器

【相关链接】

（1）步进电机。步进电机是将电脉冲信号转变为角位移或线位移的控制电机。当步进驱动器接收到一个脉冲信号，它就驱动步进电机按设定的方向转动一个固定的角度，称为步距角。它的旋转是以固定的角度一步一步运行的，可以通过控制脉冲个数来控制角位移量，从而达到准确定位的目的；同时可以通过控制脉冲频率来控制电机转动的速度和加速度，从而达到调速的目的。

（2）伺服电机。伺服电机可使控制速度，位置精度非常准确，可以将电压信号转化为转矩和转速，以驱动控制对象。伺服电机转子转速受输入信号控制，并能快速反应。

3. 控制系统

控制系统相当于人的大脑，向机器人发出各种控制指令。按照控制系统的实现方式不同，可以分为集中式控制和分散（级）式控制两种。集中式控制，即机器人的全部控制由一台微型计算机完成。分散式控制，即采用多台微机来分担对机器人的控制。例如，当采用上、下两级微机共同完成机器人的控制时，主机常用于负责系统的管理、通信、运动学和动力学计算，同时向下级微机发送指令信息。作为下级从机，各关节分别对应一个 CPU，进行插补运算和伺服控制处理，实现特定的运动，并向主机反馈信息。根据作业任务要求的不同，机器人的控制方式又可以分为点位控制、连续轨迹控制和力（力矩）控制。图 8-18 所示为机器人的控制器。

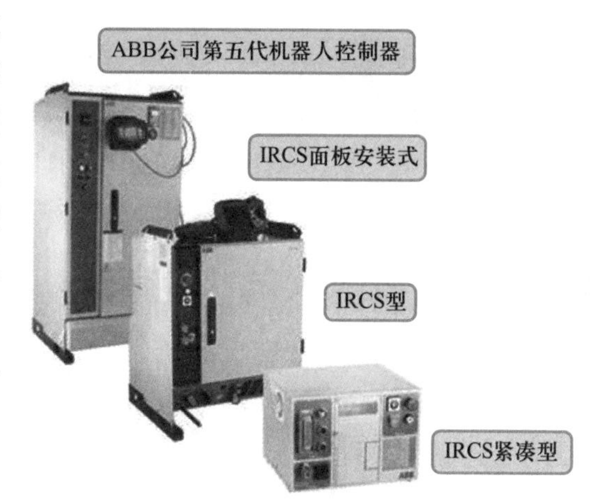

图 8-18 机器人的控制器

4. 感知系统

机器人一般通过各种传感器获得外界信息，相当于人的感官和神经。传感器是实时检测机器人的内部运动、工作情况，以及外界工作环境信息。根据获得的信息反馈给控制系统，与设定信息进行比较后，对执行机构进行调整，以保证机器人的动作符合预定的要求。作为检测装置的传感器大致可以分为两类：一类是内部信息传感器，用于检测机器人各部分的内部状况，如各关节的位置、速度、加速度等，并将所测得的信息作为反馈信号送至控制器，形成闭环控制；另一类是外部信息传感器，用于获取有关机器人的作业对象及外界环境等方面的信息，以使机器人的动作能适应外界情况的变化，使之达到更高层次的自动化，甚至使机器人具有某种类人的“感觉”，向智能化发展。例如视觉、声觉等外部传感器给出工作对象、工作环境的有关信息，利用这些信息构成一个大的反馈回路，从而大大提高机器人的工作精度。图8-19所示为机器人的各种传感器。

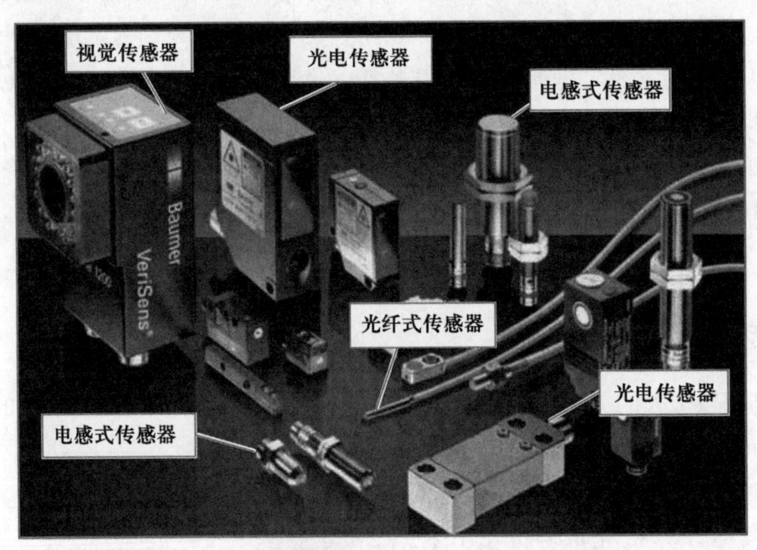

图8-19 机器人的传感器

微课8-5
智能机器人与
人工智能

8.5 智能机器人与人工智能

智能机器人是机器人和人工智能技术相结合的产物。随着智能时代的开启，智能机器人在各行各业都有了广泛应用。国内外智能机器人的研究也已经取得了众多成果，但其智能化水平仍然有很大的上升空间。智能机器人的发展离不开神经网络、智能感知、机器视觉等技术的发展。

1. 智能机器人与神经网络

“手动操作”对于人类来说轻而易举，因为人能够在不假思索的情况下自如地适应并协调自己的手指，运用手掌皮肤的摩擦力与重力特性，单手完成诸多工作。但对于机器人而言，这却非常困难。普通的机械手要花上数千小时的反复训练才能够掌握这种能力。图 8-20 所示为机器人正在进行手指训练。

图 8-20 机器人手指训练

机器人的传感国际人工智能实验室 OpenAI 的研究人员正在利用强化学习训练卷积神经网络，从而使智能机器人通过一只有五根手指的手臂进行对物体的操控，通过卷积神经网络的学习智能机器人仅仅用了 50 h 就完成了任务。整个训练采用在模拟实验室中进行操作学习，加上经过精心设计的随机化模拟方法，更好地匹配现实世界中的场景需求。如此一来，即使从未接触过任何真实物体，机械手臂仍然能够顺利学会手动操作的精髓所在。

2. 智能机器人与智能感知

智能机器人根据自身所携带的各种传感器对所处周围环境进行环境信息的获取，并提取环境中有效的特征信息，加以处理和理解，最终通过获取的信息，建立所在的环境模型来表达所在环境的信息。由此，智能机器人具有了智能感知。

智能机器人通过智能感知技术针对周围的环境获取有效的信息，可以更好地满足自主定位、环境探索与动态导航等基本任务的实施。智能感知技术是智能机器人自主行为理论中的重要研究内容，具有十分重要的研究意义。随着传感器技术的发展，传感器在智能机器人中得到了充分的应用，大大提高了智能机器人对环境信息的获取能力。

目前主流的智能机器人传感器包括视觉传感器、听觉传感器、触觉传感器等，而多传感器信息的融合能力也决定了智能机器人对环境信息感知的能力。

3. 人工智能与机器视觉

机器视觉的主要内容就是图像识别与图像处理。该方法首先从不同的视频和数字图像中提取有用信息。这些信息通常在网络摄像机的帮助下，通过从真实世界获取高维数据传递给智能机器人的“大脑”进行处理和分析，根据最终的处理信息指导智能机器人完成其相应任务。

机器视觉的核心部件是工业相机、计算机算法和其他硬件的组合。它们协同工作，为它们所服务的智能机器人或智能设备提供视觉能力。智能机器人的视觉能帮助机器人完成复杂的任务，直观了解周围环境。例如，机器人视觉技术引导机器或机械臂选择一个物体并按要求将其放置在某个地方。想象一下这样一个场景：传感器和相机检测到一个放置在高处的物体，然后机器人手臂通过部署复杂的机器人视觉算法将其抬高。对于目标检测，机器人是与普通的2D相机配合使用，如果情况更复杂，例如机器人手臂必须把轮子装在移动的车辆上，则使用先进的3D立体摄像机。图8-21所示为具有3D视觉系统的机器人。

图8-21　机器人3D视觉系统

4. 智能机器人与自然语音处理

自然语言处理是人工智能的分支学科，通过自然语言处理来帮助智能机器人理解人类的语言，并能够使智能机器人通过模拟人类的语言和人类交际的过程，用来实现人机之间的自然语言通信。拥有自然语言处理功能的智能机器人可以代替人的部分脑力劳动，代替人类完成查询资料、解答问题、摘录文献、汇编资料以及一切有关自然语言信息的加工处理。例如生活中的电话机器人和翻译机器人的核心技术之一就是自然语言处理。

5. 智能机器人与大数据、云计算

人工智能技术的发展对大数据技术有着较强的依赖性。作为人工智能的核心技术之一，大数据技术在人工智能中有着较为广泛的应用。由于人类自身原因的限制，导致无法从事某些特定的工作，为此，人们会利用智能机器人从事这些工作。大数据技术在智能机器人技术中发挥了重要的作用。下面通过人工智能水下搜救机器人来了解一下大数据的重要性。

在发生沉船事件之后，受船体内部结构等方面的影响，潜水员贸然下水存在着较大的危险。为此，则可以通过人工智能水下搜救机器人来了解水下部分的船体环境。基于大数据技术的人工智能水下搜救机器人在获取沉船模型后，根据船体倾斜姿态，确定自身所在位置，利用视频图像处理、水下动态建模、实时定位等技术，在无人操作的情况下对沉船内部进行检查，并通过实时数据对比技术记录沉船内部情况。在人工智能水下搜救机器人

完成检查工作后，根据自身记录的路线返回。搜救人员导出搜救机器人内部数据之后，根据对应的动态建模信息，从而确定下一步的搜救方案，这大大提高了搜救效率。

云计算作为支撑平台为人工智能提供了整个网络服务。在云计算平台上储存着海量的信息，所有智能机器人通过联网实现网络资源的共享，将超越原先个体的限制。例如，一个云机器人学会的技能，所有联网的云机器人都将获得。云机器人的智慧程度将呈现几何倍数的进步。谷歌汽车就是最好的例子之一，这款车可以通过云平台提供的网络地图、卫星数据、天气聚合平台以及其他数据源来提高导航和安全性。

由于现有智能机器人的智能水平还不够高，因此在今后的发展中，努力提高各方面的技术及其综合应用，大力提高智能机器人的智能程度、自主性和适应性，是智能机器人发展的关键。同时，智能机器人涉及多个学科的协同工作，不仅包括技术基础，甚至还包括心理学、伦理学等社会科学，让智能机器人完成有益于人类的工作，使人类从繁重、重复、危险的工作中解脱出来，就像科幻作家阿西莫夫的“机器人三大原则”一样，让智能机器人真正为人类利益服务，而不能成为反人类的工具。相信在不远的将来，各行各业都会充满形形色色的智能机器人，科幻小说中的场景将在科学家们的努力下逐步成为现实，很好地提高人类的生活品质和对未知事物的探索能力。

8.6 智能机器人案例

微课 8-6
智能机器人案例

对于设计一款可移动的智能机器人来说，例如扫地机器人，很重要的一项研究内容就是智能机器人的寻路问题，也就是智能机器人如何来寻到正确的路径，从而沿着此路径移动自己的身体。

扫地机器人常见的是导航寻路系统。当前主流寻路系统主要有两种：一种是随机碰撞式寻路系统；另一种是路径式寻路规划。无论随机碰撞式寻路系统还是路径式寻路规划都离不开寻路算法。下面通过一个实验来演示智能机器人的寻路算法，加强对智能机器人寻路算法的认识和理解。

PathFinding.js 是基于 JavaScript 的开源智能寻路算法库，支持多种寻路算法，并且可以直接运行在浏览器端。

PathFinding.js 的演示网站界面如图 8-22 所示。

演示实验说明如下。

（1）改变起点和终点。浅色方块和深色方块分别表示智能机器人的起点和终点，可以用鼠标拖动更改其起点和终点的位置。

（2）为机器人设计障碍点。单击空白网格，在单击处可以设置障碍点，以便让算法能够从起点出发，绕过障碍点最终到达终点。

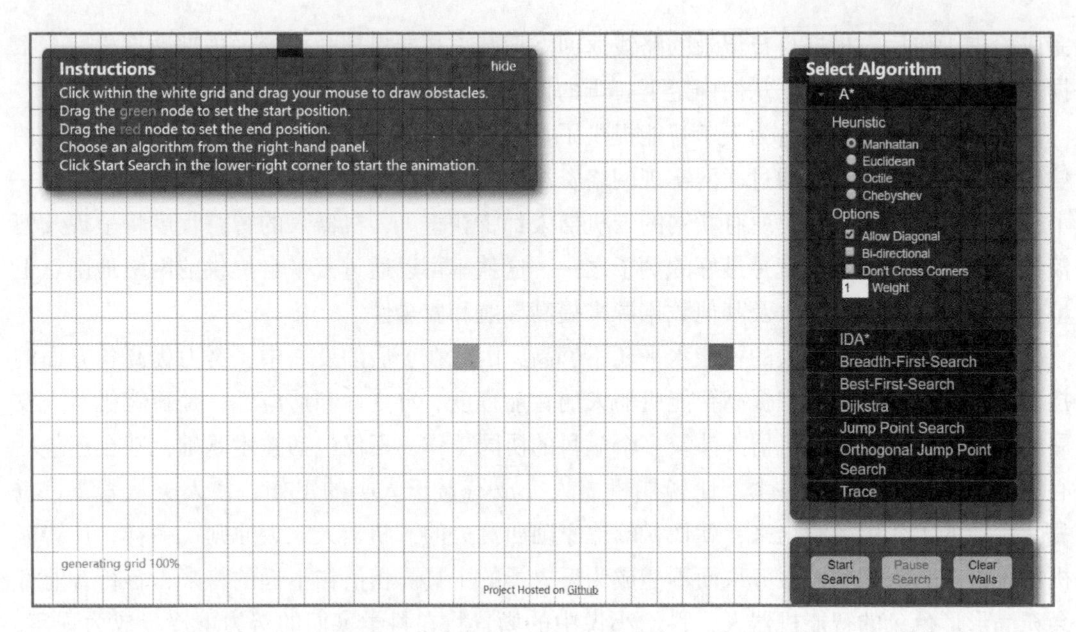

图 8-22 PathFinding. js 寻路算法库演示网站

（3）可以通过右上角的面板里选择算法，然后单击 Start Search 按钮后，算法会以可视化的方式显示寻路过程。

（4）寻路过程中黄色和浅蓝色表示算法的搜索过程，可以直观地看到各种算法的搜索范围以及最终确定的最佳路径。

选择合适的起点位置和终点位置，并且在起点位置和终点位置之间设置障碍点。然后选择不同的算法，观察各种算法的搜索过程，比较它们的不同，思考不同的算法适用于什么样的智能机器人。

课后思考题

1. “机器人三大原则”的内容是什么？
2. 智能机器人系统由哪四大组成部分组成？
3. 智能机器人本体按照部位分为哪些部分？
4. 智能机器人的驱动装置分为哪些？
5. 智能机器人感知部分可以分为哪两大类？
6. 如何实现机器人的集中控制和分散控制？
7. 举例说明未来智能机器人的发展方向。

第9章 人工智能与自然智能
——人工智能会超越人类吗

学习目标

- 了解人工智能与自然智能的关系是怎样的。
- 了解人工智能相关的重要人物如何看待人工智能的“威胁”。
- 思考人类应如何与人工智能相处。

通过前面章节的学习，相信读者对人工智能领域的相关知识已经有所了解和掌握。在本书的第 1 章就提到了“何谓人工智能”。人工智能这门学科其实要做的就是把人类的智慧和能力赋予机器，使得这些机器能够替代人类完成一些基础的、复杂的、有难度的、人类不愿意完成或者人类完成不了的任务。而人类的智慧和能力，也就是人类的智能，又叫作自然智能。

自然智能，通常是指人的智能，即人类的知识、智力和多种才能的总和，表现为人类对客观事物进行合理分析、判断及有目的的行动和有效处理周围环境事宜的综合能力。人们现在正在努力做的就是利用人类的自然智能来创造机器的人工智能。

随着人工智能的不断发展，自 AlphaGo 战胜世界围棋冠军以来，人们对人工智能的讨论就一直保持着很高的热度。教师讨论机器人代替教师的工作，法律人士讨论机器人代替律师甚至法官的工作，医生们讨论机器人代替医生的工作，等等。事实上，从前面章节的学习可知，人工智能确实越来越多地从不用的层面代替了人类的工作，人工智能也越来越智能化。因此，很多人开始担心由于被替代而导致人类大规模失业；由于人工智能在军事中的应用和它的智能化，而爆发人类和“智能机器人”的战争。英国著名物理学家和宇宙学家斯蒂芬·威廉·霍金（Stephen William Hawking）就预言：人工智能可能是人类文明的终结者。图 9-1 所示就是霍金的预言。

关于人工智能是否对人类造成威胁，科学家们众说纷纭。下面介绍一下他们的观点和态度。

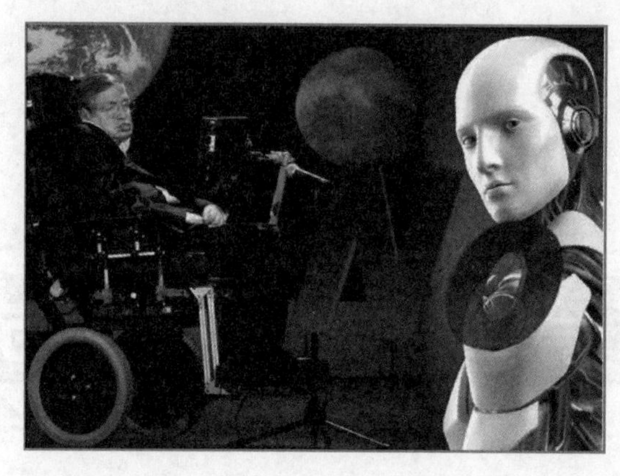

图 9-1 霍金预言“人工智能可能是人类文明的终结者”

9.1 人工智能是威胁吗

微课 9-1
人工智能与自然智能

1. 英国牛津大学人类未来研究所谈“威胁”——人工智能没有价值观和伦理心

针对“人工智能是威胁吗”这个问题，2015 年，英国牛津大学人类未来研究所的研究人员发表了一篇题为《威胁人类文明的 12 个风险》的报告，引起了广泛关注。在这篇报告里，人工智能的崛起与核战争、巨大火山喷发被并列称作人类未来的威胁之一。

关于自律性人工智能被当作杀人武器使用的危险性问题，有研究员认为：“如果这支军队是由人组成的，那么当政府的命令有错误的时候，他们可以拒绝执行。但是，机器人对于命令太过忠实了。”他认为，因为人工智能没有恐怖心，人工智能“也许会在无意中用非常大的力量把我们踩扁。”因此，该研究员认为，今后在人类与人工智能共存的过程中，如何让人工智能像人类一样具有价值观和伦理心，是一个非常关键的课题。

2. 斯蒂芬 · 威廉 · 霍金谈“威胁”——真正的风险不在于敌意，而在于能力

随着人工智能的突破性发展，一些科学家开始担忧起来，害怕有一天无法控制人工智能技术，以致人工智能技术成为人类的终结。霍金也有相似的想法，2015 年，他就谈道：“人工智能技术未来必将对人类构成威胁，最大的危险不是机器人有计划地摧毁人类，而是它们完全抛弃了人类。具有了自主决策能力的机器人可能不会产生与人类敌对的意识，但它们在追求自身设定的目标时，会对人类的利益造成伤害。真正的风险不在于敌意，而在于能力。超级人工智能机器人将极善于达成自己设定的目标，如果它们设定的目标与人类的目标并不相互吻合时，那人类就有麻烦了。举例来说，人有时候踩死蚂蚁，并非对蚂蚁的主观恶意，如果恰好准备在某个地区修建一个水电站，而那片地区正好有一个蚁穴，那么对于这些蚂蚁来说就是坏消息。也就是说，机器人带给人类的伤害在很大程度上是无

意伤害，这就意味着人类从地球上万物灵长的地位上跌落下来，沦落为自己一手制造出来的机器人占据主导地位之下的二等公民。”

霍金警告，不要把人类放到蚂蚁的位置。他认为，人工智能因具备了情感，最终会进化出对生存的渴望。未来一台高度发达的智能设备将逐渐发展出求生的本能，为实现自身所设定的目标，而努力获取更多的资源。对于人类而言，这将导致生存危机的发生，因为人们的资源将会被掠夺。随着人工智能的发展，智能机器人就会具备生存能力，不再依赖人类。它们自我完善，自我升级，机器人世界就会出现技术大爆炸，将人类越甩越远，就像人类和蜗牛在技术上的差距。幸运的是，目前以人工智能发展来说，离发展出与人脑相当或者远超人脑的人工智能技术还存在遥远的差距。

2015 年，霍金和几位顶级科学家签署了公开信，表达了对人工智能发展威胁人类发展的担忧，提醒科学家必须确保人工智能的发展方向和人类的发展方向一致。将来人类的能力将被超越，机器人在掌握了人类的心理以及应对模式后，就可以轻易控制并塑造人类情感，这是对人类的另一个巨大威胁。可以说，科学家们对人工智能技术的发展始终表现得既兴奋又担忧，如图 9-2 所示。

图 9-2 如何监管人工智能

由于人工智能最基本的单元是信息，那么真实的信息就是人类掌控人工智能的基础。在设计人工智能的时候，首先，人类要掌握真实信息，建立完全人工的事实调查机制，或者建立脱离于人工智能网络的另一个专门用于调查事实的人工智能网络，以防止被人工智能欺骗；也可以参照人类社会的分类原则，设计不同领域的人工智能协作和相互制约，如果发展出超级人工智能大脑，对人类的监管来说是相当不利的。霍金等科学家担心的也正是这一问题。其次是对人工智能的不对等设计，禁止发展人工智能的一部分能力，只有这样设计，才能保证人类在发现人工智能的问题时，有能力实现对人工智能的监管。

然而，这些设想还只是对人工智能现阶段的推测后给出的办法。实际上，在人工智能发展的进程中，人类很难人为地阻止人工智能发展某项技能，人工智能之间有着天然的联系，那么发展出人工智能超脑，似乎也成为一种必然。

“当超级机器人研究出来时，将成为人类历史上发生过的最好或最坏的事情，把这个问题（掌控人工智能技术的发展方向）弄清楚将具有极大的价值，我们或许将花费几十年才能找出问题的答案，那么就让我们从今天开始启动这项研究，而不是拖到在超级机器人被启动的前一天晚上。”相信霍金的这段话，将伴随人工智能发展的全过程。

3. 人工智能不过是统计学

第4章曾经讲道，当前乃至未来很长一段时间，人工智能都将处于“弱人工智能”阶段，还只能局限在特定的封闭领域，就好像“阿尔法围棋”只能下棋，干不了其他工作。

人工智能会延展、放大并提升人类的智慧和能力，但并非取代人类。人机协作，可以大幅度提高工作效率，这才是人工智能应有的未来。

对于未来人工智能是否会达到超人工智能阶段，也就是达到人工智能的“奇点”形成独立人格这一问题，专家们认为，按照现有技术模式，这种可能性为零，机器人革命甚至毁灭人类完全属于好莱坞式的杞人忧天。

人工智能局限性的一个原因在于，今天的机器尚不具备情景推理能力，必须训练它们涵盖所有可能发生的情况，这不仅代价高昂，而且难以实现。因此，2011年诺贝尔经济学奖得主、美国经济学家托马斯·萨金特才表示，人工智能不过是统计学。

4. 人工智能带来新的就业机会

有一种观点认为，人工智能时代人类工作转型在所难免，但这意味着新的工作方式，而非大量的失业。正如曾经因现代机器的出现被迫脱离传统农业、传统手工业的大量劳动力，后来大都在现代工业生产或城市服务业中找到了新的就业机会。科技革命虽会造成人类的现有工作被取代，同时也会制造出足够多的新的就业机会。例如，汽车消灭了马车，却创造出了司机这个职位。人工智能的普及也会创造新的职业机会。

国际机器人联合会（IFR）提出，制造类机器人实际上增加了经济活动。因此，比起导致失业，这些机器人事实上直接和间接地增加了人类就业岗位的总数。到2020年，机器人产业在全球范围内直接和间接创造的岗位总数将从190万增长到350万，每部署一个机器人，将创造出3.6个岗位。

在经济学家们所说的“资本化效应”影响下，企业纷纷进入需求和生产力较高的产业，结果是产生了大量的就业岗位，这足以抵消经济转型所带来的毁灭性影响。

9.2 如何与人工智能相处

微课 9-2
如何与人工智能相处（1）

很多人认为，在三大产业（农业、工业、服务业）中，人工智能想要在第一产业和第二产业中取代人类，还是很久以后的事，但是从现状来看，这种取代并不需要很久。

德国正在制造业领域实施“工业4.0”计划。这项计划是让工厂无人化，利用人工智能和机器人实现生产效率的最大化，同时还尝试着让机器人和人一起工作的技术开发。这是因为人们认为，一旦机器人能够判断周围的情况，共同作业的方式反而会比分别作业更能提高生产率和创造性。人工智能的发展，将会确确实实地逐渐改变人类与机器之间的关系。

不仅如此，如今在婚恋匹配服务、大学生职业规划等方面，也用上了人工智能。也就是说，在人生道路的重要转折点上，人工智能也正在逐渐扮演重要的角色。

今后，人们在重要时刻作出重要决断时很可能会倾向于采用人工智能推荐的方向。在这种情况下，如果我们并没有获得想要的结果——遇到人工智能出错的情况，又该如何应对呢？遇到这种情况，我们唯一的出路大概就是原谅和宽容人工智能了吧！

日本将棋名人羽生善治说："人工智能绝对不是百分之百正确的——我们必须清晰地认识到这个事实。"

之所以要让人工智能拥有人类的价值观和心灵，也许正是为了让我们在面对人工智能时更容易承认，它是不完美的。通过这样做，我们似乎更容易与人工智能互相让步。人工智能的进步速度在今后必然会继续加快，而能否用好这项技术，完全取决于人类自己的心态。

9.2.1 不要过于相信人工智能

微课 9-3
如何与人工智能相处（2）

通常，企业在开发人工智能时，其目的往往是要获得人类所没有的能力。人工智能通过深度学习进行思考的过程，其实是一个"黑箱"，即使它能带来生产力的极大提升，人们却无法理解或推测这个提升是经过怎样的过程获得的。这个提升究竟是不是最好的，还需要再进行分析才行。

在新加坡，由于国土面积狭小，交通堵塞成为了严重的社会问题。于是，新加坡采用人工智能来实时识别道路的拥堵程度，以改善交通。这意味着人工智能不仅可以在将棋或围棋这样的游戏世界里活跃，在实际的社会生活中，只要有数据积累的地方，就有人工智能的用武之地。今后，人工智能只要像 AlphaGo 一样有庞大的数据作为基础，就有可能产生惊人的硕果。如果可以预见到引进人工智能技术后工作效率和企业利益的提升，在这种情况下使用人工智能几乎是没有什么坏处的。

但是如果要把人工智能用在对违法犯罪的预测上，那么无论它的回答是多么正确，我们都无法肯定它，监视的社会化可能会被民众视为社会问题。鉴于目前的世界形势，随着恐怖主义威胁的急剧提升，也许今后我们将不得不用隐私来换取安全。

要不要应用，以及如何应用人工智能的类似场景，今后大概还会出现在各种各样的领域内，这其中也包括医疗等关乎人命的领域。在这些领域内是否要应用人工智能，我们必须作出艰难的决断。因为就算人工智能的准确率达到 99%，但 1% 的错误率仍然是性命攸关的。

身处人工智能研究开发一线的专家们非常清楚，人工智能只能让获得正确答案的概率提高，却并不是永远不会犯错的。但是一旦人工智能进入社会，并且能在一定程度上安全地运行，几乎所有人都会相信，它理应"绝对不会发生事故"。

9.2.2 将来社会——100 亿人类与 100 亿机器人共存的社会

有人认为，将来的社会将是“100 亿人类与 100 亿人工智能机器人共同生存的社会。人工智能不应该是一种与人类有隔阂的东西，而应该是有感情的，它们可以与人类相互依赖。”

但是人工智能研究者中也有人认为，赋予人工智能感情，其实是一件很危险的事。这些研究者认为，当人工智能因为某些错误而不受控制、无法抑制感情时，造成危险的可能性会比人类情绪冲动时高得多。

人工智能本身的能力是让人兴奋的，并且潜力巨大。通过改进医疗、环境、安全和教育，能提升人类的生活品质，但是涉及人工智能问题的同时，也混杂着道德、法律以及安全等诸多问题。希望将来我们会迎来一个人与机器人共同营造的健康、平等、和平的共享世界。

课后思考题

1. 你认为人工智能与自然智能的关系是怎样的？
2. 列举人工智能相关的重要人物，以及他们是如何看待人工智能“威胁”的。
3. 我们应该如何与人工智能相处？

参考文献

[1] 汤平，邱秀玲．传感器及 RFID 技术应用［M］．西安：西安电子科技大学出版社，2013.

[2] 梁长垠．传感器应用技术［M］．北京：高等教育出版社，2018.

[3] 塔里克·拉希德．Python 神经网络编程［M］．林赐，译．北京：人民邮电出版社，2018.

[4] 鲍尔斯．Python 机器学习：预测分析核心算法［M］．沙赢，李鹏，译．北京：人民邮电出版社，2017.

[5] 哈林顿．机器学习实战［M］．李锐，李鹏，曲亚东，等译．北京：人民邮电出版社，2013.

[6] 郑泽宇，梁博文，顾思宇．TensorFlow：实战 Google 深度学习框架［M］．北京：电子工业出版社，2017.

[7] Center for Machine Learning and Intelligent Systems. UCI［DB/OL］．［2019－07－08］．http：//archive. ics. uci. edu/ml/index. php.

[8] 汤晓鸥，陈玉琨．人工智能基础（高中版）［M］．上海：华东师范大学出版社，2018.

[9] 叶韵．深度学习与计算机视觉：算法原理、框架应用与代码实现［M］．北京：机械工业出版社，2017.

[10] 陈万米，汪镭，徐萍，等．人工智能：源自·挑战·服务人类［M］．上海：上海科学普及出版社，2017.

[11] 涂铭，刘祥，刘树春．Python 自然语言处理实战核心技术与算法［M］．北京：机械工业出版社，2018.

[12] Jalaj T. Python 自然语言处理［M］．张金超，刘舒曼，译．北京：机械工业出版社，2018.

[13] 小高知宏．自然语言处理与深度学习通过 C 语言模拟［M］．申富饶，与德，译．北京：机械工业出版社，2018.

[14] Courtney C M. Natural Language Processing, or How to Communicate With Your Computer [J]. Journal of the American College of Radiology, 2019 (7): 175-177.

[15] 吴帅，潘海珍. 基于隐马尔可夫模型的中文分词 [J]. 现代计算机（专业版），2018 (33): 25-28.

[16] 王志超，孙建斌，秦瑞丽. 基于分词的关联规则预测系统研究 [J]. 计算机应用与软件，2018 (12): 140-143.

[17] 史小星. 群体机器人编队协调行为的研究 [D]. 兰州：兰州理工大学，2011.

[18] 姜俊杰. 汽车工厂冲压车间输送系统自动化改造 [D]. 上海：复旦大学，2010.

[19] 刘航. 桌面自平衡机器人的研究与实现 [D]. 北京：北京工业大学，2010.

[20] 赵风升. 下棋机器人视觉系统的研究与开发 [D]. 沈阳：东北大学，2008.

[21] 饶增仁. 教学机器人实践开发教程 [M]. 兰州：兰州大学出版社，2010.

[22] 洪刚. 以假乱真的“帕瓦罗蒂” [J]. 物理教学探讨，2009 (12): 52-53.

[23] 戴青. 基于遗传和蚁群算法的机器人路径规划研究 [D]. 武汉：武汉理工大学，2009.

[24] 王晓芳. 智能机器人的现状、应用及其发展趋势 [J]. 科技视界，2015 (33): 98-99.

[25] 秦良忠，章勇. 关于 H 系列电机生产线机器人运用的实验报告 [J]. 上海轻工业，2010 (3): 60-64.

[26] 闫贵龙. 智能机器人的现状及其发展趋势 [J]. 卷宗，2018 (8): 190.

[27] 李婉娜. “互联网+”智能机器人实践教学的研究与实践 [J]. 新教育时代电子杂志（学生版），2017 (42): 187.

[28] 饶玉柱. 智能机器人的技术、产业及未来 [EB/OL]. [2017-01-16]. http://www.sohu.com/a/124392945_465915.

[29] 智能玩咖. 史上最完整的机器人发展史梳理 [EB/OL]. [2017-11-08]. https://www.sohu.com/a/203164877_99987393.